New Wun Ching Developmental Publishing Co., Ltd.

New Age · New Choice · The Best Selected Educational Publications — NEW WCDP

生命科學
Life Sciences

生理學
Physiology

第四版
FOURTH EDITION

許家豪 張媛綺 唐善美 巴奈・比比 蕭如玲 陳昀佑　編著

生理學是一門探討人體各個構造功能之學問,為重要的基礎醫學課程之一,也是醫護相關科系學生學習醫學知識之入門課程。生理學同時也是國家專業證照考試和技專院校升學考試科目之一。筆者從事該課程之教學工作多年,有感於生理學所涵蓋之範圍廣泛,隨著生命科學研究的進步,相關醫學新知之更新與日俱增,對大多數初學者而言,常常無法掌握學習重點而降低學習效果。

本書撰寫理念是希望融合生理學的學理與臨床運用,以深入淺出的方式介紹生理學各個系統的功能,引導初學者學習完整的概念,循序漸進進入生理學領域,使初學者能對生理學產生興趣與認識生理學之真諦,因此,特別邀請了國內大專校院多位具豐富教學經驗之資深教師共同參與本書編撰。全書章節架構完整,內容配合圖片、表格及流程圖,加強讀者對生理機轉及概念之理解,以增進學習效果;此外,於各章末附有「學習評量」供讀者自我測驗和複習之用,幫助學習成效。適合醫學院各相關科系學生使用。

本書自第一版推出後,受到許多教師及同學的採用與支持,除了深感欣慰與感謝,更推動著我們持續改善本書內容,四版除勘正訛誤並更新國考考題外,為提升閱讀品質,全書採用精美彩色印刷,期能提供讀者們更正確而完整的生理學知識。

本書之完成有賴全體作者的分工合作與新文京開發出版股份有限公司編輯部同仁們的協助,使本書能呈現最佳的品質與內容給予讀者,謹此致謝。本書雖經審慎編寫與多次校對,仍難免有疏漏錯誤之處,尚祈各界先進繼續不吝給予指正,使本書能更臻完美。

編著者 謹識

目錄

CHAPTER

第 *1* 章

細 胞

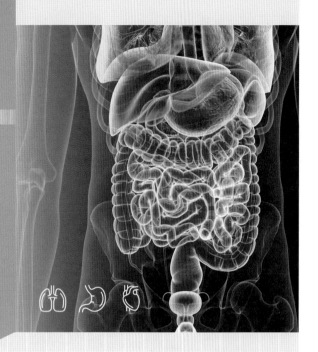

許家豪 編著

大綱

Physiology

細胞是組成生物體構造及功能的基本單位。細胞的結構可分成細胞膜(cell membrane)、細胞質(cytoplasm)及胞器(organelles)等三個主要部分（圖1-1）。

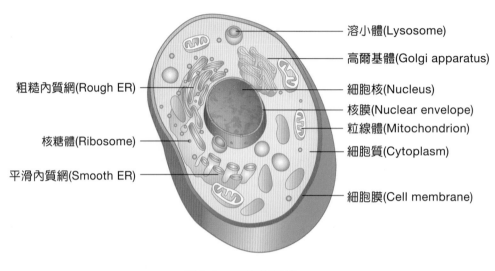

溶小體(Lysosome)

高爾基體(Golgi apparatus)

粗糙內質網(Rough ER)

細胞核(Nucleus)

核膜(Nuclear envelope)

粒線體(Mitochondrion)

核糖體(Ribosome)

細胞質(Cytoplasm)

平滑內質網(Smooth ER)

細胞膜(Cell membrane)

圖1-1 細胞的結構

1-1 細胞的構造及功能

一、細胞膜 (Cell Membrane)

（一）細胞膜的構造

有關於細胞膜之構造最早在1972年由辛格(S. J. Singer)和尼可森(G. L. Nicholson)兩位學者所提出之**流體鑲嵌模型**(fluid-mosaic model)，此模型之內容如下：

1. 磷脂質排列成雙層結構，磷脂質是由極性帶電荷的磷酸根與不帶電荷的脂肪酸組成。

2. 磷脂質頭部為親水端朝外排列，而磷脂質尾部則為厭水端朝內排列（圖1-2）。

3. 蛋白質和磷脂質可自由的在細胞膜上移動，因此細胞膜是處於流動的狀態。

　　細胞膜的成分─包含磷脂質(phospholipids)、蛋白質、碳水化合物及膽固醇等。其中蛋白質含量最高為55%，磷脂質含量次之為25%，細胞膜含有碳水化合物，主要以醣蛋白(glycoproteins)或醣脂質(glycolipids)的形式附著在細胞膜表面（見圖1-2）。醣蛋白及醣脂質可作為免疫系統辨識自我的重要成分或當作荷爾蒙的接受器位置。蛋白質可分成本體蛋白質與周邊蛋白質兩類，本體蛋白質可形成離子通道、當作載體主要與運輸有關。周邊蛋白質具有酵素的作用，可催化細胞的化學反應。膽固醇可以增加細胞膜的穩定，因此細胞膜之流動性是由膽固醇及磷脂質的比例來決定。

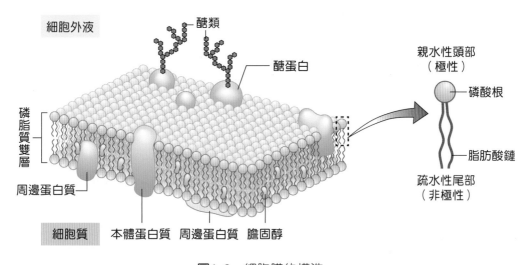

圖1-2　細胞膜的構造

（二）細胞膜的功能

1. 作為屏障：將細胞內的物質與外界環境進行隔離。

2. 控制物質的進出：並非所有的物質都可以自由進出細胞膜，此特性稱為細胞膜選擇性通透性(selective permeability)。

3. 整合細胞訊息傳遞(signal transduction)：細胞膜上有接受器可以和神經傳遞物及激素進行結合，產生訊息傳遞而引發細胞的生理反應。

4. 組織結構的支持者：相鄰的細胞可藉細胞膜的特殊作用方式，產生細胞接合(cell junction)形成穩定的構造。

二、細胞質 (Cytoplasm)

細胞質存在的範圍是指細胞膜和細胞核之間的結構，它包含細胞液(intracellular fluid)、胞器（如內質網、高爾基體、粒線體及溶小體）及包涵體（如肝醣顆粒、黑色素）三部分。細胞質也是細胞內產生化學反應，製造及分解物質產生能量的地方。細胞液為黏稠的半透明液體，由75~90%之水分、蛋白質、脂肪、碳水化合物、電解質及無機鹽類所組成。細胞質也包含由微小管、中間絲及微絲構成的細胞骨骼(cytoskeleton)，作為支持胞器及提供細胞的運動機制。

三、胞器 (Organelles)

胞器為細胞內的特化構造，與執行細胞的功能有關，其種類與功用詳述如下。

（一）細胞核 (Nucleus)

細胞核是細胞內最大的胞器，含有遺傳物質DNA，是細胞的控制中心為細胞進行轉錄作用的位置。大多數細胞僅含一個細胞核（成熟的紅血球無細胞核，而骨骼肌細胞則為多核）。細胞核的構造可分成核膜(nuclear membrane)、核仁(nucleolus)、核質(nucleoplasm)、染色質(chromatin)等4個部分（圖1-3）：

1. 核膜：核膜為磷脂質雙層的構造，可區分核質與細胞質，核膜中有核孔(nuclear pores)，為物質進出細胞核的通道，可允許小分子自由進出核孔（不需要消耗能量）。

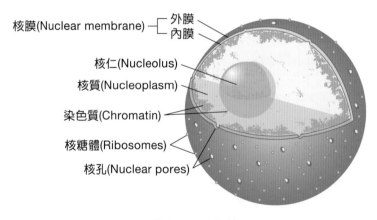

核膜(Nuclear membrane) ─┬─ 外膜
                      └─ 內膜
核仁(Nucleolus)
核質(Nucleoplasm)
染色質(Chromatin)
核糖體(Ribosomes)
核孔(Nuclear pores)

圖1-3　細胞核

2. 核仁：核仁是由DNA、RNA及蛋白質組成的構造，是製造核糖體RNA (ribosomal RNA, rRNA)的場所及儲存RNA的地方。

3. 核質：充滿於細胞核內的膠狀物質，含有養分及鹽類等物質。

4. 染色質：由組織蛋白(histones)及DNA所構成，細胞分裂時染色質會濃縮成染色體 (chromosome)（圖1-4）。

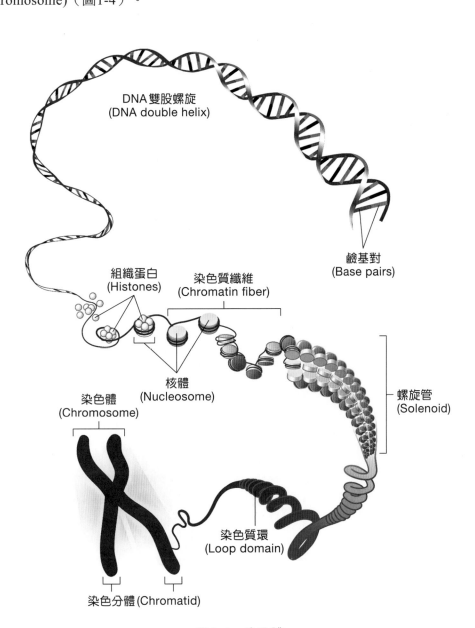

圖1-4　染色體

（二）核糖體 (Ribosome)

核糖體是由核糖體RNA (rRNA)及核糖蛋白所組成（圖1-5），與製造合成細胞的蛋白質有關。核糖體可分為兩類：

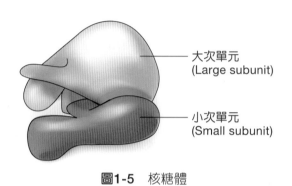

1. **固定性核糖體**(attached ribosome)：核糖體附著於內質網上，可以製造合成輸送到細胞外的蛋白質。

2. **游離性核糖體**(free ribosome)：核糖體散布於細胞質中，負責合成細胞內所使用的蛋白質。

圖1-5　核糖體

（三）內質網 (Endoplasmic Reticulum, ER)

內質網與核膜相連，為兩層平行膜所形成的小管狀構造（圖1-6）。物質可藉由內質網的網狀結構在細胞內運輸，是細胞內運輸的管道，因此有細胞內的循環系統之稱。內質網可分為兩類：

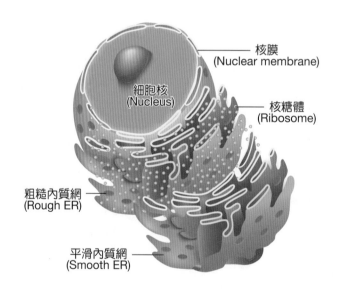

圖1-6　內質網

1. 顆粒性內質網(granular or rough ER, rER)：又稱為粗糙內質網，表面有核糖體附著，蛋白質合成後送至高爾基體進行分類及包裝。

2. 無顆粒性內質網(agranular or smooth ER, sER)：又稱為平滑內質網，表面無核糖體，故不能合成蛋白質，但平滑內質網則和製造膽固醇、類固醇激素合成有關。

　　不同細胞內的平滑內質網其功用也不一樣，例如骨骼肌的平滑內質網又稱為肌漿網，可儲存鈣離子，肝細胞的平滑內質網具有解毒的功能，而神經元內的尼氏體可合成蛋白質，相當於顆粒性內質網的功能。根據細胞的種類與活性不同，內質網的數量與種類會有所差異。例如製造消化酶的胰細胞，其粗糙內質網數量較平滑內質網多，但在生殖系統中合成類固醇激素的細胞其平滑內質網數目就比較多。

（四）高爾基體 (Golgi Apparatus)

　　高爾基體通常位於細胞核附近與內質網有連繫，由3~8層扁平彎曲囊袋所構成（圖1-7）。高爾基體的主要功能包括：

1. 負責蛋白質的醣化作用(glycosylation)，醣蛋白是醣盞之重要成分，為細胞在免疫辨識系統上的構成要素。

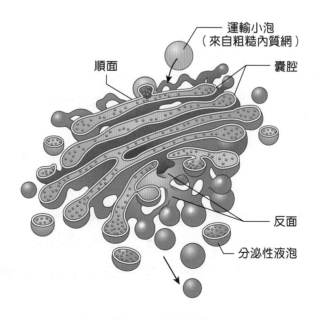

圖1-7　高爾基體

2. 根據蛋白質的功能加以分類包裝形成分泌小泡，因此有「細胞內包裝部門」之稱。這些分泌小泡有些移到溶小體，形成溶小體內的消化蛋白酶。有些分泌小泡則運送到細胞膜。此外一些分泌小泡則形成儲存顆粒，當細胞受到神經衝動或激素作用時則經由胞吐作用而**分泌出去**（如圖1-7）。

（五）溶小體 (Lysosomes)

溶小體是由**高爾基體的分泌小泡所形成，為單層膜的構造**。溶小體內含有酸性水解酶，此酸性水解酶是在內質網內形成，然後由高基氏體處理後，經由分泌小泡送至溶小體（圖1-8）。當細胞老化或者受損時，溶小體會將酸性水解酶釋出分解細胞，此過程稱為自體分解(autolysis)。故溶小體有「自殺小袋」之稱。病原菌或大分子物質經由吞噬作用後，溶小體可釋出水解酶分解病菌或大分子，因此溶小體也被稱為是「細胞內的消化工廠」。

體內某些細胞內含有大量的溶小體，如蝕骨細胞(osteoclast)之溶小體可分解舊骨質使造骨細胞(osteoblast)重建新的骨質。**生長發育期間若補充過量的維生素A會造成蝕骨細胞內溶小體活性過度活化來分解骨質，容易引發自發性骨折、關節炎。**

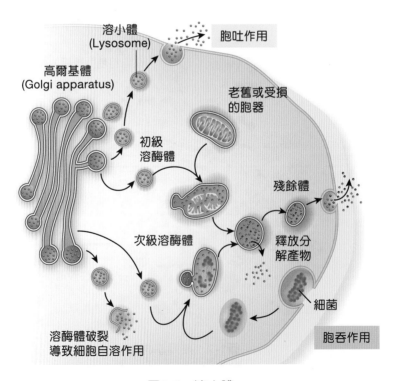

圖1-8　溶小體

（六）粒線體 (Mitochondria)

　　粒線體的構造為雙層膜，其功能與細胞進行氧化作用有關，為細胞內製造能量 ATP（腺嘌呤核苷三磷酸）的場所，故粒線體有「細胞的發電廠」之稱。粒線體本身含有環狀粒線體DNA (mitochondrial DNA)可自我複製分裂，以形成新的粒線體（圖 1-9）。體內細胞的粒線體來自於母親，因此母親的粒線體DNA若有缺陷會造成遺傳疾病的產生。

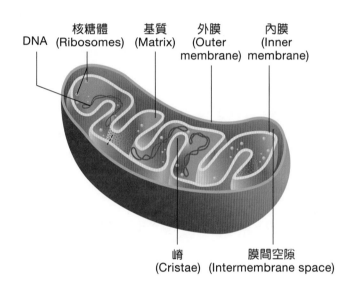

圖1-9 粒線體

（七）細胞骨骼 (Cytoskeleton)

　　微絲(microfilament)、中間絲(intermediate filament)及微小管(microtubule)會形成細胞骨骼(cytoskeleton)的結構（圖1-10），可提供細胞穩定的骨架，維持細胞形狀的完整性。

1. 微絲：直徑為3~12 nm，構成微絲的基本單位稱為肌動蛋白(actin)或肌凝蛋白(myosine)，微絲具有收縮的特性可使肌肉細胞收縮及細胞的胞吐與胞飲作用有關。

2. 微小管：直徑為18~30 nm，微小管是由蛋白小管(tubulin)所組成，微小管可形成紡錘絲、中心粒、纖毛及鞭毛等構造。微小管的功能包括細胞分裂時染色體的移動及細胞型態之改變、細胞內運輸系統如神經細胞內微小管輔助移動物質、支持性的構造。

3. 中間絲：直徑為7~11 nm，中間絲又稱作（厚絲）(thick filaments)，其直徑比微絲大，中間絲常存在於皮膚、結締組織及器官的上皮細胞。其生理功能為提供細胞構造機械式的支持。

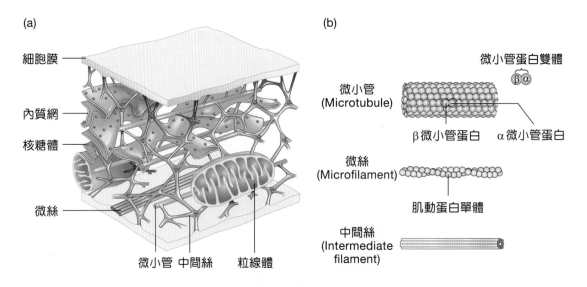

圖1-10　細胞骨骼：微絲、中間絲及微小管

（八）過氧化酶體 (Peroxisomes)

過氧化氫是體內許多代謝過程中之有毒物質，細胞可利用過氧化酶體內的過氧化氫酶(catalase)，將過氧化氫轉換成水及氧，體內的肝細胞與腎臟細胞，其過氧化酶體含量特多，可在特定化合物如乙醇之解毒作用上有非常重要之功能。

$$H_2O_2 \xrightarrow{\text{過氧化氫酶}} H_2O + 1/2\,O_2$$

（九）中心體與中心粒 (Centorosome and Centrioles)

中心體位於細胞核旁，一個中心體包含兩個中心粒，而一個中心粒則是由9個微小管三元體所組成的環狀結構（圖1-11）。中心體與中心粒與紡錘體的形成及細胞分裂時染色體之移動有關。例如成熟的神經細胞不具有中心體，便無法再進行細胞分裂。

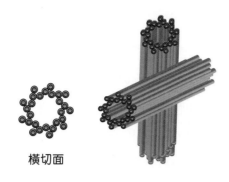

橫切面

圖1-11　中心體

（十）纖毛及鞭毛 (Cilia and Flagella)

纖毛及鞭毛是某些細胞之附屬物，細胞突起的數量少而長的為鞭毛，細胞突起的數量多而短的為纖毛。纖毛及鞭毛是由9組微小管三元體及2個單一的中央微小管所組成（圖1-12）。人類細胞中唯一具有鞭毛的細胞是精子。

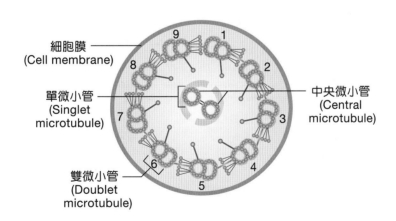

細胞膜
(Cell membrane)

單微小管
(Singlet
microtubule)

雙微小管
(Doublet
microtubule)

中央微小管
(Central
microtubule)

圖1-12　纖毛及鞭毛的結構

1-2　細胞分裂

　　身體的細胞會因衰老死亡等原因造成細胞數目減少，因此必須不斷地產生新細胞加以補充。細胞須經過完整的細胞週期(cell cycle)，並藉由細胞分裂(cell division)的過程而產生新細胞。生殖細胞包括精細胞和卵細胞也必須經由細胞分裂的方式產生。完整的細胞週期可分成間期(interphase)與有絲分裂期(mitosis)兩個階段（圖1-13）。間期則分成G_1（gap phase 1，間隙期1）、S期(synthesis phase, S phase)、G_2（gap phase 2，間隙期2）等三時期，有絲分裂結束後到S期開始的期間稱為G_1期，S期進行DNA及兩個中心粒複製，當S期結束後則進入G_2期此時細胞內已含雙倍的染色體及兩對中心粒。

　　細胞分裂的過程包括細胞核分裂及細胞質分裂，細胞核分裂的型態可分成有絲分裂(mitosis)與減數分裂(meiosis)兩種。

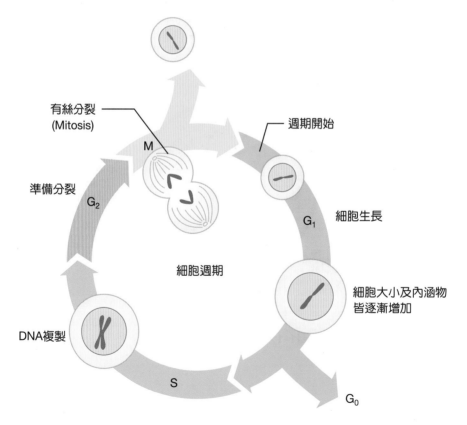

圖1-13　細胞週期（M：有絲分裂期）

一、有絲分裂 (Mitosis)

　　有絲分裂會發生在一般體細胞，進行時細胞的染色體複製一次而細胞只分裂一次，因此有絲分裂後細胞內染色體數目不變。有絲分裂的過程可分成前期、中期、後期及末期四個階段（圖1-14及表1-1）。

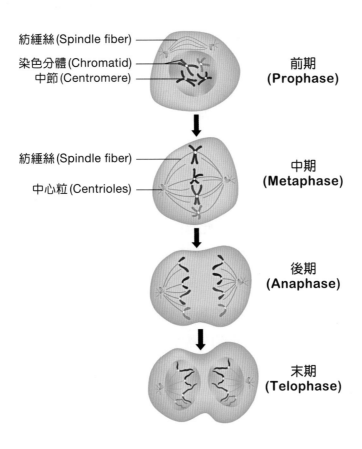

紡錘絲(Spindle fiber)
染色分體(Chromatid)
中節(Centromere)
前期 (Prophase)

紡錘絲(Spindle fiber)
中心粒 (Centrioles)
中期 (Metaphase)

後期 (Anaphase)

末期 (Telophase)

圖1-14　有絲分裂

表1-1　有絲分裂

時　期	特　徵
前期 (Prophase)	1. 核仁、核膜消失不見，染色質濃質變成染色體 2. 成對的中心粒分離分別往細胞的兩極移動
中期 (Metaphase)	染色體會排成在赤道板上
後期 (Anaphase)	時間最短約 2~10 分鐘，此時期染色體開始往細胞的兩極移動
末期 (Telophase)	1. 有絲分裂的最後階段 2. 染色體變為染色質的型態、核仁在此時重新出現，紡錘體消失而完成有絲分裂週期 3. 末期結束後，進行細胞質分裂 (cytokinesis)，造成細胞一分為二的現象而產生兩個新的細胞

二、減數分裂 (Meiosis)

　　生殖細胞需經過減數分裂的過程，來產生單倍數染色體的配子(gamete)。例如睪丸以減數分裂的方式形成單套的精細胞，此過程稱為精子生成(spermatogonium)。女性的卵巢以減數分裂的方式形成單套的卵細胞則稱為卵子生成(oogenesis)。有關於精子生成與卵子生成詳見生殖系統的介紹。

　　減數分裂過程中，其細胞染色體複製一次而細胞分裂則發生兩次。減數分裂後生殖細胞內染色體數目會減半。減數分裂的過程可分成減數分裂 I (meiosis I) 與減數分裂 II (meiosis II)。

（一）減數分裂 I

　　減數分裂 I 可分成前期 I、中期 I、後期 I 與末期 I 等時期（圖 1-15），以下介紹各時期的特徵。

1. 前期 I：核仁、核膜消失不見，此外中心粒會複製，紡錘體會出現。同源染色體配對排列稱為聯會 (synapsis)，此同源染色體的四個染色體絲稱為四合體 (tetrad)。此時四合體的染色體絲可進成交叉互換 (crossing-over)，造成基因的互換，增加遺傳基因的變異性（圖 1-16）。

2. 中期 I：成對的同源染色體會排成在赤道板上。

3. 後期 I：成對的同源染色體互相分離往兩極移動。

4. 末期 I：核仁重新出現、紡錘體消失，兩個新細胞形成，第一次減數分裂完成。

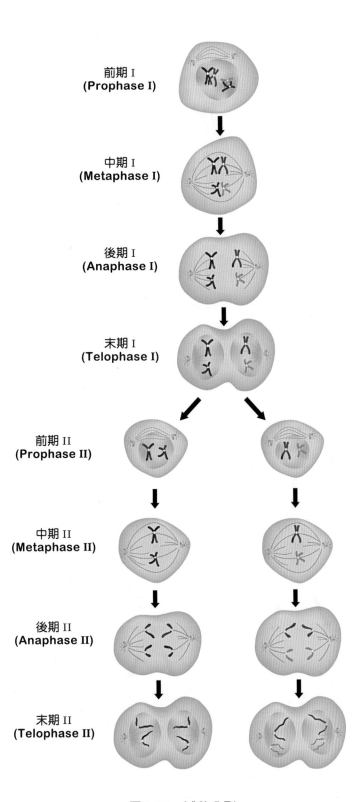

前期 I
(Prophase I)

中期 I
(Metaphase I)

後期 I
(Anaphase I)

末期 I
(Telophase I)

前期 II
(Prophase II)

中期 II
(Metaphase II)

後期 II
(Anaphase II)

末期 II
(Telophase II)

圖1-15　減數分裂

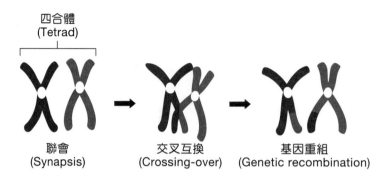

圖1-16 交叉互換

（二）減數分裂 II

減數分裂 II 的過程也包括前期 II、中期 II、後期 II 與末期 II，這幾個時期與有絲分裂的過程均很類似。分裂的結果會造成每一個子細胞只含原來細胞染色體數目的一半。有關於有絲分裂與減數分裂之比較見圖 1-17 及表 1-2。

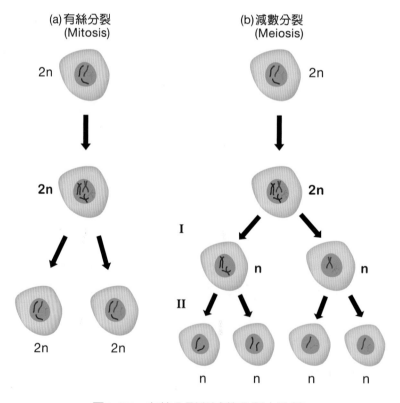

圖1-17 有絲分裂與減數分裂之比較

表1-2　有絲分裂和減數分裂之比較

	有絲分裂 (Mitosis)	減數分裂 (Meiosis)
發生之細胞	體細胞	生殖細胞（精子與卵子）
染色體複製次數	一次	一次
細胞分裂次數	一次	二次
染色體數目	不變（雙套）	減半（單套）
子細胞的數目	兩個	精子（四個）、卵子（一個）

細胞凋亡 (Apoptosis)　　　　　　　　　　　　　　Physiology

　　細胞凋亡又稱為計畫性的細胞死亡 (programmed cell death)，細胞進行細胞凋亡時，細胞質濃縮染色質分解，形成凋亡小體 (apoptotic body)。細胞進行細胞凋亡時，細胞膜完整不會產生發炎反應。溶小體被認為會參與此過程。

1-3 細胞膜的運輸

　　根據物質進出細胞膜是否需要消耗能量的方式可分成被動運輸(passive transport)與主動運輸(active transport)兩種，其比較見表1-3。

表1-3　被動運輸與主動運輸之比較

項　目	被動運輸	主動運輸
能量	不需要消耗能量 ATP	需要能量（ATP 或鈉離子）
物質運送方向	由高濃度→低濃度（順著濃度梯度）	由低濃度→高濃度（逆著濃度梯度）
例子	簡單擴散、促進性擴散、滲透、過濾、透析、鈣離子由肌漿網釋出	1. 初級主動運輸：鈉－鉀幫浦 (Na$^+$-K$^+$ pump) 2. 次級主動運輸：如小腸吸收葡萄糖

一、被動運輸 (Passive Transport)

物質由高濃度往低濃度方向運送，過程中不需要消耗能量ATP，此種運輸方式稱為被動運輸。被動運輸的類型可分為簡單擴散(simple diffusion)、促進性擴散(facilitated diffusion)、滲透(osmosis)及過濾(filtration)。

（一）簡單擴散

決定物質是否能通過細胞膜的磷脂雙層，取決於物質的親脂性，擴散方向根據物質本身的濃度來決定，例如脂溶性的分子如氧、二氧化碳與酒精很容易通過磷脂質細胞膜，而水溶性的分子則不容易通過細胞膜。

（二）促進性擴散

體內較大的極性分子（例如葡萄糖）對於細胞膜不通透，需藉由細胞膜上的蛋白質做為載體來運送物質，稱為促進性擴散。促進性擴散利用載體將物質由高濃度往低濃度移動不需要消耗能量。例如葡萄糖進入細胞（圖1-18）。促進性擴散的特徵具有專一性、競爭性與飽和性。

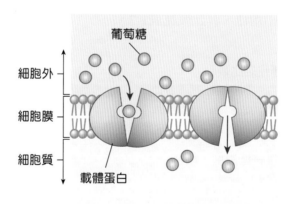

圖1-18 促進性擴散；例如葡萄糖進入細胞

（三）滲透 (Osmosis)

指水分子由高濃度往低濃度的方向移動稱為滲透作用。要產生滲透作用有兩項條件存在：

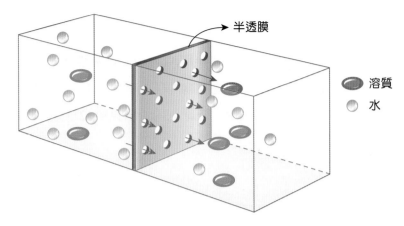

圖1-19　半透膜及滲透作用

1. 半透膜兩邊的溶質具有濃度差存在。

2. 只有水分子可以通過半透膜，而溶質則無法通過半透膜（圖1-19）。

　　將細胞放入等張(isotonic)溶液中，例如0.9% NaCl溶液（所含粒子的濃度與細胞內的粒子濃度相等），細胞的形狀並不會發生改變。細胞處在濃度大於0.9% NaCl之高張(hypertonic)溶液，則細胞會萎縮，相反地將細胞放入濃度小於0.9% NaCl之低張(hypotonic)溶液，則細胞會膨脹而破裂。

（四）過濾 (Filtration)

　　主要發生在腎絲球，由於壓力差的作用，使葡萄糖、胺基酸、水、鈉離子、鉀離子等物質由腎絲球過濾到鮑氏囊中（詳見第10章圖10-11）。

二、主動運輸 (Active Transport)

　　物質由低濃度往高濃度方向運輸時，為對抗濃度差的梯度需要消耗能量，此種運輸方式稱為主動運輸。主動運輸根據能量供給的方式，可分成初級主動運輸(primary active transport)與次級主動運輸(secondary active transport)兩類。

（一）初級主動運輸

　　細胞膜上的鈉－鉀幫浦(Na^+-K^+ pump)具有ATPase的活性，可將ATP分解提供能量給幫浦，將3個Na^+送出細胞外，同時交換2個K^+進入到細胞內，形成細胞內高濃度的K^+與低濃度的Na^+的情形。

（二）次級主動運輸

細胞運送物質所需要的能量來源並非使用ATP，而是靠儲存於電化學梯度中之能量。例如：鈉離子由細胞外（高濃度）往細胞內（低濃度）移動時可提供能量，葡萄糖與Na^+往同一方向移動，進入小腸絨毛上皮細胞內（詳見第12章圖12-12）。

三、大分子運輸

細胞可藉由細胞膜所形成的偽足，將物質攝入細胞內，提供大分子進出細胞的方式。可分成胞噬作用、胞飲作用及受體媒介之胞噬作用。

1. **胞噬作用**(phagocytosis)：體內吞噬細胞例如白血球，可經由吞噬作用將病原菌吞噬並破壞稱為胞噬作用。

2. **胞飲作用**(pinocytosis)：細胞所吞噬的物質包含溶解的大分子物質（含液體）稱為胞飲作用。

3. **受體媒介之胞噬作用**(receptor-mediated endocytosis)：物質進入細胞內需要和特定的接受器結合。例如：低密度脂蛋白(low density lipoprotein, LDL)進入肝細胞時，LDL需要與LDL之接受器接合後才能被肝細胞攝入。

4. **胞吐作用**(exocytosis)：細胞除可將物質攝入細胞內，也可以將物質送出細胞外的過程稱為胞吐作用。例如神經細胞釋放神經傳遞物質，內分泌細胞釋放激素等。

★ ★　**學習評量**　★ ★

【　】1. 若細胞膜之鈉鉀幫浦停止運作，下列何種運送方式會最顯著的降低運送速率？　(A)簡單擴散　(B)促進性擴散　(C)胞吞作用　(D)次級主動運輸

【　】2. 下列何者具有進行減數分裂之能力？　(A)卵原細胞　(B)初級卵母細胞　(C)顆粒細胞　(D)內膜細胞

【　】3. 生物體最基本的構造與功能單位為何？　(A)細胞核　(B)細胞質　(C)細胞膜　(D)細胞

【　】4. 下列何者是細胞內的發電廠？　(A)核糖體　(B)粒線體　(C)中心體　(D)核仁

【　】5. 下列何種胞器的主要功能是處理、分類及包裝蛋白質？　(A)中心體　(B)粒線體　(C)核糖體　(D)高爾基體

【　】6. 一般情況下，鈉鉀幫浦運送鈉鉀離子的方向為何？　(A)鈉離子由胞內向胞外，鉀離子由胞外向胞內　(B)鈉離子由胞外向胞內，鉀離子由胞內向胞外　(C)鈉鉀離子皆由胞外向胞內　(D)鈉鉀離子皆由胞內向胞外

【　】7. 下列何者合成細胞所需的蛋白質？　(A)核糖體　(B)溶小體　(C)中心體　(D)粒線體

【　】8. 成熟的神經細胞不能進行細胞分裂，主要是因為缺乏下列何種胞器？　(A)中心體　(B)核糖體　(C)溶小體　(D)粒線體

【　】9. 下列何者形成細胞內的運輸骨架？　(A)微絲　(B)中間絲　(C)微小管　(D)肌凝蛋白

【　】10. 維持細胞膜液態特性的主要組成物質是：　(A)鈣離子　(B)蛋白質　(C)磷脂質　(D)醣類

【　】11. 構成鞭毛與纖毛的骨架，主要為：　(A)微小管　(B)中間絲　(C)微絲　(D)肌凝蛋白

【　】12. 下列何者富含溶小體？　(A)表皮細胞　(B)心肌細胞　(C)蝕骨細胞　(D)杯狀細胞

【　】13. 一毫莫耳NaCl（即58.8克）溶解於水中所產生的滲透壓濃度為多少 mOsmole/L？　(A) 1　(B) 2　(C) 3　(D) 4

【　】14. 下列何者不是細胞膜的主要組成成分？　(A)磷脂質　(B)蛋白質　(C)膽固醇　(D)核糖核酸

【　】15. 下列何種物質無法經由簡單擴散方式通過細胞膜？(A)一氧化碳分子　(B)二氧化碳分子　(C)氧分子　(D)葡萄糖

【　】16. 有關人體細胞分裂的敘述，下列何者正確？　(A)減數分裂時染色體複製一次，再經連續兩次分裂　(B)有絲分裂只發生在生殖細胞　(C)有絲分裂時，同源染色體會配對出現聯會的現象　(D)減數分裂後會形成四個雙套染色體的細胞

【　】17. 下列何種胞器在某人吃了大量脂溶性藥物後會有最明顯的變化？　(A)粗糙內質網　(B)平滑內質網　(C)中心粒　(D)微小管

【　】18. 有絲分裂的哪一期，染色體明顯往兩極移動？　(A)前期　(B)中期　(C)後期　(D)末期

【　】19. 下列何種細胞含豐富的粒線體？　(A)肌肉細胞　(B)表皮細胞　(C)杯狀細胞　(D)紅血球

【　】20. 下列何者不是細胞內平滑內質網的功能？　(A)儲存鈣離子　(B)製造類固醇　(C)合成磷脂質　(D)製造ATP

【　】21. 對人體細胞而言，下列何者為等張溶液？　(A) 0.1% NaCl溶液　(B) 0.5% NaCl溶液　(C) 5%葡萄糖溶液　(D) 10%葡萄糖溶液

【　】22. 以下何種化學物質可以無需任何蛋白質的協助就可以自由通透細胞膜？　(A)氧分子　(B)鉀離子　(C)葡萄糖　(D)胺基酸

【　】23. 將細胞放置於5%葡萄糖溶液中，會造成細胞何種反應？　(A)脹破　(B)皺縮　(C)不變　(D)先皺縮後脹破

【　】24. 葡萄糖被小腸絨毛的細胞吸收時，通常都伴隨著什麼離子的共同運輸？　(A)Ca^{2+}　(B)K^+　(C)Mg^{2+}　(D)Na^+

【　】25. 正常細胞週期(cell cycle)之各分期的順序為何？　(A) $G_1 \rightarrow S \rightarrow G_2 \rightarrow M$　(B) $G_1 \rightarrow M \rightarrow G_2 \rightarrow S$　(C) $S \rightarrow M \rightarrow G_1 \rightarrow G_2$　(D) $M \rightarrow S \rightarrow G_1 \rightarrow G_2$

【　】26. 下列何者具發達的粗糙內質網？　(A)紅血球　(B)硬骨的骨細胞　(C)胰臟的腺泡細胞　(D)皮膚角質層的細胞

【　】27. 有關鈉鉀幫浦之正常生理運作，下列敘述何者正確？　(A)鈉鉀幫浦是種次級主動運輸子　(B)鈉鉀幫浦從細胞內打出二個鈉離子到細胞外　(C)鈉鉀幫浦從細胞內打出二個鉀離子到細胞外　(D)鈉鉀幫浦的淨反應是讓細胞內多出一個負電荷

【　】28. 將5 mL高張食鹽水(1% NaCl)緩緩注入麻醉之大鼠股靜脈，下列何種激素在血液中濃度可能增加？　(A)腎上腺素　(B)生長激素　(C)細胞激素　(D)抗利尿激素

【　】29. 下列胞器中，何者含有許多分解酵素？　(A)核糖體　(B)溶小體　(C)細胞核　(D)粒線體

【　】30. 將剛分離出來的人體紅血球放入1% NaCl食鹽水中，相隔20分鐘後，在顯微鏡下觀察紅血球細胞體積，會發生下列何種變化？　(A)變小　(B)變大　(C)細胞破裂　(D)沒有明顯改變

········· ★★ 解答 ★★

1.D	2.B	3.D	4.B	5.D	6.A	7.A	8.A	9.C	10.C
11.A	12.C	13.B	14.D	15.D	16.A	17.B	18.C	19.A	20.D
21.C	22.A	23.C	24.D	25.A	26.C	27.D	28.D	29.B	30.A

CHAPTER

第 **2** 章

神經組織

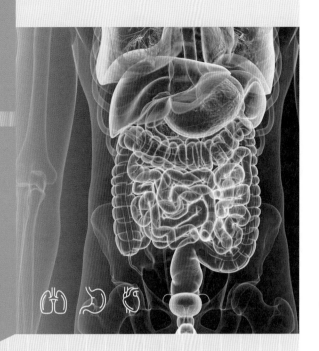

陳昀佑 編著

大綱

Physiology

　　神經系統的運作方式既複雜且特殊，它除了可以接收身體各個不同部位的感覺訊息，神經系統亦能將訊息整合後，再輸出到位在身體各處的作用器官，以影響其活動，進而達成快速調控身體各項機能的目的。本章內容將先介紹神經系統的組織學，再進一步描述神經元如何產生神經衝動以及神經衝動傳遞的方式與特性。

2-1　神經系統的組織學

一、神經元

　　神經系統包含神經元(neuron)與神經膠細胞(neuroglia cell)，兩者之間的數量比例約為1：10。神經元是構成神經系統的基本單位，它的構造包括三個部分：細胞本體(soma)、樹突(dendrites)以及軸突(axon)（圖2-1）。細胞本體內有細胞核、細胞質與各種胞器，是神經元進行代謝活動的地方。樹突形狀類似樹枝，它主要負責接收由其他神經元傳來的訊息，並將訊息傳向細胞本體。軸突細長且末端呈樹枝狀，可將細胞本體的訊息傳到下一個神經元、肌肉或腺體。

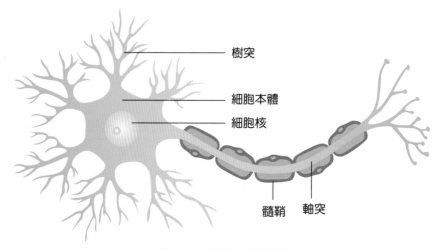

樹突

細胞本體

細胞核

髓鞘　軸突

圖 2-1　神經元的結構

二、神經膠細胞

　　神經膠細胞在神經系統中的數量相當龐大，其主要的功能是支持、保護與營養神經元。目前已知，位於中樞神經系統內的神經膠細胞有星狀膠細胞(astrocytes)、寡突

膠細胞(oligodendrocytes)、微小膠細胞(microglial cells)與室管膜細胞(ependymal cells)等四類，周邊神經系統則有許旺氏細胞(Schwann's cells)與衛星細胞(satellite cells)（圖2-2）。這些神經膠細胞的組織特徵與生理功能在表2-1有說明。

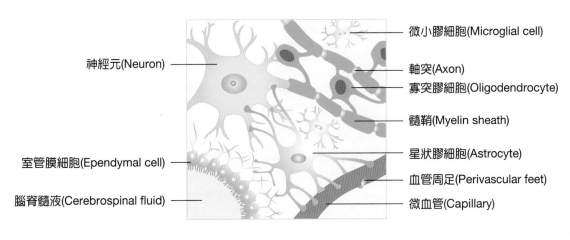

圖 2-2　不同形式的神經膠細胞

表 2-1　**神經膠細胞的種類與功能**

細胞種類	形態描述與功能
星狀膠細胞	外型如同星狀，具有許多突起，突起以血管周足 (perivascular feet) 與微血管相接，血管周足與微血管內皮細胞及微血管基底膜組成血腦障壁 (blood brain barrier, BBB)
寡突膠細胞	中樞神經系統中的髓鞘主要由寡突膠細胞形成
微小膠細胞	常出現在神經損傷區域，並在此負責吞噬並移除壞死的細胞碎片
室管膜細胞	主要功能為分泌腦脊髓液
許旺氏細胞	許旺氏細胞主要負責形成周邊神經系統的髓鞘
衛星細胞	衛星細胞會圍繞在感覺及自主神經節內神經元的周圍，以提供結構與代謝上的支持

三、髓　鞘

　　大部分神經元的軸突都包覆一層髓鞘(myelin sheath)，髓鞘是一種蛋白質與脂質所構成的物質。中樞神經系統內的髓鞘由寡突膠細胞形成，而周邊神經系統的髓鞘則由

許旺氏細胞形成。許旺氏細胞將它的細胞膜層層纏繞在軸突上形成髓鞘，軸突上沒有包覆髓鞘的部位稱為蘭氏結(node of Ranvier)。髓鞘是絕緣體，電荷不容易在此移動，但是在蘭氏結的細胞膜上卻具有許多的鈉離子通道，因此動作電位很容易在此產生，髓鞘可以增加動作電位沿著軸突傳遞的速度。

四、神經纖維的種類

神經纖維依其直徑大小、髓鞘有無、傳導速率快慢與功能上的差異，可分成不同的種類，如表2-2之說明。

依照神經纖維來源之不同而將感覺神經纖維再分為Ia、Ib、II、III、IV等五類，請見表2-3。

表 2-2　神經纖維之種類

纖維類型	直徑(μm)	髓鞘	傳導速率(m/s)	主要功能
Aα	15~20	有	70~120	軀體運動（骨骼肌）、本體感覺
Aβ	5~12	有	30~70	觸壓覺
Aγ	3~8	有	15~50	肌梭運動
Aδ	2~5	有	12~30	觸覺、溫度覺、痛覺
B	<3	有	3~15	自主神經節前神經纖維
C	0.4~2	無	0.5~2	觸壓覺、痛覺、自主神經節後神經纖維

表 2-3　感覺神經纖維的種類

分　類	來　源	纖維類型
Ia	肌梭中之環繞末梢 (annulospinal ending)	Aα
Ib	高基氏肌腱器	Aα
II	肌梭中之花繖形末梢、觸壓覺	Aβ
III	痛覺、溫度覺、某些觸覺接受器	Aδ
IV	痛覺、觸覺、壓力覺	B

2-2 神經系統生理學

一、靜止膜電位及其產生機制

（一）靜止膜電位

若以微電極插入細胞質，而將另一個電極放置在細胞外（即組織間液內），再連接微電極與示波器，就能測量出細胞膜內外的電位差，這個電位差就是膜電位 (membrane potential)（圖2-3），一般而言，膜電位大都介於–10 ～ –100 mV之間。在細胞處於不受刺激的狀態下所測得的電位差稱為**靜止膜電位**(resting membrane potential)。

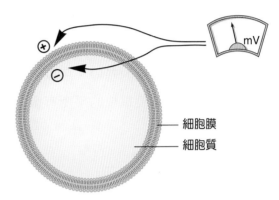

圖 2-3 膜電位的測量方式

（二）決定靜止膜電位的因素

產生靜止膜電位的決定因素是細胞膜對特定離子的相對通透性以及離子在細胞內外分布的濃度梯度。由表2-4中可發現細胞內K^+濃度比細胞外高，而細胞內Na^+、Cl^-與Ca^{2+}濃度則較細胞外少。在細胞膜上有許多允許特定離子通過的離子通道，離子可依細胞內外的濃度差而由此通道移動，這些離子通道都會影響細胞膜對離子的通透性。

表 2-4　細胞內外主要離子的濃度差異

離 子	細胞外濃度 (mM)	細胞內濃度 (mM)
Na^+	150	20
K^+	5	150
Cl^-	110	10
Ca^{2+}	2	0.0001

　　細胞膜上分布有鈉－鉀幫浦，以消耗ATP產生的能量進行主動運輸，將3個Na⁺唧出細胞外，同時將2個K⁺唧入細胞（圖2-4）。如此一來將造成細胞內流失正電荷，而使細胞內有較多的負電荷，同時也促成細胞內K⁺濃度大於細胞外，以及細胞外Na⁺濃度大於細胞內的現象。細胞膜內外離子濃度差是靜止膜電位產生的基礎，所以，鈉－鉀幫浦對維持膜電位的平衡有重要的意義。

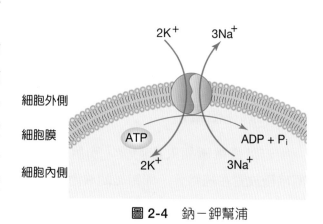

圖 2-4　鈉－鉀幫浦

二、動作電位

（一）動作電位的產生

　　當興奮性細胞（神經細胞與肌肉細胞）受到一個足夠大的刺激時（或稱刺激達到閾值），膜電位即會產生劇烈的變化，而形成動作電位。動作電位可以分成靜止期(resting stage)、去極化期(depolarization)、再極化期(repolarization)與過極化期(hyperpolarization)四個階段來說明（圖2-5）。

　　靜止期就是動作電位產生之前的靜止膜電位，此時細胞膜的電位呈現外正內負的狀態，這種狀態是一種極化現象(polarization)。當細胞膜受到刺激且刺激強度達到閾值(threshold)時，細胞膜對Na⁺的通透性大幅增

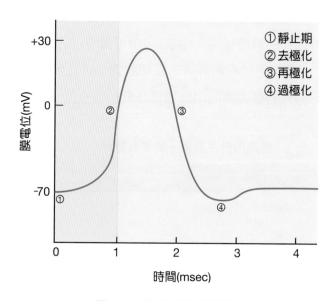

圖 2-5　動作電位的變化

加，大量的Na^+經由鈉離子通道湧入細胞內，造成細胞內由負電性轉為正電性，產生去極化的效應，可引發動作電位。去極化現象產生後，鈉離子通道馬上關閉，鉀離子通道則開啟讓細胞內的K^+流到細胞外，膜電位又恢復到極化狀態，此稱為再極化。通常在再極化期，K^+流到細胞外的數量常超過細胞內Na^+的數量，而使膜電位趨向更負，此現象稱為過極化。由於細胞膜上的鈉－鉀幫浦的運作，這種過極化現象可以迅速恢復。

（二）動作電位的特性

動作電位的引發有一個非常獨特之處，就是**全有或全無定律**(all-or-none principle)。刺激的強度只要達到閾值，就能夠引發動作電位；相反地，若強度不足以到達閾值，則無法改變膜電位，這個特性就稱為全有或全無定律。

當一個刺激引發動作電位後，若是馬上再給予一個閾值刺激，這時神經元無法產生衝動，這是由於神經元正處於**不反應期**(refractory period)。不反應期分為絕對不反應期(absolute refractory period)與相對不反應期(relative refractory period)，絕對不反應期是由於鈉離子通道在去極化後會進入不活化狀態，因此神經元對任何刺激都不會有反應。而第二個刺激若是在前一個動作電位去極化期之後才給予，由於此時閾值已下降，只要給予一個較強的刺激就能再次引發動作電位，這種現象則稱為相對不反應期（圖2-6）。

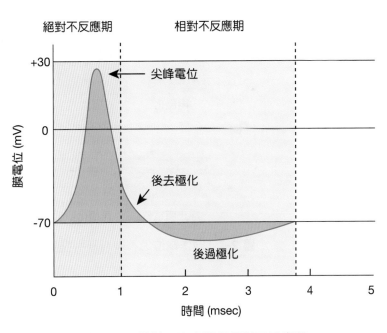

圖 2-6　絕對不反應期與相對不反應期

　　動作電位在某一處被引發之後，會由該點向神經纖維兩側傳導（圖2-7），直到所有的細胞膜都被去極化，但是這種擴散的傳導方式速率並不快，無法滿足快速傳導訊息的目的。如何加快神經傳導的速率呢？解決方法是利用髓鞘(myelin sheath)構造的特性，由於髓鞘的成分是脂肪，所以具有絕緣性而無法傳導電流。蘭氏結是軸突上不被髓鞘包覆的區域，此處的細胞膜可以產生動作電位。因此，當動作電位在某一處被引發之後，就會沿著蘭氏結傳遞，這種跳躍式傳導(saltatory conduction)可以大幅提升傳導的速率（圖2-8）。

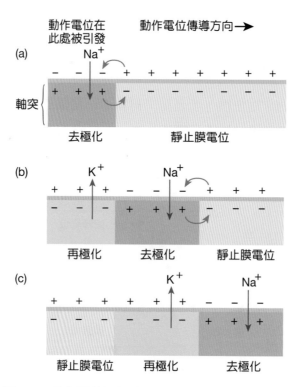

圖 2-7 動作電位沿著神經細胞膜向兩側傳導的過程

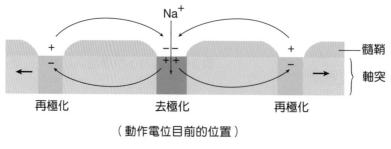

圖 2-8 有髓鞘神經纖維與動作電位的跳躍式傳導

2-3　突　觸

　　突觸(synapse)是神經元之間溝通的橋樑，神經衝動的傳導就是在此進行。依照訊息傳遞方式與功能的不同，突觸可分為化學性突觸和電性突觸兩種。

一、化學性突觸與電性突觸的構造

（一）化學性突觸

　　化學性突觸的構造可分成三個部分：突觸前膜(presynaptic membrane)、突觸間隙(synaptic cleft)與突觸後膜(postsynaptic membrane)（圖2-9）。突觸之前的神經元是突觸前神經元(presynaptic neuron)，而在突觸之後的神經元則是突觸後神經元(postsynaptic neuron)。

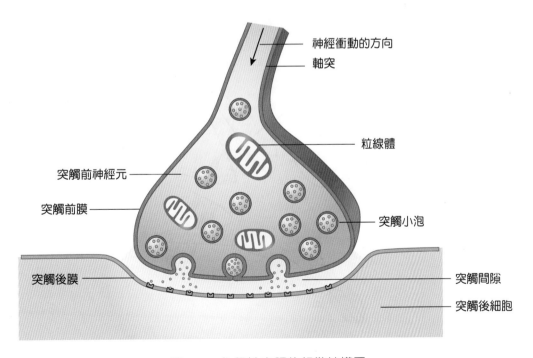

神經衝動的方向
軸突
粒線體
突觸前神經元
突觸前膜
突觸小泡
突觸後膜
突觸間隙
突觸後細胞

圖 2-9　化學性突觸的超微結構圖

突觸前膜是突觸前神經元軸突末梢的細胞膜，在膜上具有許多電位控制的鈣離子通道(voltage-gated calcium channel)。突觸前神經元軸突末梢的細胞質內存有非常多的突觸小泡(synaptic vesicles)，在突觸小泡內含有神經傳導物質。

突觸後膜是突觸後神經元的細胞膜，膜上分布許多可與特定之神經傳導物質結合的蛋白質接受器(protein receptor)，這些蛋白質接受器分成兩種不同的類型。一種是促離子型接受器(ionotropic receptor)，當神經傳導物質與其結合將可造成離子通過離子通道。另一種是促代謝型接受器(metabotropic receptor)，當神經傳導物質與其結合將引發訊息傳遞(signal transduction)。

突觸間隙則是指突觸前膜與突觸後膜之間的空隙，間隙約20~30 nm。神經傳導物質是以擴散的方式跨過該空隙。

化學性突觸的連接形式很多，較常見的有軸突－細胞本體型、軸突－樹突型、軸突－軸突型與樹突－樹突型（圖2-10）。

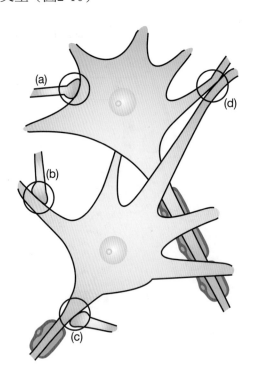

圖 2-10　不同類型的突觸。(a) 軸突－細胞本體型；
(b) 軸突－樹突型；(c) 軸突－軸突型；(d) 樹突－樹突型

（二）電性突觸

　　電性突觸中相鄰細胞膜的距離約2 nm，在此處有許多裂隙接合(gap junction)。裂隙接合是由稱作接聯素(connexins)的整合性膜蛋白所構成的。裂隙接合兩側的細胞膜上都各有一個稱為接聯體(connexon)的中空柱狀且橫跨細胞膜的蛋白質構造，一個接聯體由六個接聯素圍成一個六角形且孔徑約2 nm的通道。相鄰細胞兩側的接聯體再相連形成一個可使兩細胞物質彼此交流的通道（圖2-11），這種通道可讓離子、分子量小於1,000 Da以及直徑小於1.5 nm的物質通過。電性突觸的生理意義在於使相鄰神經元的訊息快速傳播以達成同步化。

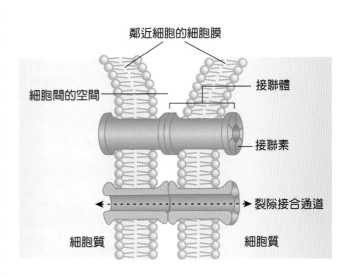

鄰近細胞的細胞膜
細胞間的空間
接聯體
接聯素
裂隙接合通道
細胞質　　　細胞質

圖 2-11　裂隙接合的結構

　　電性突觸與化學性突觸最大的差異在於：訊息可在電性突觸中雙向傳遞，且動作電位可直接通過電性突觸；而化學性突觸則只能是單一方向的傳導，且必須先將電位訊息轉換為化學性訊息後，才能將訊息跨過突觸間隙並傳至下一個神經元。

二、化學性突觸間神經衝動的傳遞

　　動作電位傳到神經元軸突末梢時，因為有突觸間隙的阻隔，所以必須藉由神經傳導物質的作用，將訊息傳至突觸後神經元，因此神經傳導物質在這個過程中扮演非常重要的角色。

　　當動作電位傳到神經元軸突末梢時，使電位控制的鈣離子通道(voltage-gated calcium channel)打開，Ca^{2+}由細胞外流入細胞內。細胞內Ca^{2+}濃度一旦升高，會促使突觸小泡以胞泌作用(exocytosis)將神經傳導物質釋放到突觸間隙（圖2-12），因為神經傳導物質需要一些時間以擴散方式通過突觸間隙，所以會產生約0.2~0.5毫秒(msec)的突觸延遲(synaptic delay)現象。隨後神經傳導物質與突觸後膜上特定的蛋白質接受

器結合，造成離子通道打開而讓離子通過細胞膜，進而引發突觸後電位(postsynaptic potential)。突觸後電位必須升高到足以引發突觸後神經元的動作電位，神經衝動才能傳導下去。

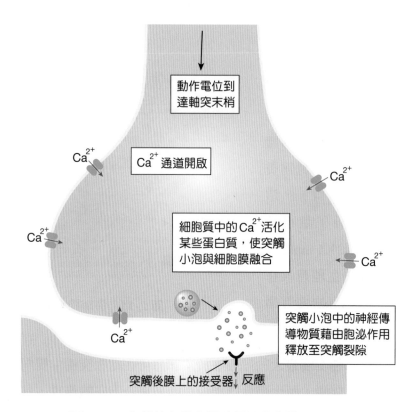

動作電位到達軸突末梢

Ca^{2+} 通道開啟

細胞質中的Ca^{2+}活化某些蛋白質，使突觸小泡與細胞膜融合

突觸小泡中的神經傳導物質藉由胞泌作用釋放至突觸裂隙

突觸後膜上的接受器 反應

圖 2-12 化學性突觸之間神經衝動的傳遞過程

三、突觸後電位

突觸後電位包括興奮性突觸後電位(excitatory postsynaptic potential, EPSP)與抑制性突觸後電位(inhibitory postsynaptic potential, IPSP)（圖2-13）。當神經傳導物質與突觸後膜上特定的蛋白質接受器結合後，造成Na^+內流與K^+外流。因為Na^+的電化學梯度比K^+大，導致細胞膜產生去極化反應，此時的突觸後電位就是興奮性突觸後電位。興奮性突觸後電位的特徵為：(1)具有空間加成與時間加成的現象；(2)屬於局部電位，傳導距離短；(3)不具「全有或全無」性質。若神經傳導物質與蛋白質接受器結合後造成Cl^-內流或K^+外流，則可引發抑制性突觸後電位。

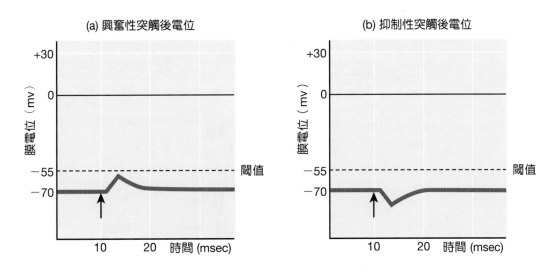

圖 2-13　(a) 興奮性突觸後電位；(b) 抑制性突觸後電位

四、化學性突觸傳導的特性

1. **單向傳遞**：突觸的訊息傳導都是單一方向的，神經衝動由突觸前神經元往突觸後神經元傳遞，以使神經衝動能精準傳到目的地。

2. **突觸延遲**：這是因為神經傳導物質需要一些時間以擴散方式通過突觸間隙，所以會產生約0.2~0.5毫秒的延遲。

3. **易疲勞性**：突觸傳遞訊息會出現疲乏(fatigue)的現象，以避免神經元過度活動。這可能與神經傳導物質耗竭有關。

4. **敏感性**：突觸對局部環境變化非常敏感，藥物、缺氧、二氧化碳或麻醉劑都會影響其興奮性。

5. **空間加成與時間加成**：突觸後電位能提高突觸後神經元的膜電位，若未達到閾值，則不足以引發動作電位。突觸後電位可以藉空間加成(spatial summation)與時間加成(temporal summation)兩種方式來達到興奮所需的閾值，神經元可以同時接受不同的突觸前神經末梢的刺激，這些刺激的總合就是空間加成；而單一個突觸前神經末梢對一個神經元連續刺激所造成的突觸後電位就稱時間加成（圖2-14）。

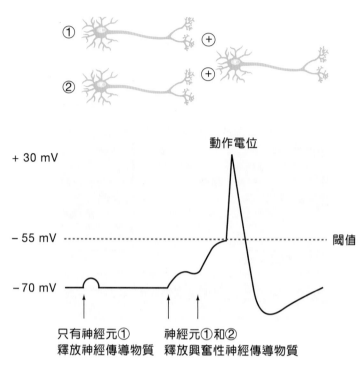

圖 2-14 空間加成與時間加成作用

五、神經傳導物質

（一）膽鹼類神經傳導物質

膽鹼類神經傳導物質主要是乙醯膽鹼(acetylcholine, ACh)，可以分泌乙醯膽鹼的神經元包括有中樞神經系統神經元、交感神經系統的節前神經元、部分的交感神經系統的節後神經元、副交感神經系統的節前與節後神經元。

乙醯膽鹼是由膽鹼(choline)與乙醯輔酶A (acetyl coenzyme A)經膽素乙醯轉換酶(choline acetyl-transferase)作用後所形成的。乙醯膽鹼一旦由神經末梢分泌出來後，在很短的時間內就會被乙醯膽鹼酯酶(acetylcholinesterase)分解為醋酸(acetate)與膽素，因此作用的時間非常短暫。

（二）單胺類神經傳導物質

　　單胺類神經傳導物質包括有正腎上腺素(norepinephrine)、腎上腺素(epinephrine)、多巴胺(dopamine)與血清胺(serotonin)，其中正腎上腺素、腎上腺素與多巴胺被稱為兒茶酚胺(catecholamine)。正腎上腺素、腎上腺素與多巴胺由酪胺酸(tyrosine)衍生而來，而血清胺則由色胺酸(tryptophan)衍生而來。單胺類神經傳導物質的作用方式與乙醯膽鹼一樣以胞泌作用釋放到突觸間隙，再與突觸後膜上特定的蛋白質接受器結合，進而活化腺苷酸環化酶(adenylate cyclase)，並刺激第二訊息傳遞者—環腺苷單磷酸(cyclic adenosine monophosphate, cAMP)的生成。

　　兒茶酚胺分布於腦幹或下視丘的神經元、橋腦的藍斑核(locus ceruleus)或大部分的交感神經系統的節後神經元，其作用與情緒、意識狀態、運動、血壓調節或激素釋放等有關。

　　血清胺又被稱作五羥色胺酸(5-hydroxytryptamine, 5-HT)，分泌血清胺的神經元位在縫核(raphe nuclei)，血清胺具有多種作用，它對於肌肉控制具有興奮作用；在感覺上可抑制痛覺傳遞。血清胺也與警醒程度有關，睡眠時血清胺活性最低，而清醒時活性最高。此外，血清胺還與進食、生殖行為與情緒狀態有關。

（三）胺基酸類神經傳導物質

　　胺基酸類神經傳導物質包括興奮性與抑制性胺基酸兩類。麩胺酸(glutamic acid)與天門冬胺酸(aspartic acid)屬於興奮性胺基酸。麩胺酸在腦中含量最多，尤其以大腦、小腦與紋狀體最多，麩胺酸與天門冬胺酸都能產生興奮性突觸後電位(EPSP)。

　　甘胺酸(glycine)與γ－胺基丁酸(gamma-aminobutyric acid, GABA)為抑制性胺基酸。甘胺酸主要分布在脊髓與腦幹，它能使突觸後細胞膜過極化而形成抑制性突觸後電位(IPSP)。γ－胺基丁酸則主要分布於脊髓、小腦、基底核、黑質與皮質的神經元，γ－胺基丁酸是由麩胺酸轉變而來的，它同樣也是造成突觸後細胞膜過極化以形成IPSP。

（四）多胜肽類神經傳導物質

多胜肽類神經傳導物質包括神經胜肽(neuropeptide)、內生性鴉片類(endogenous opioid)的胜肽，例如β－腦內啡(β-endorphin)、代諾啡(dynorphin)與腦克啡(enkaphalin)等與物質P (substance P)。

內生性鴉片類的胜肽為鴉片類藥物，鴉片類藥物有嗎啡(morphine)與可待因(codeine)。內生性鴉片類的胜肽可以藉由抑制物質P的釋放，來達到止痛的效果。物質P由傳入神經元釋放，可以將痛覺傳至中樞神經系統。此外，內生性鴉片類的胜肽還與快樂感覺的形成、過度進食的行為、心血管系統的調節等有關。

（五）氣體類神經傳導物質

一氧化氮(nitricoxide, NO)是第一個被證實具有神經傳導物質特性的氣體，一些神經元具有一氧化氮合成酶(nitricoxide synthase, NOS)，可以利用L－精胺酸(L-arginine)合成一氧化氮。一氧化氮以擴散的方式由前一個神經元進入到相鄰的神經元，並刺激第二訊息傳遞者—環鳥苷單磷酸(cyclic guanosine monophosphate, cGMP)的生成以啟動後續的效應。目前已知一氧化氮與學習記憶的形成、血管擴張、平滑肌放鬆的機制有關。

一氧化碳(carbon monooxide, CO)是另一個可能具有神經傳導物質特性的氣體。在血紅素代謝過程中可以生成一氧化碳，一氧化碳的作用方式與一氧化氮類似，也能促使神經元生成環鳥苷單磷酸(cGMP)。一氧化碳與嗅覺敏感度的調節、神經內分泌之調節有關。

【　】 1. 一般而言，動作電位之再極化過程，主要是由何種機制造成？　(A)氯離子大量流出細胞　(B)鈉離子大量流入細胞　(C)鉀離子大量流出細胞　(D)鈣離子大量流入細胞

【　】 2. 大多數的神經傳導物質是由何處所分泌？　(A)軸突　(B)樹突　(C)細胞體　(D)髓鞘

【　】 3. 細胞膜電位形成原因不包括下列何者？　(A)鈉鉀幫浦的貢獻　(B)各種離子在細胞內外液之濃度差　(C)細胞內外滲透壓差　(D)細胞膜對分布於細胞內外之各主要離子之選擇性通透

【　】 4. 光學顯微鏡所觀察到的尼氏體是：　(A)高爾基氏體　(B)粒線體　(C)顆粒性內質網　(D)核糖體

【　】 5. 有關抑制性突觸之性質，下列何者錯誤？　(A)全有全無律　(B)膜電位過極化　(C)化學性突觸　(D)降低神經興奮性

【　】 6. 當動作電位發生時，細胞膜電位如何變化？　(A)過極化　(B)極化　(C)先去極化然後再極化　(D)先再極化然後去極化

【　】 7. 下列何者與神經衝動的跳躍傳導最不相關？　(A) A型神經纖維　(B) C型神經纖維　(C)蘭氏結　(D)髓鞘

【　】 8. 有關電性突觸之性質，下列何者錯誤？　(A)常見於肌肉細胞　(B)不需要神經傳導物質　(C)可產生抑制性突觸後電位　(D)為雙向性傳導

【　】 9. 動作電位具有下列何種特性？　(A)空間加成性　(B)時間加成性　(C)刺激強度愈大，引發之動作電位振幅愈大　(D)遵循全有全無律

【　】 10. 下列何者並非星狀膠細胞的功能？　(A)分泌腦脊髓液　(B)形成血腦障壁　(C)當中樞神經損傷時，形成疤痕組織　(D)回收神經末梢釋出之神經傳遞物質

【　】 11. 下列何者並非神經纖維髓鞘之主要功能？　(A)組成白質　(B)跳躍式傳導　(C)提供ATP予神經纖維　(D)包覆A型神經纖維

【 】12. 關於跳躍式傳導的特性，下列何者錯誤？ (A)發生於有髓鞘的神經纖維 (B)傳導速度較快 (C)需消耗較多的能量 (D)動作電位沿著蘭氏結產生

【 】13. 下列何種神經傳導物質為色胺酸(tryptophan)之衍生物？ (A)多巴胺 (B)血清素 (C)乙醯膽鹼 (D)正腎上腺素

【 】14. 下列何種構造與化學性突觸無關？ (A)裂隙接合 (B)突觸小泡 (C)神經傳導物質 (D)突觸後細胞膜接受器

【 】15. 下列有關靜止膜電位之敘述，何者錯誤？ (A)為細胞處於一種極化的狀態 (B)為細胞內負電較多而細胞外正電較多的現象 (C)鈉－鉀幫浦有助於建立靜止膜電位 (D)一般神經細胞之靜止膜電位為+50 mV

【 】16. 下列何者形成中樞神經系統神經纖維的髓鞘？ (A)許旺氏細胞 (B)寡突膠細胞 (C)微小膠細胞 (D)星狀膠細胞

【 】17. 下列何種神經纖維不具有髓鞘？ A) Aα型纖維 (B) B型纖維 (C) C型纖維 (D) Aγ型纖維

【 】18. 下列何者具有引導周邊神經再生的功能？ (A)衛星細胞 (B)許旺氏細胞 (C)星狀膠細胞 (D)寡突膠細胞

【 】19. 位於中樞神經系統血管旁的膠細胞，最可能是下列何者？ (A)星狀膠細胞 (B)微小膠細胞 (C)寡突膠細胞 (D)許旺氏細胞

【 】20. 下列何者不屬於突觸後電位之性質？ (A)膜電位過極化 (B)全有全無律 (C)加成作用 (D)離子通道開啟

【 】21. 有關神經突觸之性質下列何者錯誤？ (A)神經傳導物質是由胞吐作用釋放出來 (B)電性突觸會有短暫時間的突觸延遲 (C)化學性突觸的特徵是具有突觸裂隙 (D)人體神經與肌肉間之訊息傳遞屬於化學性突觸

【 】22. 感覺刺激越強，則傳入神經元之動作電位的最常見變化為何？ (A)頻率越高 (B)傳導速率越快 (C)峰值越大 (D)時間寬度越窄

【 】23. 下列何者與腦組織受傷後，疤的形成最有關係？ (A)寡突膠細胞 (B)微小膠細胞 (C)星狀膠細胞 (D)許旺氏細胞

【 】24. 下列何者在神經系統中負責支持、保護的功能？ (A)神經細胞 (B)上皮細胞 (C)神經膠細胞 (D)結締組織細胞

【　】25. 神經與骨骼肌之間的神經傳導物質是：　(A)多巴胺　(B)乙醯膽鹼　(C)腎上腺素　(D)血清張力素

【　】26. 治療重症肌無力可使用乙醯膽鹼酯酶抑制劑減輕症狀，其作用機轉為何？
(A)增加乙醯膽鹼接受器數量　(B)增加神經肌肉接合處之乙醯膽鹼濃度
(C)促進神經釋放乙醯膽鹼　(D)直接刺激肌肉收縮

【　】27. 下列何者最不可能是化學性突觸？　(A)軸突－細胞體之間　(B)軸突－軸突之間　(C)軸突－樹突之間　(D)肌肉細胞之間

【　】28. 神經動作電位的傳遞速度與下列何者成正比關係？　(A)軸突直徑　(B)樹突數目　(C)不反應期長度　(D)靜止膜電位大小

【　】29. 大部分的動作電位都是在神經細胞的何處產生？　(A)樹突　(B)髓鞘
(C)突觸　(D)軸突丘

········· ★★ 解答 ★★ ·········

1.C	2.A	3.C	4.C	5.A	6.C	7.B	8.C	9.D	10.A
11.C	12.C	13.B	14.A	15.D	16.B	17.C	18.B	19.A	20.B
21.B	22.A	23.C	24.C	25.B	26.B	27.D	28.A	29.D	

MEMO

CHAPTER

第 **3** 章

中樞與周邊神經系統

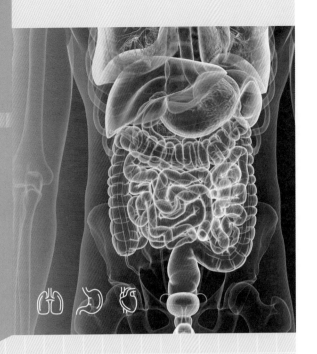

許家豪　編著

大綱

Physiology

　　神經系統分成中樞神經系統(central nervous system, CNS)及周邊神經系統(peripheral nervous system, PNS)，本章要介紹神經系統的組織結構與功能。

3-1　神經系統的組成

一、中樞與周邊神經系統的組成

　　中樞神經系統包括腦(brain)及脊髓(spinal cord)，周邊神經系統包括由腦及脊髓所發出的神經，包含：十二對腦神經與三十一對脊神經。

　　依功能來看，可將周邊神經系統(PNS)分類為感覺(sensory)和運動(motor)兩種，其中感覺／傳入(afferent)神經又可分為連接於體表(somatic)及連接於內臟(visceral)兩種，而運動／傳出(efferent)神經也同樣分成連接於體表（四肢或其他一些肌肉的運動）和內臟（內臟的蠕動，心臟、腺體的活動）兩種，後者包含交感神經(sympathetic division)和副交感神經(parasympathetic division)，兩者在功能上是互相拮抗的。整個神經系統的組成，以圖3-1表示。

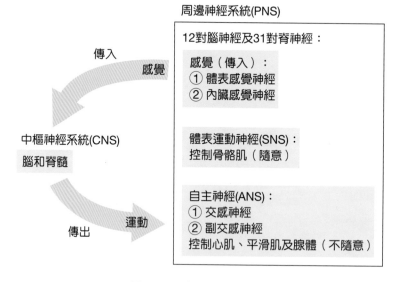

圖 3-1　神經系統的組成

二、神經系統的成分

　　神經系統的成分，包括真正的神經組織(nervous tissue proper)及非神經組織(non-nervous tissue)兩部分。真正的神經組織從外胚層(neuroectoderm)分化而來，包括神經元(neuron)及神經膠細胞(neuroglia)。在中樞神經系統的神經元聚合體稱作神經核(nuclei)，而在周邊神經系統的神經元聚合體稱作神經節(ganglia)。

　　非神經組織是指包覆於神經組織外的結締組織和血管，如：包覆在腦和脊髓外面的腦脊髓膜(meninges)，由外而內含硬腦膜(dura mater)、蜘蛛膜(arachnoid mater)、軟腦膜(pia mater)共三層；周邊神經系統中，由外而內依序有神經外膜(epineurium)、神經束膜(perineurium)、神經內膜(endoneurium)（圖3-2）。

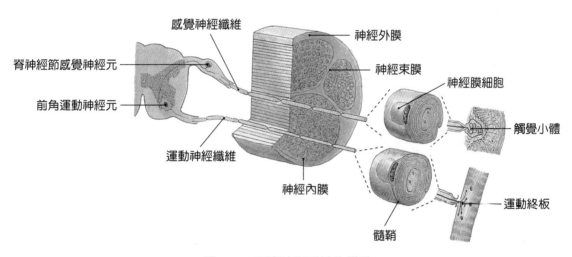

圖 3-2　周邊神經系統的構造

資料來源：韓秋生、徐國成、鄒衛東、翟秀岩(2004)．*組織學與胚胎學彩色圖譜*．新文京。

三、腦脊髓液

　　腦脊髓液(cerebrospinal fluid, CSF)是由脈絡叢(choroids plexuses)所製造，其成分類似於血漿，蛋白質和膽固醇的含量極少，但Na^+、Cl^-、Mg^{2+}、H^+的含量較高。腦脊髓液的功能主要有以下三點：(1)保護作用；(2)協助營養；(3)移除代謝廢物。

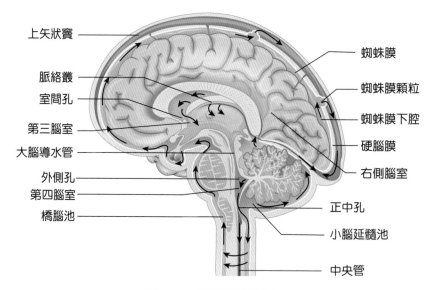

上矢狀竇

蜘蛛膜

脈絡叢

蜘蛛膜顆粒

室間孔

蜘蛛膜下腔

第三腦室

硬腦膜

大腦導水管

右側腦室

外側孔

正中孔

第四腦室

小腦延髓池

橋腦池

中央管

圖 3-3　腦脊髓液的循環

正常的腦脊髓液為清澈、無色、無味，若出現血樣之腦脊髓液，可能表示腦挫傷、撕裂傷或蜘蛛膜下腔出血。

腦脊髓液循環於環繞腦和脊髓外部的蜘蛛膜下腔，並經由第四腦室的開口與各腦室及脊髓中央孔相通，形成腦與脊髓內、外的保護墊。腦脊髓液的循環過程如圖3-3及圖3-4。在正常的情形下，腦脊髓液的產生和回流的速度相等，如果腦脊髓液的循環或回流受到阻礙，則腦部會因累積腦脊髓液而形成水腦(hydrocephalus)的情形。

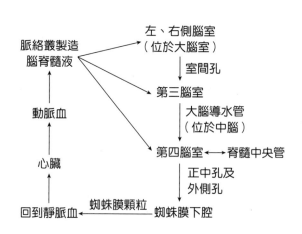

圖 3-4　腦脊髓液的循環過程

3-2　中樞神經系統：腦

腦由六大部分所組成，包括大腦(cerebrum)、間腦(diencephalon)、中腦(midbrain)、橋腦(pons)、延腦(medulla oblongata)和小腦(cerebellum)。其中大腦和間腦合稱為前腦(forebrain)，腦幹是由延腦、橋腦和中腦所構成。

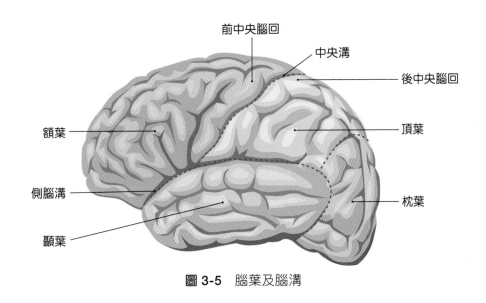

前中央腦回

中央溝

後中央腦回

額葉

頂葉

側腦溝

枕葉

顳葉

圖 3-5 腦葉及腦溝

一、大　腦

大腦(cerebrum)是由兩個大腦半球(hemispheres)所組成，藉由胼胝體(corpus callosum)的神經纖維束，將左、右兩個大腦半球連接在一起。大腦的表面是灰質(gray matter)或稱大腦皮質(cortex)，是由神經細胞的細胞本體所組成。大腦的內部髓質是由具髓鞘的神經纖維所組成，呈白色故稱為白質(white matter)。在白質裡面會有一些灰質質塊，這些灰質質塊是由神經細胞本體聚集而成的神經核，例如基底核(basal ganglia)、大腦核(cerebral nuclei)。

大腦從上面來看，中間有一條很深的溝，稱為縱裂(longitudinal fissure)。溝的兩邊可以看見左右各一條也是很明顯的凹陷，為中央溝(central sulcus)（圖3-5）。中央溝的前方為前中央腦回(precentral gyrus)，負責運動功能；後面為後中央腦回(postcentral gyrus)，負責感覺功能。後側頂枕線(parietooccipital line)的後方為枕葉(occipital lobe)，有負責視覺功能的區域。

（一）大腦髓質

大腦髓質(cerebral medullary)為神經纖維聚集處，分為三個主要方向的神經束：

1. 聯絡纖維(association fibers)：連接同一半球內的區域。

2. 連合纖維(commissure fibers)：跨過中線連接兩半球間的相對應位置，在腦中主要有三部分。

    (1) 前連合(anterior commissure)：連接兩半球的嗅球和部分顳葉。

    (2) 胼胝體(corpus callosum)：連接兩半球間的訊息。

    (3) 後連合(posterior commissure)：左右兩半球連接起來。

3. 投射纖維(projection fibers)：傳遞大腦與神經系統下游構造（如：基底核、視丘、腦幹、脊髓等）之間的訊息，分成上行徑（上傳至大腦半球）和下行徑（離開大腦下傳），其中走在尾狀核和豆狀核中間的內囊(internal capsule)屬之，且某些上行徑和下行徑在延腦錐體處交叉到對側（圖3-9），形成一側大腦管理另一側肢體感覺和運動的情況。

（二）大腦皮質

　　大腦皮質(cerebral cortex)由外觀的構造來看，每個大腦半球可分成額葉、顳葉、頂葉、枕葉與腦島(insula)等五個腦葉（圖3-5）。中央溝將額葉和頂葉分開來，頂葉和枕葉則以頂枕溝為界限。側溝則將額葉和顳葉分隔開來。大腦皮質表面會有很多皺褶的腦回(gyri)，越高等的動物腦回皺褶也越多，大腦皮質的面積也就越大。

◎ 大腦皮質的功能分區

　　大腦皮質的功能分區，目前主要採用1909年Korbinian Brodmann的分區方式，稱為布洛曼分區(Brodmann area)，以數字次序共分為五十多區（圖3-6），如：主要感覺區（3、1、2區）、運動區（4、6區）、視覺區（17區）、聽覺區（41、42區）、味覺區（43區）、語言感覺區（22、39、40區）及語言運動區（44、45區）等。

　　大腦皮質依功能主要可以分成運動區、感覺區和聯絡區，以下將分別介紹：

1. 感覺區(sensory areas)：

    (1) 主要體感覺區（1、2、3區）：位於頂葉中央後回，接受身體皮膚肌肉和內臟所傳遞過來的一般感覺（包括觸覺、壓覺、溫覺、痛覺等感覺）。

    (2) 體感覺聯絡區（5、7區）：主要接受來自主要體感覺區和視丘所傳遞的神經衝動，可將感覺進行整合和解釋，同時儲存過去的感覺經驗成為記憶。此區位在主要體感覺區的後方。

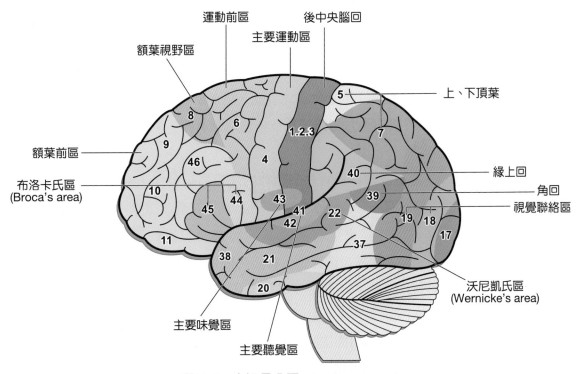

圖 3-6　布洛曼分區 (Brodmann area)

(3) 主要視覺區（17區）：接受從眼球所傳遞的光覺性神經衝動，同時分辨物體的形狀和顏色。此區位在枕葉禽距裂(calcarine fissure)的兩側。

(4) 視覺聯絡區（18、19區）：此區位在枕葉，藉由主要視覺區和視丘傳遞的感覺訊息，透過現在和過去的視覺經驗產生關聯，評估所看到的事物。此區如果受到損傷將會導致眼球缺乏協調運動的能力，無法依循視覺的引導而移動。

(5) 主要聽覺區（41、42區）：此區位在顳葉近側腦溝，可接受耳朵所傳入的音波感覺衝動，詮釋聲音的基本特性（如音調與旋律）。

(6) 聽覺聯絡區（22區）：能夠判斷聲音的種類（例如是講話、音樂或者是噪音的聲音），也能夠將文字轉譯成思考，以明白講話的意思。該區位在顳葉的皮質主要聽覺區的下方。

(7) 主要味覺區（43區）：此區位於頂葉皮質側腦溝上方，能夠判斷與味覺有關的感覺。

(8) 主要嗅覺區（41區）：此區位在顳葉的中間部分，主要由邊緣系統所負責，可分辨嗅覺、判斷和氣味有關的感覺。

2. **運動區(motor areas)：**

(1) 主要運動區（4區）：位在額葉的中央前腦回，刺激此區可導致對側身體特定肌肉的收縮，與肌肉張力維持有關。錐體徑路由此發出，可控制精細動作。

(2) 運動前區（6區）：位在主要運動區的前面，對於明白運動的複雜性和順序性有關聯。故此區對於肌肉張力的協調和技巧性運動有關。例如打字、彈奏鋼琴和寫字。

(3) 額葉視野區（8區）：該區負責控制眼球的隨意掃瞄動作，例如彈鋼琴時看樂譜，查字典時眼球的動作。該區位於額葉運動前區之前。

(4) 語言區：本區位於額葉靠近側腦溝處，與言語有關的區域為**沃尼凱氏區**(Wernicke's area)，又稱言語感覺區，它能夠接受從聽覺區傳來的訊息，經由處理後使人能夠明白對方說話的意思。之後沃尼凱氏區將此訊息傳到額葉的**布洛卡氏區**(Broca's area)又稱為言語運動區（44、45區）。此區的功能為控制咽、喉部肌肉的收縮，支配唇、舌肌肉使肌肉產生協調的收縮而說話。大部分的人布洛卡氏區和語言區位在左大腦半球，因此當左側大腦受損時（例如中風的病人），除了造成右側身體癱瘓外，也容易造成不能說話的失語症(aphasia)。失語症一般分為表達性失語症、理解性失語症和傳導性失語症，其差異整理如表3-1。

3. **聯絡區(association area)：**該區占大腦皮質的的大部分，聯絡區基本上是由連接運動與感覺區的聯絡纖維徑路所組成。此區和情緒、記憶、推論、判斷、意志力、人格特質和智力有關。此區若受損會引起人格異常。

表 3-1　失語症

名　稱	病　灶	情　形	備　註
表達性失語症 (Expressive aphasia)	額葉布洛卡氏區	完全可聽得懂別人所說的話，但不能表達	又稱非流利失語症 (non-fluent aphasia)
理解性失語症 (Comprehensive aphasia)	顳葉沃尼凱氏區	看不懂、聽不懂，會說無意義的話	又稱流利性失語症 (fluent aphasia)
傳導性失語症 (Conductive aphasia)	弓狀束（以上兩區之間）	說正常，且能理解聽覺訊息，但不瞭解字和圖畫，因視覺訊息未經處理，沒有送達沃尼凱氏區	又稱失名失語症

此外，在身體下方，相對應腦的主管區域愈上方，像腳的主宰區便位於大腦最上方；另一方面，愈需精密動作的器官占愈多範圍，例如手就比腳占更多範圍（雖然手比腳還小）（圖3-7）。

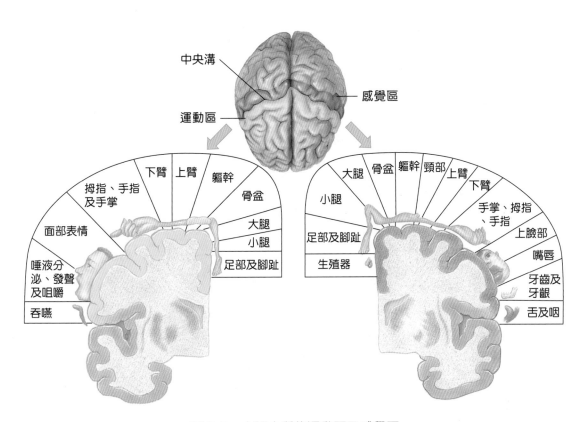

圖 3-7　大腦皮質的運動區及感覺區

資料來源：Fox, S. I. (2006)·*人體生理學*（王錫崗、于家城、林嘉志、施科念、高美媚、張林松、陳瑩玲、陳聰文、黃慧貞、溫小娟、廖美華、蔡宜容譯；四版）·新文京。（原著出版於2006）

（三）基底核

基底核(basal nuclei)環繞著第三腦室，為許多神經元細胞體集合之處。在大腦基部形成紋狀體(corpus striatum)（圖3-8）。

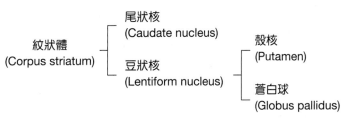

圖 3-8　紋狀體的組成

　　紋狀體即是指基底核當中尾狀核(caudate nucleus)貼著海馬向後下方繞，形成c形(c-shaped)的構造，尾端為杏仁體(amygdaloid body)；豆狀核(lentiform nucleus)部分，包含外側殼核(putamen)和內側的蒼白球(globus pallidus)（圖3-9）。

　　此外也有學者將大腦內的帶狀核(claustrum)、杏仁核(amygdaloid nucleus)、視丘下核(subthalamic nucleus)和中腦的黑質(substantianigra)、紅核(red nucleus)等歸類在基底核。

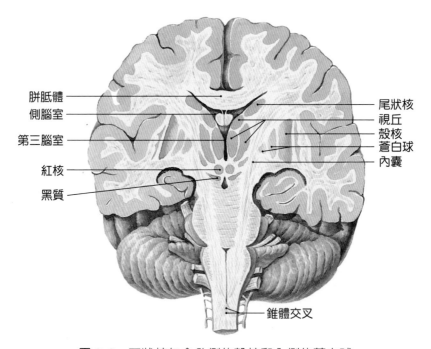

胼胝體
側腦室
第三腦室
紅核
黑質
尾狀核
視丘
殼核
蒼白球
內囊
錐體交叉

圖 3-9　豆狀核包含外側的殼核和內側的蒼白球

資料來源：徐國成、韓秋生、霍琨(2004)‧*系統解剖學彩色圖譜*‧新文京。

　　基底核的功能主要與運動控制有關：

1. 控制骨骼肌的潛意識動作（例如人體走路時，手臂的自然擺動）。

2. 協調骨骼肌進行特定動作時，所需要的肌肉緊張度（舉手、彎腰、改變姿勢）。

3. 透過皮質脊髓徑來控制對側之身體動作。

　　當基底核病變時會導致運動上的不協調和障礙，例如黑質細胞受損使多巴胺釋放量減少，產生帕金森氏症(Parkinson's disease)；紋狀體退化可引起舞蹈症(Chorea)。

（四）腦波

　　大腦的神經細胞在活動時所產生的電訊號，可藉由將兩根電極放在頭皮的不同部位，記錄到各種不同強度和頻率的電位變化稱為腦波(brain wave)。記錄到腦波的圖形稱為腦波圖(electroencephalogram, EEG)。

◎ 腦波的波型種類

　　腦波可以依頻率的大小分成α、β、θ、δ四種（圖3-10）：

1. α波(alpha wave)：代表大腦處於清醒、放鬆、安靜、休息的狀態下，故又稱為鬆懈波。其頻率為8~13赫茲(Hz)。

2. β波(beta wave)：代表大腦正處於專注於某件事情的思考或警覺的情形，又稱為忙碌波。其頻率為13~25赫茲。

3. θ波(theta wave)：又稱為欲睡波，其頻率約在4~8赫茲。主要發生在於淺睡和小孩，成人面臨情緒壓力時也會出現。

4. δ波(delta wave)：發生在沉睡和嬰兒期，頻率小於4赫茲。δ波又稱為沉睡波。

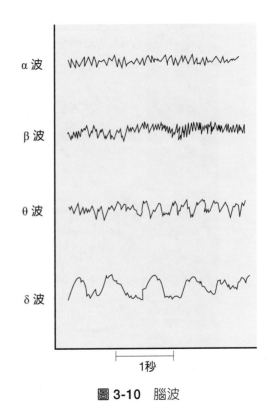

α波

β波

θ波

δ波

1秒

圖 3-10　腦波

　　腦波代表大腦的活動情形，因此可以利用腦波圖診斷腦部各種病變，如癲癇、腫瘤及腦死判定等。例如腦波圖若呈一直線則為腦死的現象。

◎ 睡眠週期

　　人體從清醒之狀態進入睡眠時腦波會產生微妙的變化。從睡眠時的腦波變化可將睡眠週期分成兩種類型：快速動眼型睡眠(rapid eye movement sleep, REM)和非快速動眼型睡眠(nonrapid eye movement sleep, NREM)，兩者互相交替進行。正常睡眠時會先進入NREM，每個睡眠週期約經歷90分鐘，每天晚上有3~5次的循環（圖3-11）。

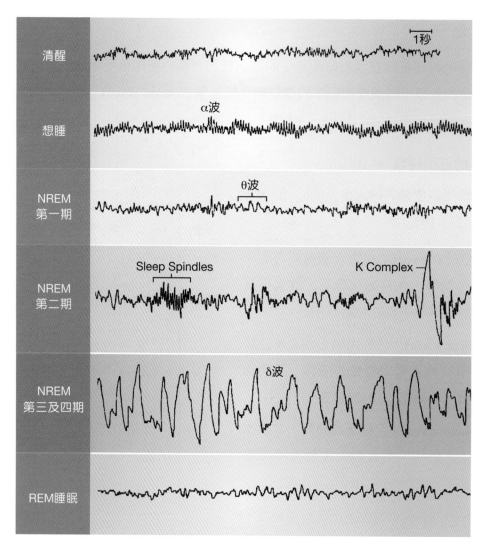

圖 3-11　睡眠週期

1. 非快速動眼型睡眠(NREM)：可分成四個時期，隨著人體睡眠程度的加深，腦波的振幅越高但頻率越來越低。NREM各期腦波的特徵如下：

   (1) 第一期：腦波會出現α波，當人體閉上眼睛，放鬆心情時則進入第一期。

   (2) 第二期：腦波會出現梭形波（類似θ波），若睡眠進入此期較不容易被喚醒。

   (3) 第三期：腦波會同時出現α波和梭形波，人體此時為極度地放鬆，很難被叫醒，為深沉的睡眠，體溫和血壓均會下降。

   (4) 第四期：腦波出現δ波，人體進入熟睡狀態，夢遊和尿床的情形均會發生。

   註：因NREM第三期及第四期無明顯功能上的差異，因此睡眠醫學專家將此兩期合併，統稱為慢波期睡眠。

2. 快速動眼型睡眠(REM)：腦波會出現β波，其生理狀況包括眼球快速運動、呼吸和脈搏的頻率增加但不規則，腦幹會發出抑制骨骼肌的訊號，造成肌肉張力下降（動眼肌和呼吸肌除外）。作夢發生在此時期。

（五）邊緣系統 (Limbic System)

"Limbic"在拉丁文中是「邊緣」(border)的意思，邊緣系統和情緒有關，例如因考試即將來臨而產生焦慮，這種情緒的改變就牽涉到邊緣系統。

邊緣系統主要包括下列構造（圖3-12）：(1)邊緣葉(limbic lobe)：由海馬回(parahippocampus gyrus)及胼胝體上方之扣帶回(cingulated gyrus)組成；(2)海馬(hippocampus)；(3)杏仁核(amygdaloid nucleus)；(4)乳頭體(mamillary body)；(5)前核(anterior nucleus)：位於視丘上。

邊緣系統的功能主要有以下五點：

1. 嗅覺、味覺、進食等功能。
2. 記憶：由海馬和大腦皮質共同執行記憶的功能。
3. 情緒的控制：如憤怒、逃避、快樂等，由杏仁核負責。
4. 自主神經反應：邊緣系統被活化會有類似於交感神經興奮的症狀，例如血壓及心跳上升等。
5. 性行為反應：射精、交配、排卵等情形。

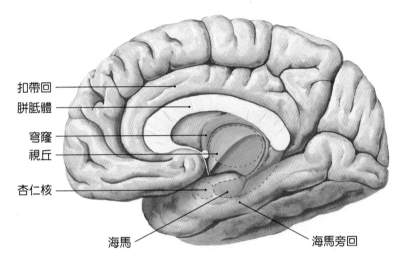

圖 3-12　邊緣系統

由於邊緣系統具有以上之作用，因此邊緣系統又有「嗅腦」、「情緒腦」、「內臟腦」等名稱。

◎ 記憶的型式

記憶的型式有兩種，分別為短期記憶和長期記憶：

1. **短期記憶(short-term memory)**：指經歷數秒鐘到數天的記憶，其記憶的容量有限。短期記憶儲存的位置在大腦額葉。可透過增加腦內現有的突觸活性來加強其活動能力。如神經傳導物質的釋放量增加以及增強突觸後細胞的反應性。

2. **長期記憶(long-term memory)**：指的是永久性的記憶，其記憶的容量較短期記憶大。長期記憶儲存的位置較廣泛。例如運動技巧的記憶儲存在小腦。學習遠離痛苦經驗的記憶儲存則由杏仁核所負責。

短期記憶須轉變成長期記憶，否則記憶可能永久消失，此過程稱為記憶穩固(memory consolidation)。目前認為是經由海馬與邊緣系統等腦部組織經過長期強化(long-term potentiation, LTP)的機制所形成。長期強化主要是透過重複刺激突觸所產生的長期性的加強作用來達成記憶的穩固。

二、間　腦

間腦(diencephalon)主要是由視丘及下視丘所構成。

（一）視丘

視丘(thalamus)可將所有感覺衝動（嗅覺除外）傳至大腦皮質（圖3-13），是某些感覺衝動（如粗觸覺、壓覺、痛覺、冷熱覺）的解釋中樞。另外還參與情感、喚醒或警惕的機制。

視覺傳導和聽覺傳導過程中，亦會投射至視丘，再傳遞至大腦相關皮質；前者是通過視丘的外側膝狀體；後者是通過視丘的內側膝狀體。

視丘內包含有許多的神經核，依功能分類如下：

1. 聽覺：由內側膝狀體負責聽覺的傳導，為聽覺的轉換站。將耳蝸傳出的聽覺神經衝動傳送至大腦顳葉的聽覺區。

(a)

感覺系統 ⟶ 視丘 ⟶ 大腦皮質

(b)

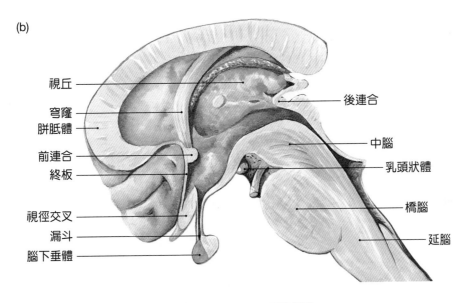

視丘

穹窿

胼胝體

前連合

終板

視徑交叉

漏斗

腦下垂體

後連合

中腦

乳頭狀體

橋腦

延腦

圖 3-13　視丘及周邊構造

2. 視覺：由外側膝狀體負責，為視覺的轉換站。將視神經所傳來的視覺神經衝動傳送至大腦枕葉視覺區。

3. 一般感覺和味覺：由腹後核負責。

4. 記憶與情緒：主要由前核及邊緣系統負責。

5. 警覺和覺醒：網狀神經核負責。

6. 隨意運動：由腹外側核所負責。

（二）下視丘

　　下視丘(hypothalamus)位於第三腦室的底部及部分側壁，下方以漏斗部與腦下垂體相連。下視丘是與許多恆定狀態維持有關的中樞，主要生理功能包括：

1. 自主神經最高中樞：包括交感和副交感中樞，調節心肌、平滑肌的收縮，以及腺體的分泌。

2. 食慾調節中樞：刺激饑餓時攝食行為，當食物足夠時，可抑制攝食中樞。

3. 口渴中樞：當細胞外液減少時，會引起口渴的感覺。

4. 體溫調節中樞：包括產熱和散熱中樞，維持體溫恆定。

5. 清醒中樞：參與喚醒機制，維持清醒狀態。

6. 內分泌功能的調控：下視丘可藉由釋放促進或抑制調節因子來影響腦下腺前葉激素的釋放。下視丘的室旁核和視上核可製造催產素和抗利尿激素運送到腦下腺後葉儲存（詳見第13章內分泌系統）。

7. 影響情緒反應與行為：下視丘的前核(anterior nucleus)屬於調節情緒之邊緣系統的一部分，可以和大腦皮質、腦幹共同影響情緒反應與生理狀況的表現。

8. 生理節律的中樞：下視丘的視交叉上核(suprachiasmatic nucleus)為調控日夜週期性變化的中樞。例如生長激素的分泌受視交叉上核的調控有週期性變化。

三、腦 幹

腦幹(brain stem)由中腦、橋腦、延腦三者組成（圖3-13）。

（一）中腦

中腦(midbrain)介於間腦及橋腦之間，重要構造含四疊體(corpora quadrigemina)（上丘和下丘）、大腦腳、紅核、黑質及網狀結構。

1. 四疊體：包含兩個上丘(superior colliculi)及兩個下丘(inferior colliculi)。上丘為中腦背側上方兩個圓形隆起，主要與視覺反射有關；下丘則為下方兩個圓形隆起，參與聽覺訊息的傳遞。

2. 大腦腳(cerebral peduncles)是由兩束通過中腦腹側之上升神經纖維徑（脊髓視丘徑）和下降神經纖維徑（皮質脊髓徑）所構成，形成大腦和脊髓之間的重要聯結。

3. 紅核(red nucleus)是中腦深層的灰質塊，是中腦網狀結構的主要腦核，負責和大腦及小腦保持聯繫，控制肌肉緊張性。

4. 黑質(substantia nigra)則透過與基底核的紋狀體聯繫以協調動作，同時以多巴胺做為神經傳導物質，和運動控制有關。黑質若產生病變或退化會造成帕金森氏症。

此外，在腦脊髓液循環路徑中，大腦導水管貫穿中腦與第四腦室相通，動眼神經 (CN III)、滑車神經(CN IV)之神經核亦位於此，和眼球運動、瞳孔反射有關。

（二）橋腦

橋腦(pons)位於中腦及延腦之間，含神經纖維徑分別與中腦、延腦及小腦連接。橋腦內含許多神經核與腦神經有關，包括三叉神經(CN V)、外旋神經(CN VI)、顏面神經 (CN VII)及前庭耳蝸神經(CN VIII)。

橋腦內有兩個呼吸控制中心，分別為長吸區(apneustic area)及呼吸調節區 (pneumotaxic centers)。與延腦內的呼吸節律中樞共同調節呼吸作用。橋腦中風的病人會有運動及平衡功能的障礙。

（三）延腦

延腦(medulla oblongata)下與脊髓連接，上與橋腦連接，所有投射脊髓及腦的上升與下降神經纖維必通過延腦。

由脊髓一路延伸上來，有一個相當明顯的構造，稱為錐體(pyramid)，是錐體徑 (pyramidal tract)必經之路（是大腦皮質到脊髓最重要的下行運動路徑）。由大腦所發布的下行的運動性神經訊息會在延腦和脊髓交接處交叉下行到對側的脊髓，形成錐體交叉(pyramidal decussation)控制對側身體的運動。延腦背面的薄核和楔狀核接受來自皮膚、肌肉、肌腱等處所傳入的感覺纖維，經傳到對側視丘再傳入大腦皮質。

錐體的兩側有所謂的橄欖體(olive)，唯一一對從橄欖體和錐體間出來的腦神經為舌下神經(CN XII)；而在橄欖體的外側面有舌咽神經(CN IX)、迷走神經(CN X)、副神經(CN XI)（由上而下）；緊接著往上，位於錐體和橋腦之間，似兩根鬍鬚的便是外旋神經(CN VI)，向外側有顏面神經(CN VII)和前庭耳蝸神經(CN VIII)。於是環繞著錐體總共有第6~12對腦神經。

延腦被稱為「生命中樞」，和生命維持有關，包含有心跳中樞、呼吸節律中樞、血管運動中樞，延腦與橋腦的呼吸中心共同調控呼吸作用。此外延腦內尚有吞嚥、嘔吐、咳嗽、打嗝、打噴嚏等反射中樞。

◎ 網狀結構

網狀結構(reticular formation)是由腦幹和間腦的灰質與白質交叉所形成複雜的神經網路，可形成網狀致活系統(reticular activating system, RAS)，可被感覺的神經衝動傳入而活化來喚醒大腦皮質。網狀結構的作用和意識與清醒有關係。

四、小腦

小腦(cerebellum)的位置在於橋腦和延腦的後方，大腦枕葉的下方。小腦由左右兩個小腦半球和中間的蚓部(vermis)所組成，每一小腦半球可再區分為三葉，分別為前葉、後葉與小葉小結葉(flocculonodular lobe)。前葉和後葉與骨骼肌的下意識動作有關聯性，小葉小結葉和前庭系統的平衡有關。小腦也包含有皮質（灰質）和髓質（白質），其中白質內含有四對小腦核和三對小腦腳(cerebellar peduncles)。小腦利用三對小腦腳和腦幹連接：(1)上小腦腳連接中腦和小腦；(2)中小腦腳連接橋腦和小腦；(3)下小腦腳連接延腦和小腦。

小腦的主要功能和協調肌肉張力、身體平衡、姿勢的維持有關。小腦也能接受來自本體受器（如肌腱和肌梭上的感受器）的訊息。此外由內耳的半規管可將身體左傾或右傾的平衡訊息，經由前庭耳蝸神經的前庭支傳到小腦，再由小腦發出神經衝動到維持平衡的肌肉收縮。

小腦若受到傷害則會造成運動障礙，如產生運動性顫抖(motor tremor)、運動失調症(ataxia)、步伐錯亂和失去平衡。

3-3　中樞神經系統：脊髓

脊髓的功能主要有以下兩點：

1. 傳導神經訊息：將人體的感覺神經衝動向上傳遞到腦部，此外也能將腦部所發布的運動神經訊息向下傳遞到動作器。

2. 脊髓為反射作用的中樞。

一、脊髓的解剖構造

　　脊髓位於脊柱的椎孔內，且被腦脊髓膜(meninges)所包圍（圖3-14）。腦脊髓膜由腦延伸而來，分為三層，由外而內依序為：

1. 硬脊膜：由枕骨大孔往下延伸至薦椎第二節。

2. 蜘蛛膜：無血管的分布，下有蜘蛛膜下腔，裡面充滿了腦脊髓液，具有保護的功能。

3. 軟脊膜：其上分布許多血管，緊貼在脊髓的表面。

　　此外，在脊椎骨內的骨膜(periosteum)與硬脊膜之間為硬脊膜上腔(epidural space)，裡面含有很多脂肪和靜脈分布，而在腦周圍則無此構造。

　　齒狀韌帶(denticulate ligament)為軟脊膜向兩側延伸的一個很重要的構造，位於脊髓腹根及背根之間，由軟脊膜所形成（圖3-14）；此構造至T_{12}以下就沒有了，所以可做為外科手術一個很重要的座標。

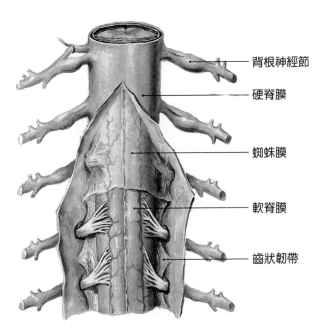

背根神經節

硬脊膜

蜘蛛膜

軟脊膜

齒狀韌帶

圖 3-14　脊髓外由腦脊髓膜所包覆

資料來源：徐國成、韓秋生、舒強、于洪昭(2004)．*局部解剖學彩色圖譜*．新文京。

　　另外，我們可在脊髓外面看到背根神經節(dorsal root ganglia, DRG)（圖3-14），又稱為脊髓感覺神經節(spinal sensory ganglia)。

（一）頸膨大／腰膨大

　　在人體的上肢、下肢等肌肉比較發達的部位，就會有較粗的神經叢(plexus)出現。軀幹(trunk)部分，因為沒有很發達的肌肉系統，所以脊神經相對來講亦較不發達。

　　馬尾(cauda equina)位於硬脊膜囊(dura sac)裡面，神經排列成似馬尾狀（圖3-15）。在硬脊膜囊裡含有腦脊髓液(CSF)，而馬尾就漂浮在這脊髓液裡面。這樣的構造非常重要，可以應用來做脊髓穿刺(spinal puncture)，把腦脊髓液取出來。

　　脊髓穿刺（或腰椎穿刺），一般在第四節腰椎(L_4)和第五節腰椎(L_5)之間，因為這裡是一個安全地帶，裡面只有馬尾漂浮在腦脊髓液裡，所以針插進去比較沒有危險，因為馬尾(cauda equina)像細線浮在水中一樣，不易被細針插到，且脊髓終止在第一個腰椎(L_1)，不會直接傷到脊髓。

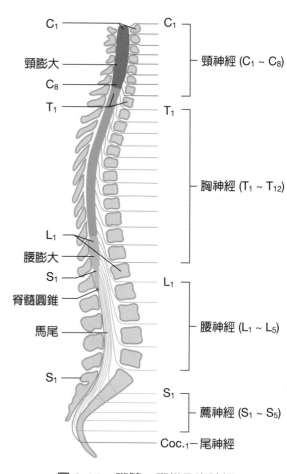

圖 **3-15**　脊髓、脊椎及脊神經

（二）脊髓的白質及灰質

脊髓的橫切面分為白質和灰質兩部分，白質在外，灰質在內且呈現「H」形（圖3-16）。

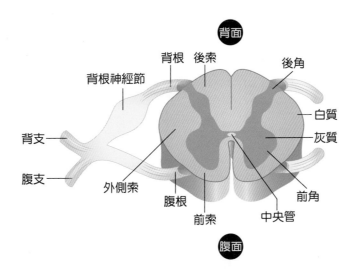

圖 3-16　脊髓的橫切面圖

脊髓白質區是由許多上行徑和下行徑的神經束所構成，並依神經徑路之起點與終點命名。上行徑負責傳入感覺訊息，下行徑則與運動訊息傳出有關。

脊髓灰質區主要分為三個重要區域，位於背側稱為後角，是感覺神經元細胞本體聚集的地方；腹側稱為前角，是運動神經元細胞本體聚集之處；此外，自主神經元細胞本體（交感系統）聚集在側角。我們可利用前正中裂來分辨脊髓的背腹面，因為腹面的裂明顯，背面的溝則不明顯。

二、脊髓的徑路

（一）感覺徑路（上行徑）

身體各部分之感受器，可將觸覺、壓覺、溫度覺、痛覺等不同的訊息，經由周邊神經系統的感覺神經（傳入神經）傳入脊髓，經上行徑投射至對側大腦皮質主要感覺區或傳至腦中相關負責部位。表3-2列出脊髓之主要上行徑。

表 3-2　脊髓的主要上行徑

名　稱	起　點	終　點	位　置	功　能
薄束及楔狀束	薄核 楔狀核	大腦皮質	後柱	傳遞對側精細觸覺、本體感覺、實體感、重量感、震動感
前側脊髓視丘徑	脊髓	視丘	前柱	傳遞對側壓覺、粗略的觸覺
外側脊髓視丘徑	脊髓	視丘	側柱	傳遞對側痛覺、溫度覺
前脊髓小腦徑	脊髓	小腦	側柱前側	傳遞同側及對側的本體感
後脊髓小腦徑	脊髓	小腦	側柱後側	傳遞同側潛意識的本體感

（二）運動徑路（下行徑）

運動神經纖維由脊髓腹根傳出後，能控制肢體骨骼肌的隨意性運動，主要分為兩個主要的徑路：包括錐體徑路(pyramidal pathway)及錐體外徑路(extrapyramidal pathway)；其中錐體徑路負責控制精巧之動作，而錐體外徑路則與粗大動作的完成有關。表3-3列出脊髓主要的下行徑。

表 3-3　脊髓的主要下行徑

名　稱	起　點	終　點	位　置	功　能
錐體徑路				
外側皮質脊髓徑	大腦皮質	脊髓	側柱（延腦交叉）	協調對側不連續、精確而獨立的運動
前皮質脊髓徑	大腦皮質	脊髓	前柱（脊髓交叉）	協調對側不連續、精確而獨立的運動
錐體外徑路				
紅核脊髓徑	中腦紅核	脊髓	側柱	維持對側肌肉張力及姿勢
四疊體脊髓徑	中腦四疊體	脊髓	前柱	協調受到聽覺、視覺、觸覺刺激時，對側的頭部運動
前庭脊髓徑	延腦前庭外核	脊髓	前柱	協調身體對頭部運動的平衡感覺
網狀脊髓徑	網狀結構	脊髓	側索及前索	控制骨骼肌的運動

3-4　周邊神經系統

周邊神經系統是由十二對腦神經和三十一對脊神經所組成。

一、腦神經

腦神經(cranial nerves, CN)共有十二對，除了第1對和第2對腦神經之外，其餘則起源於腦幹腹面或腹外側面（僅第4對腦神經從腦幹背面發出）（圖3-17）。

其中第1、2、8對腦神經屬於感覺神經，構造上是雙極神經元，與特殊感覺訊息的傳遞有關；第3、4、6對腦神經與眼球外在肌的控制有關；另外第3、7、9、10對腦神經則含有顱的副交感神經纖維；第5、7、9、10、11對腦神經是包含感覺和運動的混合神經。茲將十二對腦神經的功能列於表3-4說明。

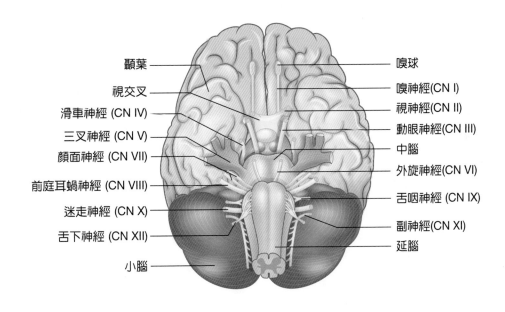

圖 3-17　腦底面，可見十二對腦神經

表 3-4　腦神經

名　稱	感覺 / 運動	生理功能
I 嗅神經 (Olfactory nerve)	感覺輸入	負責傳遞嗅覺
II 視神經 (Optic nerve)	感覺輸入	主要功能為傳遞視覺訊息，間接可經光線刺激透過第 3、4、6 對腦神經控制眼球內在肌和外在肌
III 動眼神經 (Oculomotor nerve)	運動輸出	支配上直肌、下直肌、內直肌、下斜肌、提上眼瞼肌。調控水晶體形狀及瞳孔大小
	感覺輸入	肌肉本體受器的感覺
IV 滑車神經 (Trochlear nerve)	運動輸出	支配上斜肌
	感覺輸入	肌肉自體受器的感覺
V 三叉神經 (Trigeminal nerve)	運動輸出	支配咀嚼肌的運動
	感覺輸入	支配舌前 2/3 的一般感覺，臉部一般感覺、牙痛等感覺
VI 外旋神經 (Abducens nerve)	運動輸出	支配外直肌
	感覺輸入	肌肉的感覺訊息
VII 顏面神經 (Facial nerve)	運動輸出	控制面部表情肌，與淚腺的分泌有關
	感覺輸入	支配舌前 2/3 的味覺
VIII 前庭耳蝸神經 (Vestibulocochlear nerve)	感覺輸入	耳蝸分枝傳遞聽覺，前庭分枝傳遞平衡覺
IX 舌咽神經 (Glossopharyngeal nerve)	運動輸出	調節吞嚥動作及腮腺分泌的調節
	感覺輸入	舌後 1/3 的味覺和一般感覺
X 迷走神經 (Vagus nerve)	運動輸出	咽喉部骨骼肌和內臟平滑肌運動的調節
	感覺輸入	內臟器官的感覺訊息（監測血中 O_2 及 CO_2 的濃度，調控心跳、血壓和呼吸作用，是腦神經中分布最廣的）
XI 副神經 (Accessory nerve)	運動輸出	控制斜方肌以及胸鎖乳突肌，協調頭頸動作
	感覺輸入	調控肌肉的本體感覺
XII 舌下神經 (Hypoglossal nerve)	運動輸出	支配舌部肌肉的運動
	感覺輸入	調控肌肉的本體感覺

二、脊神經

31對脊神經是根據個別從脊髓發出的脊椎來命名，包括頸神經8對(C_1~C_8)、胸神經12對(T_1~T_{12})、腰神經5對(L_1~L_5)、薦神經5對(S_1~S_5)及尾神經1對(C_0)。

因T_2~T_{12}的脊神經規則地被肋骨隔開，沒有形成複雜的連接，其他的脊神經分別在各個部位形成頸神經叢、臂神經叢、腰神經叢、薦神經叢及尾神經叢（表3-5）。

表 3-5　脊神經在各個部位所形成的神經叢

神經叢	組成	重要的神經	臨床問題
頸神經叢	C_1~C_4	膈神經	該處損傷，會造成橫膈膜癱瘓，進而影響吸氣的動作
臂神經叢	C_5~C_8、T_1	橈神經	損傷橈神經，造成手腕下垂，常見於長期使用枴杖者
		尺神經	受壓迫時常造成小指刺痛
		正中神經	受損時前臂會屈曲，以及拇指無法做對掌動作
		肌皮神經	受損會造成前臂無法屈曲
腰神經叢	L_1~L_4	股神經	是腰神經叢最大的分枝，受損時會造成小腿無法伸展
		閉孔神經	受損時大腿內側之肌群無法完成內收的動作
	L_4~L_5	坐骨神經	是人體最大的神經，受損時足部會下垂
薦神經叢	S_1~S_4	陰部神經	受損時會陰部肌肉無法正常控制

3-5　反　射

一、反射弧

反射(reflex)是身體對刺激的一種不隨意反應，整個訊息的傳遞形成一個完整的路徑，稱為反射弧(reflex arc)。反射弧是反射作用的功能單位，基本組成包括：感受器、感覺神經元（傳入神經元）、反射中樞、中間神經元（可有可無）、運動神經元（傳出神經元）、動作器（圖3-18）。以下簡介反射弧組成的功用：

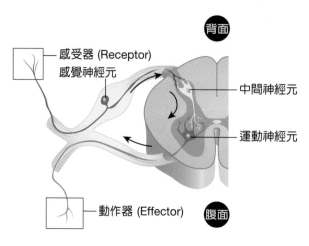

圖 3-18　反射弧的組成

1. **感受器**：可針對身體內在或者外在環境的變化產生反應。引起感覺神經元的神經衝動。

2. **感覺神經元**：將感受器的神經衝動傳到中樞神經內的軸突末梢。

3. **整合中樞**：傳入的訊息經由整合中樞（通常位於中樞神經）整合後，直接傳到運動神經元引發神經衝動。

4. **運動神經元**：將腦或脊髓所傳遞的神經衝動往動作器傳送。

5. **動作器**：如肌肉或者腺體，由運動神經元所支配，引起肌肉收縮、放鬆或者腺體分泌的反應。

二、常見的反射及其臨床應用

　　脊髓的功能之一是產生反射動作，反射動作可由脊髓單獨完成，不用將神經衝動傳到大腦，稱為脊髓反射(spinal reflex)。反射可依神經元之間形成突觸的數目分成單突觸反射（不需要中間神經元的參與）、雙突觸反射（需要一個中間神經元的參與）及多突觸反射。以下將介紹幾種日常生活中常見的反射：

1. **牽張反射(stretch reflex)**：是人體內最簡單的脊髓軀體反射，例如膝反射(knee reflex)和踝反射(ankle reflex)。

2. **屈肌反射(flexor reflex)**：又稱為縮回反射，產生的原因為受到痛的刺激所引起的縮回動作。

3. **交叉伸肌反射(crossed extensor reflex)**：走路時右腳踩到尖物，經由屈肌反射讓右腳縮回來，同時為避免身體失去平衡經由交叉伸肌反射將身體重心移到左腳。

　　神經系統的疾病經常使用反射作為診斷的依據，可幫助找出是哪一特定徑路出了問題。常使用在臨床診斷的反射，包括：

1. 膝反射：檢查股神經的傳導徑路，膝反射如果消失，可能是股神經或$L_1 \sim L_4$受損。

2. 踝反射：檢查坐骨神經的傳導徑路，踝反射如果消失，可能是坐骨神經或$L_4 \sim S_3$受損。

3. 足底反射；檢查皮質脊髓徑等，不正常的足底反射，有可能是皮質脊髓徑受傷。

4. 肘反射：該反射如果消失，表示橈神經或者$C_5 \sim T_1$受損。

5. 瞳孔反射：該反射如果消失，表示中腦受損，有生命危險

6. 排便反射：當薦椎或腦受損，該反射會消失造成大便失禁。

7. 排尿反射：該反射如果消失會造成尿失禁，原因為薦椎或腦受損。

【　】1. 若某人臉部肌肉收縮困難導致表情僵硬，最可能受損的神經是下列何者？
(A)三叉神經　(B)外展神經　(C)顏面神經　(D)迷走神經

【　】2. 車禍導致右眼向外側移動困難並出現複視，最可能傷到下列何者？　(A)視
神經　(B)動眼神經　(C)三叉神經　(D)外展神經

【　】3. 林先生腦內某部位發生中風後，出現飢餓、多食、肥胖等症狀。下列何者是
林先生最可能發生病變的部位？　(A)視丘　(B)下視丘　(C)基底核　(D)小
腦

【　】4. 病人無力將頭轉向，且肩部下垂、不能聳肩。此病人可能哪一腦神經受損？
(A)滑車神經　(B)三叉神經　(C)迷走神經　(D)副神經

【　】5. 關於外側皮質脊髓路徑之敘述，下列何者錯誤？　(A)在脊髓交叉　(B)控制
靈巧精細的動作　(C)屬於錐體路徑　(D)由大腦皮質出發

【　】6. 下列何者負責將訊息傳到對側大腦半球？　(A)紋狀體　(B)海馬體　(C)胼
胝體　(D)乳頭體

【　】7. 某病人頭部受傷之後產生體感覺異常現象，下列何者最可能是其受損的腦
葉？　(A)顳葉　(B)額葉　(C)枕葉　(D)頂葉

【　】8. 嗅覺以外的感覺訊號，先經過下列何者後進入大腦皮質？　(A)延腦　(B)橋
腦　(C)中腦　(D)視丘

【　】9. 平均而言，成人脊髓末端與下列何者等高？　(A)第1、第2腰椎之間　(B)第
2、第3腰椎之間　(C)第3、第4腰椎之間　(D)第4、第5腰椎之間

【　】10. 膝反射是透過下列何者傳導？　(A)頸神經叢　(B)臂神經叢　(C)腰神經叢
(D)薦神經叢

【　】11. 下列何處是控制人體生物時鐘之最主要部位？　(A)延腦　(B)橋腦　(C)視
丘　(D)下視丘

【　】12. 手被刺傷的痛覺是由大腦何處掌管？　(A)額葉　(B)頂葉　(C)枕葉　(D)顳葉

【　】13. 成年人最會出現α波的時機是在何時？　(A)慢波睡眠期　(B)快速動眼睡眠期　(C)閉眼而放鬆的清醒狀態　(D)開眼或集中精神的清醒狀態

【　】14. 有關脊髓頸膨大之敘述，下列何者錯誤？　(A)由C_3至T_1脊髓節段組成　(B)該段脊髓內含有較多的運動神經細胞　(C)其脊髓神經組成臂神經叢　(D)主要負責支配上肢之運動與感覺

【　】15. 媽媽切菜時不慎切到手，食指流血劇烈疼痛，其產生痛覺的傳導路徑，下列何者錯誤？　(A)經由Aδ型與C型神經纖維傳導　(B)初級感覺神經傳入脊髓前角　(C)次級感覺神經於脊髓交叉　(D)其傳導係經由外側脊髓視丘路徑

【　】16. 下列何處之神經元退化與漢丁頓氏舞蹈症病人無法控制肢體動作有關？　(A)脊髓　(B)邊緣系統　(C)基底核　(D)小腦

【　】17. 下列何種腦波頻率最快？　(A)β　(B)δ　(C)α　(D)θ

【　】18. 控制軀體肌肉的運動神經元主要聚集於脊髓的哪個部分？　(A)前角　(B)後角　(C)外側角　(D)灰質連合

【　】19. 有關白質與灰質的敘述，下列何者正確？　(A)大腦與脊髓的灰質都在表面　(B)大腦與脊髓的白質都在表面　(C)大腦的灰質在表面、白質在內，而脊髓的白質在表面、灰質在內　(D)大腦的白質在表面、灰質在內，而脊髓的灰質在表面、白質在內

【　】20. 下列哪個腦區受損會造成表達性的失語症？　(A)阿爾柏特氏區(Albert's area)　(B)布洛卡氏區(Broca's area)　(C)史特爾氏區(Stryer's area)　(D)沃尼凱氏區(Wernicke's area)

【　】21. 運動失調(ataxia)主要是因為腦部那一區域受損？　(A)橋腦(pons)　(B)下視丘(hypothalamus)　(C)小腦(cerebellum)　(D)前額葉皮質(prefrontal cortex)

········ ★★ 解答 ★★

1.C	2.D	3.B	4.D	5.A	6.C	7.D	8.D	9.A	10.C
11.D	12.B	13.C	14.A	15.B	16.C	17.A	18.A	19.C	20.B
21.C									

MEMO

CHAPTER

第 **4** 章

自主神經系統

陳昀佑　編著

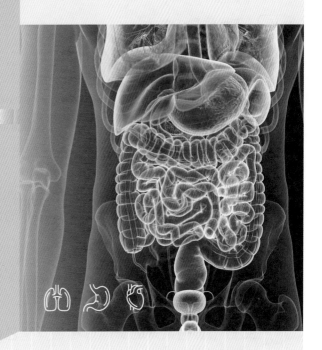

大綱

Physiology

　　自主神經系統(automatic nerve system, ANS)屬於周邊神經系統，它由交感神經系統(sympathetic nerve system)與副交感神經系統(parasympathetic nerve system)構成。體神經系統同樣屬於周邊神經系統，與自主神經系統有些差異，如：

1. 自主神經系統的神經傳出路徑是由節前神經元(preganglionic neuron)與節後神經元(postganglionic neuron)共同組成，而體神經系統的傳出路徑卻只由一個運動神經元構成。

2. 自主神經系統主要負責支配心肌、平滑肌與腺體的活動，體神經系統則負責控制骨骼肌的運動。

3. 自主神經系統的神經傳導物質是**乙醯膽鹼**(acetylcholine, ACh)與**正腎上腺素**(norepinephrine, NE)，而體神經系統的神經傳導物質是乙醯膽鹼（圖4-1）。

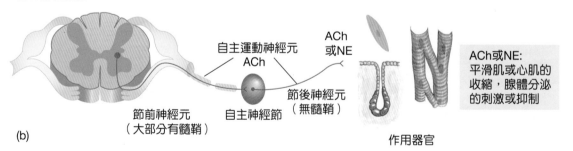

圖 4-1 自主神經系統與體神經系統的比較

4-1　自主神經系統的構造

一、交感神經系統

交感神經系統節前神經元之細胞本體位在第一胸椎到第二腰椎($T_1 \sim L_2$)的脊髓灰質側角(lateral horn)，並由該區域發出節前纖維，因為節前纖維是由胸部與腰部的脊髓發出，所以交感神經系統又稱為胸腰部門(thoracolumbar division)（圖4-2）。交感神經系統包含有兩種神經節：交感神經幹神經節(sympathetic trunk ganglia)與椎前神經節(prevertebral ganglia)。此外，位在腎上腺髓質(adrenal medulla)的特化神經元也隸屬於交感神經系統。

二、副交感神經系統

副交感神經系統的節前神經元細胞本體位於第三、七、九、十對腦神經（CN3、7、9、10）的神經核與第二到第四薦椎($S_2 \sim S_4$)的灰質側角，副交感神經由腦幹與薦椎發出節前纖維，又稱為頭薦部門(craniosacral division)（圖4-2）。

由於副交感神經系統的神經節位置非常靠近內臟壁，因此稱其為終末神經節(terminal ganglion)或壁內神經節(intramural ganglion)。副交感神經系統的節前纖維比節後纖維還長，且節前纖維只與4~5個節後神經元形成突觸。因為副交感神經系統的節前纖維較長，故節前纖維與節後神經元形成突觸後，節後神經元只發出很短的節後纖維便能去支配內臟動作器（表4-1）。

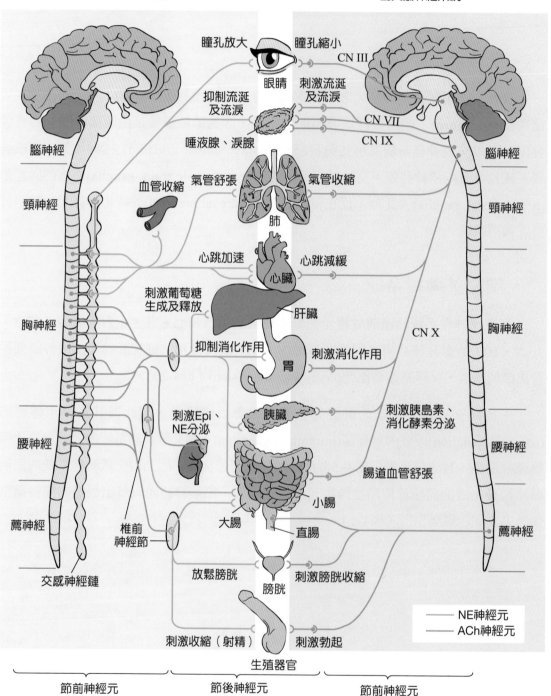

交感神經系統　　　　　　　　　　　　　副交感神經系統

瞳孔放大　　瞳孔縮小　　CN III
眼睛
抑制流涎　　刺激流涎
及流淚　　　及流淚
唾液腺、淚腺　　　　CN VII
　　　　　　　　　　CN IX
腦神經
頸神經
血管收縮　氣管舒張　　氣管收縮
肺
心跳加速　　心跳減緩
心臟
刺激葡萄糖
生成及釋放　　　　肝臟
抑制消化作用　刺激消化作用
胃
胸神經　　　　　　　　　　　　CN X
刺激Epi、
NE分泌　　胰臟　　刺激胰島素、
　　　　　　　　　消化酵素分泌
腰神經
腸道血管舒張
小腸
薦神經
大腸
椎前　　　　直腸
神經節
交感神經鏈　　放鬆膀胱　刺激膀胱收縮
膀胱

腦神經
頸神經
胸神經
腰神經
薦神經

NE神經元
ACh神經元

刺激收縮（射精）　刺激勃起
生殖器官

節前神經元　　　節後神經元　　　節前神經元

圖 4-2　自主神經系統

表 4-1　交感與副交感神經系統的比較

比較項目	交感神經系統	副交感神經系統
別稱	胸腰部門	頭薦部門
節前神經元細胞本體所在位置	第一胸椎到第二腰椎的脊髓灰質側角	第三、七、九、十對腦神經的神經核與第二到第四薦椎的灰質側角
神經節	交感神經幹神經節 椎前神經節	終末神經節
神經節所在位置	交感神經幹神經節：位於脊柱兩側 椎前神經節：位於脊柱前方	終末神經節：靠近內臟壁
節前纖維與節後纖維長度的比較	節前纖維：短 節後纖維：長	節前纖維：長 節後纖維：短
形成突觸的數量	節前纖維會同時與許多的節後神經元形成突觸	節前纖維只與 4~5 個節後神經元形成突觸
是否具有髓鞘	節前纖維：有 節後纖維：沒有	節前纖維：有 節後纖維：沒有
使用之神經傳導物質種類	節前纖維：*ACh 節後纖維：*NE、ACh	節前纖維：ACh 節後纖維：ACh
生理作用	應付緊急情況	緊急狀況之恢復，與身體平靜狀態、消化有關
作用影響範圍	全身性	局部性
作用持續時間	長	短

註*：ACh＝Acetylcholine, NE＝Norepinephrine.

4-2　自主神經系統的神經傳導物質及其接受器

　　自主神經系統的神經傳導物質有兩種：乙醯膽鹼(ACh)與正腎上腺素(NE)，一般將分泌乙醯膽鹼的神經纖維歸類為膽鹼激性纖維(cholinergic fiber)，而把分泌正腎上腺素的神經纖維歸類為腎上腺素激性纖維(adrenergic fiber)。交感神經系統的節前纖維分泌乙醯膽鹼，節後纖維以分泌正腎上腺素為主，少部分則分泌乙醯膽鹼；副交感神經系統的節前纖維與節後纖維都是分泌乙醯膽鹼（圖4-3）。

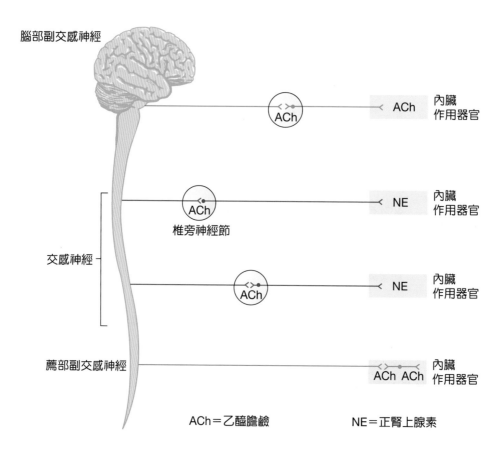

腦部副交感神經

交感神經

椎旁神經節

薦部副交感神經

ACh　內臟作用器官

NE　內臟作用器官

NE　內臟作用器官

ACh ACh　內臟作用器官

ACh＝乙醯膽鹼　　　　　　　NE＝正腎上腺素

圖 4-3　自主神經系統分泌之神經傳導物質

一、乙醯膽鹼與膽鹼接受器

　　乙醯膽鹼是在節前纖維內由乙醯輔酶A (acetyl-CoA)與膽素(choline)經膽素乙醯轉換酶(choline acetyl-transferase)作用後形成的，乙醯膽鹼一旦由神經末梢分泌出來後，在很短的時間內就會被乙醯膽鹼酯酶(acetyl cholinesterase)分解為醋酸(acetate)與膽素（圖4-4），因此作用的時間非常短暫。

　　由於神經傳導物質無法直接通過細胞膜，必須先與細胞膜上的蛋白質接受器結合，才能夠發揮作用。乙醯膽鹼會對不同的器官產生不同的作用，其原因就在於不同的突觸後細胞具有不同亞型(subtype)的膽鹼接受器(cholinergic receptors)。膽鹼接受器依據藥理學的分類分為毒蕈鹼型接受器(muscarinic acetylcholine receptor, M receptor)與菸鹼型接受器(nicotinic acetylcholine receptor, N receptor)。

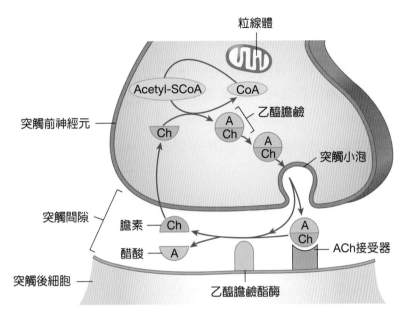

圖 4-4　乙醯膽鹼酯酶的作用

　　毒蕈鹼型接受器廣泛分布在副交感節後神經元所支配的細胞與少數交感節後神經元所支配的細胞上，這種接受器可以與乙醯膽鹼或毒蕈鹼結合，當初因為發現毒蕈鹼與該接受器結合後能夠產生如同乙醯膽鹼所造成的效應，因而將之命名為毒蕈鹼型接受器。毒蕈鹼型接受器在運作時必須有G蛋白的協助，G蛋白由α、β及γ三個次單位組成，位於毒蕈鹼型接受器旁。當乙醯膽鹼與毒蕈鹼型接受器結合時，α次單位會脫離β-γ複合體，隨後α次單位或β-γ複合體可與接受器附近的離子通道結合並使之開啟或關閉，另外，也能活化不同的酵素，以產生抑制性或興奮性的作用（圖4-5）。

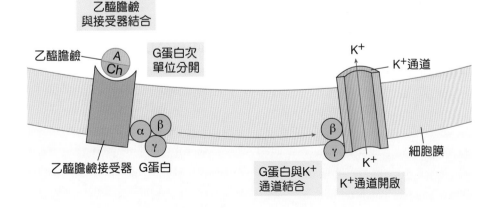

圖 4-5　毒蕈鹼型接受器與作用方式

菸鹼型接受器（圖4-6）可以與乙醯膽鹼、菸鹼結合，且菸鹼與該接受器結合能夠產生如同乙醯膽鹼所造成的效應，因而將之命名為菸鹼型接受器。菸鹼型接受器主要分布在運動終板(motor end plate)、所有的自主神經節與腎上腺髓質的嗜鉻細胞。

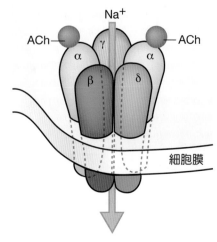

圖 4-6 菸鹼型接受器與作用方式

菸鹼型接受器由5個多胜肽次單位環繞而成，包括兩個α次單位、一個β、一個δ與一個γ次單位。菸鹼型接受器與毒蕈鹼型接受器不同之處是菸鹼型接受器本身就是一個離子通道，而且具有兩個ACh接合位。一旦ACh與之結合，菸鹼型接受器就會開啟離子通道使Na^+進入細胞，因而引發興奮性突觸後電位(EPSP)。

二、正腎上腺素與腎上腺素接受器

大部分的交感神經節後神經纖維釋放的神經傳導物質是正腎上腺素，正腎上腺素的合成需要經過許多的步驟，酪胺酸(tyrosine)經羥化反應後形成多巴(DOPA)，多巴再經由羧化反應後成為多巴胺(dopamine)，多巴胺經羥化反應後就是正腎上腺素，正腎上腺素若是經甲基化反應則形成腎上腺素(epinephrine)（圖4-7）。正腎上腺素、多巴胺與腎上腺素都具有兒茶酚的結構，因此都被歸類為兒茶酚胺。正腎上腺素由腎上腺素激性纖維末梢分泌出來後，絕大部分會被回收到神經末梢或是經由擴散的方式進入血液中，僅有少部分是被單胺氧化酶(monoamine oxidase, MAO)與兒茶酚氧甲基轉移酶(catechol-O-methyl transferase)分解。

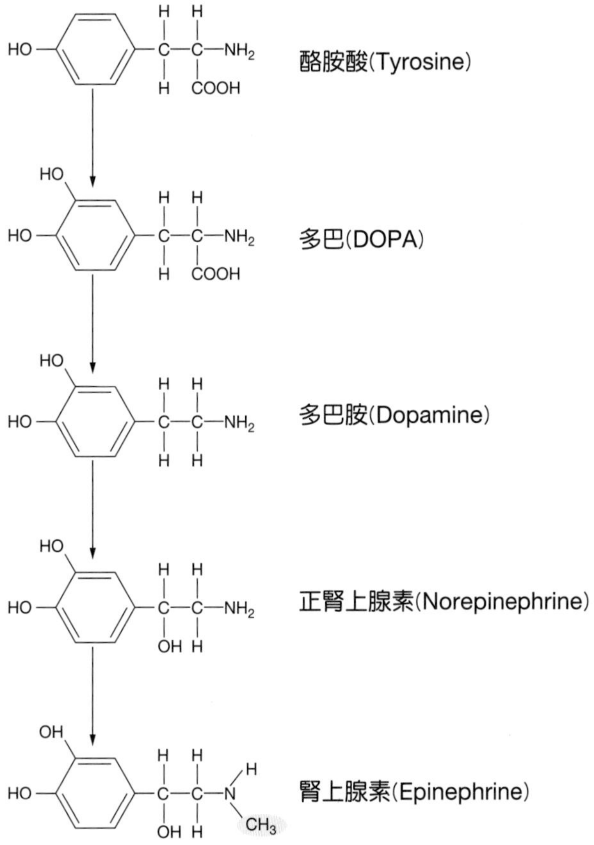

圖 4-7　兒茶酚胺的合成

　　正腎上腺素可專一地與腎上腺素接受器(adrenergic receptors)結合，並產生腎上腺素性作用。腎上腺素接受器主要分布在心肌、平滑肌與腺體，腎上腺素接受器可進一步區分成α腎上腺素接受器與β腎上腺素接受器。

　　α腎上腺素接受器與β腎上腺素接受器可再細分為α_1、α_2腎上腺素接受器與β_1、β_2腎上腺素接受器，所有的β腎上腺素接受器都是藉由cAMP的生成來產生效應；α_1腎上腺素接受器則透過另一種第二訊息傳遞者－Ca^{2+}以產生作用。

表 4-2　腎上腺素接受器的分布與作用

器　官	腎上腺素接受器	作　用
眼		
輻射肌	α_1	收縮
睫狀肌	β_2	放鬆
心臟		
寶房結	β_1	心跳變快
房室結	β_1	心跳變快
心肌	β_1	增加心收縮力
血管		
骨骼肌血管	β_2	擴張
皮膚血管	α	收縮
支氣管平滑肌	β_2	放鬆
消化道		
腸壁平滑肌	β_2	放鬆
括約肌	α_1	收縮
膀胱		
逼尿肌	β_2	放鬆
括約肌	α_1	收縮
子宮	α_1	放鬆
	β_2	收縮
陰莖	α_1	射精
皮膚豎毛肌	α_1	收縮

4-3　自主神經系統的生理作用

　　大部分的器官都同時受到交感與副交感神經纖維的支配，這種情形稱**雙重支配**(double innervation)，但仍有一些例外，如汗腺、豎毛肌、脾臟與腎上腺髓質等只分布有交感神經纖維，而胃腺與胰臟則只受到副交感神經的支配。一般而言，當交感神經興奮時，副交感神經會被抑制，反之則出現相反的現象，這種相互拮抗作用可協調內臟活動之活性。交感神經系統與副交感神經也會同時促進某器官之活動，例如唾液腺可以同時受到兩者的刺激而分泌唾液（交感神經促使黏液分泌；副交感促使漿液分泌），而這是一種協調性支配(synergistic innervation)。

　　當人體遇到緊急情況或讓人感到興奮的情形，例如遇上火災或是見到心儀的對象時，交感神經系統就會被啟動，產生如心跳變快、心輸出量增加（導因於心肌收縮力量增加）、血壓上升、警覺性提高、血糖上升等的生理反應，以應付所面臨的情況。這種交感神經系統興奮後所產生的現象，有個很貼切的名稱叫「**戰鬥或逃跑反應**」(fight or flight response)。人體處於「戰鬥或逃跑反應」之時會消耗非常多的能量，因此當緊急情況結束之後，身體會傾向於保存能量以備不時之需。當身體需要恢復、休息時，副交感神經系統就開始它的工作了。為了使讀者便於區分出交感神經系統與副交感神經系統的作用，我們以表4-3列出它們對身體各部分所產生的生理效應。

表 4-3　自主神經對身體各部分所產生之生理效應

目標組織	交感神經系統的生理作用	副交感神經系統的生理作用
眼睛		
瞳孔	擴大	縮小
睫狀肌	放鬆	收縮
腺體		
唾腺	約略分泌黏液性唾液	大量分泌漿液性唾液
胃腺	抑制分泌	刺激
肝臟	刺激葡萄糖分泌	少量肝醣合成
汗腺	刺激分泌	一
消化道		
括約肌	增加張力	降低張力
消化道管壁	降低張力、減少蠕動	增加張力與蠕動
膽囊	舒張	收縮
心臟		
心肌	增加收縮力	減少收縮力
冠狀動脈	舒張（β 接受器） 收縮（α 接受器）	一
肺臟		
支氣管平滑肌	放鬆，支氣管擴張	收縮，支氣管縮小
支氣管腺體	一	刺激分泌
支氣管動脈	收縮	擴張

表 4-3　自主神經對身體各部分所產生之生理效應（續）

目標組織	交感神經系統的生理作用	副交感神經系統的生理作用
腎臟	尿量減少（動脈收縮） 腎素分泌量減少	－
腎上腺髓質	腎上腺素與正腎上腺素分泌增加	－
膀胱 　肌肉 　括約肌	 舒張 收縮	 收縮 舒張
陰莖	射精	勃起
血管 　肌肉內 　皮膚內 　內臟內	 擴張 收縮 收縮	 － － 擴張
基礎代謝率	增加	－

4-4　內臟的自主性反射

　　調節內臟活動是以自主性反射作用的方式達成，自主性反射作用需要具備一個自主反射弧(automatic reflex arc)。自主反射弧與體神經的反射弧一樣都由感覺接受器、輸入神經元、聯絡神經元、輸出神經元與動作器組成，在此要特別強調的是：自主反射弧的輸出神經元分為內臟輸出節前神經元與內臟輸出節後神經元兩種，控制的動作器為心肌、平滑肌與腺體；而體神經反射弧的輸出神經元則只有運動神經元一種，骨骼肌為其動作器（圖4-8）。

　　自主反射弧如何調節內臟活動？以唾液分泌的過程說明之。當你飢腸轆轆經過夜市時，鼻子（接受器）聞到香雞排傳來的味道，香味的刺激會經由嗅神經（輸入神經元）傳至聯絡神經元，再傳到位於腦幹裡的舌咽神經核。隨後舌咽神經核裡的副交感節前神經元（內臟輸出節前神經元）發出訊息，經由舌咽神經傳往神經節並在此與副交感節後神經元（內臟輸出節後神經元）形成突觸，最終訊息傳到嘴裡的唾腺（動作

器），你就會流下口水了。利用自主性反射作用調節內臟活動的例子很多，如消化道活動、心跳的快慢、血壓、呼吸次數與膀胱的排空等都能以這種方式調節。

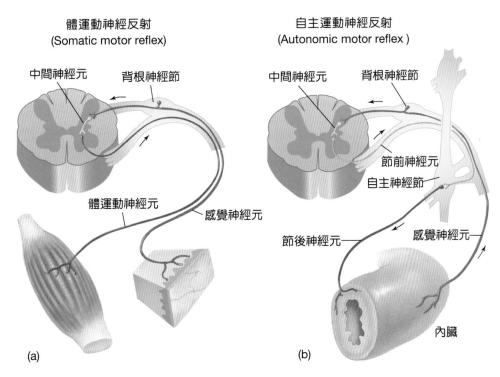

圖 4-8　自主反射弧與體神經反射的比較

4-5　高級中樞對自主神經的控制

　　大部分內臟的自主性反射並不會到達意識的階層，因此我們並不易察覺到內臟器官發生了哪些變化。我們能夠以意識控制骨骼肌的活動，但卻無法用相同的方式控制自主神經系統，自主神經系統的活性主要是受到延腦的控制。來自內臟接受器的感覺訊息經迷走神經傳到延腦，延腦具有調節呼吸、心跳、血管、消化道活動、泌尿道及生殖系統的中樞，因此感覺訊息能夠刺激延腦並能進一步發出訊息去影響自主神經系統的活性。

　　雖然延腦是主要影響自主神經系統活性的區域，但事實上，腦部其他區域也會影響延腦的自主控制中樞。下視丘(hypothalamus)能接收與情緒、味覺、內臟變化、溫度等相關訊息，並能與邊緣系統(limbic system)以及大腦皮質共同調節自主神經系統的功能。當人處在一個長期壓力或是情緒狀況不佳（沮喪、焦慮）時，都會造成自主神經系統功能失調，而產生生理病變如心悸、盜汗、消化性潰瘍、便祕等。目前研究顯示，人體其實可以利用生物回饋(biofeedback)與冥想的方式控制自主神經系統。生物回饋的做法是將平時不易為人體察覺的心跳次數、血壓數值以顯示數值或以聲光訊號回饋給受測者，利用這種方式訓練受測者以意識去影響數值或聲光訊號，藉此控制內臟的活動。

【　】1. 下列何者並不屬於自主神經系統之神經節？　(A)睫狀神經節(ciliary ganglion)　(B)腹腔神經節(celiac ganglion)　(C)背根神經節(dorsal root ganglion)　(D)上腸繫膜神經節(superior mesenteric ganglion)

【　】2. 下列自主神經傳導物質接受器之作用，何者會引起皮膚及腹腔內臟的血管收縮？　(A) β型腎上腺素性接受器　(B) α型腎上腺素性接受器　(C)尼古丁型膽鹼性接受器　(D)蕈毒型膽鹼性接受器

【　】3. 下列何者為大部分交感神經節後纖維和中樞部分神經系統路徑的傳遞物？ (A)正腎上腺素(norepinephrine)　(B)多巴胺(dopamine)　(C)腎上腺素(epinephrine)　(D)兒茶酚胺(catecholamine)

【　】4. 下列何者並非活化蕈毒型膽鹼性接受器可能引起的作用？　(A)使心肌收縮力減弱　(B)使腸道收縮張力增強　(C)使膀胱逼尿肌收縮　(D)使骨骼肌收縮

【　】5. 下列何種構造不具接受交感神經與副交感神經兩者共同支配的特性？ (A)心臟(heart)　(B)支氣管(bronchi)　(C)豎毛肌(arrector pili muscle)　(D)膀胱(bladder)

【　】6. 下列何者為副交感神經興奮時產生之作用？　(A)增加心跳率　(B)增加傳導速率　(C)降低心跳率　(D)增加收縮強度

【　】7. 下列何者並非合成正腎上腺素(norepinephrine)過程中的中間產物？　(A)酪胺酸(tyrosine)　(B)二羥苯丙胺酸(dihydroxyphenylalanine)　(C)腎上腺素(epinephrine)　(D)多巴胺(dopamine)

【　】8. 下列何者發出「節前交感神經纖維」？　(A) $T_1 \sim L_2$脊髓　(B) $C_1 \sim T_{12}$脊髓 (C) $T_1 \sim L_5$脊髓　(D)整個脊髓的灰質

【　】9. 當交感神經興奮時，活化心肌細胞膜上的β腎上腺素受體，下列敘述何者正確？　(A)心肌細胞內cAMP與鈣離子的濃度皆增加　(B)心肌細胞內cAMP的濃度減少，鈣離子的濃度增加　(C)心肌細胞內cAMP與鈣離子的濃度皆減少 (D)心肌細胞內cAMP的濃度增加，鈣離子的濃度減少

【　】10. 交感神經節前神經纖維末梢所釋放的神經傳遞物質是什麼？　(A)乙醯膽鹼 (acetylcholine)　(B)麩胺酸(glutamic acid)　(C)正腎上腺素(norepinephrine) (D)血清素(serotonin)

【　】11. 交感神經活化時對心臟的影響是：　(A)心跳速率減慢及收縮力減少　(B)心跳速率加快及收縮力減少　(C)心跳速率減慢及收縮力增加　(D)心跳速率加快及收縮力增加

【　】12. 腎上腺髓質細胞分泌的激素，與下列何者分泌的物質相同？　(A)心臟交感神經的節後神經細胞　(B)心臟交感神經的節前神經細胞　(C)心臟副交感神經的節前神經細胞　(D)心臟副交感神經的節後神經細胞

【　】13. 內臟的活動大多是：　(A)意識控制　(B)自主反射　(C)脊髓控制　(D)小腦控制

【　】14. 臨床降血壓常用的腎上腺素受器阻斷劑，其主要作用機制為何？　(A)抑制副交感神經作用　(B)強化交感神經作用　(C)抑制交感神經作用　(D)強化副交感神經作用

【　】15. 下列有關副交感神經系統之各項敘述中，何者是錯誤的？　(A)節後神經末梢所釋出之物質主要為乙醯膽鹼(Acetylcholine)　(B)節前神經纖維較節後神經纖維短　(C)興奮時會引起心跳變慢　(D)興奮時會促進消化道之分泌

【　】16. 多單位平滑肌可由下列哪一種神經管制？　(A)運動神經　(B)交感神經　(C)大腦皮質　(D)自主神經

【　】17. 以心臟的神經調節而言，其副交感神經的影響是：　(A)心跳增加及收縮力增加　(B)心跳減少及收縮力減少　(C)心跳增加及收縮力減少　(D)心跳減少及收縮力增加

【　】18. 以心臟的神經調節而言，其交感神經及副交感神經的相對影響是：　(A)交感神經影響心跳較大，副交感神經影響心收縮力較大　(B)交感神經影響心收縮力較大，副交感神經影響心跳較大　(C)兩者神經對心跳及心收縮力影響是相同的　(D)兩者神經對心跳及心收縮力影響無法做相對的比較

【　】19. 下列何者具有交感神經的功能？　(A)甲狀腺　(B)腦下垂體後葉　(C)腎上腺皮質　(D)腎上腺髓質

【　】20. 下列有關血管之神經支配的敘述，何者正確？　(A)大部分之血管由交感神經支配　(B)大部分之血管由副交感神經支配　(C)大部分之血管由交感神經及副交感神經共同支配　(D)大部分之血管不受神經支配

【　】21. 戰鬥或逃跑(fight or flight)的反應不包括：　(A)肝醣分解增加　(B)瞳孔放大　(C)皮膚血管擴張　(D)骨骼肌血流增加

【　】22. 支配汗腺的交感神經節後纖維所釋出的神經傳導物質為：　(A)腎上腺素　(B)正腎上腺素　(C)乙醯膽鹼　(D)多巴胺

【　】23. 下列何者屬於副交感神經之反應？　(A)瞳孔放大　(B)血管收縮　(C)胃腸蠕動降低　(D)心跳速率下降

【　】24. 下列何者是刺激副交感神經系統所產生之生理反應？　(A)瞳孔縮小　(B)心跳增加　(C)血壓上升　(D)支氣管擴張

·········· ★★ 解答 ★★ ··········

1.C	2.B	3.A	4.D	5.C	6.C	7.C	8.A	9.A	10.A
11.D	12.A	13.B	14.C	15.B	16.D	17.B	18.B	19.D	20.A
21.C	22.C	23.D	24.A						

MEMO

CHAPTER

第 **5** 章

肌肉系統

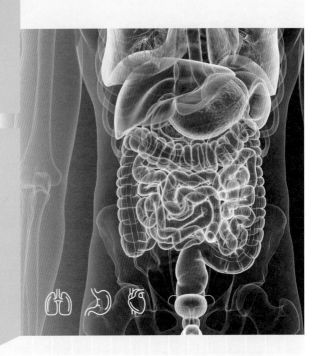

許家豪 編著

大綱

Physiology

5-1 肌肉組織

　　肌肉組織(muscular tissue)為人體四大基本組織之一，可執行運動、維持姿勢、產生熱量等功能。肌肉組織是由肌細胞所構成，肌細胞又稱為肌纖維，由粗肌絲和細肌絲組成。當肌細胞受到化學、電刺激而興奮時，可產生動作電位，造成細胞內鈣離子濃度增加，引起粗、細肌絲之間的互相滑動而造成肌細胞收縮。肌肉組織可分為三大類，分別為骨骼肌(skeletal muscle)、心肌(cardiac muscle)、平滑肌(smooth muscle)三種。骨骼肌為隨意肌，可隨意識控制；而心肌及平滑肌則無法隨意識自由控制，屬於不隨意肌。

一、肌肉組織的共同特性

　　肌肉組織具有興奮性、收縮性、伸展性、彈性四種特徵，其敘述如下：

1. 興奮性：肌肉細胞能接受刺激及產生反應的能力。

2. 收縮性：肌肉外觀呈現粗而短的改變能力。

3. 伸展性：肌肉受到拉力而改變長度的能力。

4. 彈性：肌肉受外力作用後，回復本來形狀的能力。

二、肌肉組織的種類和比較

　　人或動物在出生後已有簡單的分化，形成不同種類之肌肉，可分成骨骼肌、心肌、平滑肌，可依據構造、存在位置和神經調控等的不同彼此間差異列表說明，如表5-1。

表 5-1　肌肉組織的種類和比較

比較項目 ＼ 肌肉種類	骨骼肌	心肌	平滑肌
細胞外觀	長圓柱形	兩端有分叉	成梭形
細胞核的數目	多核	單核	單核
位置	附在骨骼上	位於心臟	主要位於中空內臟的管壁及血管壁
顯微構造	有橫紋	有橫紋	無橫紋

表 5-1　肌肉組織的種類和比較（續）

肌肉種類 比較項目	骨骼肌	心 肌	平滑肌
神經控制	隨意 （屬體神經系統）	不隨意 （屬自主神經系統且 本身有節律點）	不隨意 （屬自主神經系統）
鈣離子來源	肌漿網	肌漿網及細胞外液	肌漿網及細胞外液
肌小節與橫小管	有	有	無
鈣離子結合蛋白	旋轉素	旋轉素	調鈣蛋白
收縮速度	快	中等	慢

5-2　骨骼肌

一、骨骼肌的構造

（一）骨骼肌細胞

　　骨骼肌細胞的構造與一般細胞相似，其細胞核為多核的構造，但胞器另有特殊名稱，例如：肌漿膜(sarcolemma)指的是骨骼肌細胞膜；肌漿(sarcoplasm)為細胞質。

　　肌漿網(sarcoplasmic reticulum)相當於一般細胞之平滑型內質網，有很重要的功能，其在靠近兩端的肥大區域稱為終池(terminal cisternae)或側囊(lateral sac)（圖5-1），是主要儲存鈣離子的地方，當神經刺激來的時候，會釋放鈣離子到肌漿內，造成骨骼肌肌纖維的收縮。

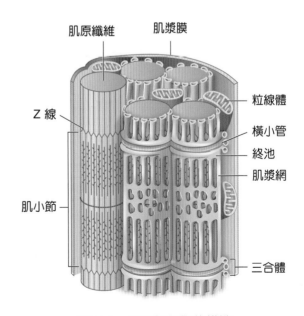

圖 5-1　骨骼肌細胞的構造

　　肌漿膜向肌細胞內凹陷形成橫小管(transverse tubules)，又稱為T小管(T tubule)，並與兩側的終池組成三合體(triad)，因橫小管為肌細胞之細胞膜的延伸，深入到細胞內部，故可將電性活動(electrical activity)的變化很快地傳遞到各個區域。

　　骨骼肌分化之前期為肌胚細胞(myoblast)，細胞經融合(fusion)後形成骨骼肌(skeletal muscle)。一塊肌肉縱切後，最外層有外鞘膜，內含許多的肌束(muscular fasciculus)，而肌束是由數千條彼此平行排列的肌纖維(muscle fiber)，也就是肌細胞所構成，並有豐富的血管分布其中。肌纖維內則包含數百至數千條肌原纖維(myofibril)，而每一條肌原纖維又由很多名為肌小節(sarcomeres)的單位所組成（圖5-2）。

　　一個肌小節（兩Z線之間）內含有粗肌絲(thick filament)和細肌絲(thin filament)。粗肌絲主成分是肌凝蛋白(myosin)，其尾部互相連接於肌小節之M線，再以「頭對尾」之方式連接。肌凝蛋白分子有頭部和尾部兩部分，尤以頭部最重要，特稱為橫橋(cross bridge)，橫橋上有肌動蛋白結合區(actin binding site)和肌凝蛋白之ATP結合區(myosin ATPase site)（圖5-3）。

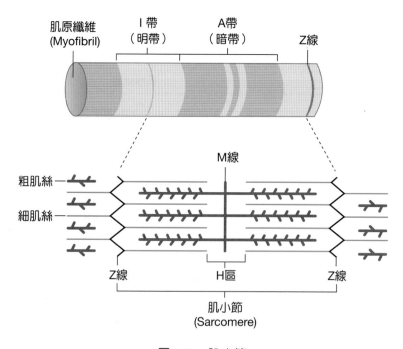

圖 5-2　肌小節

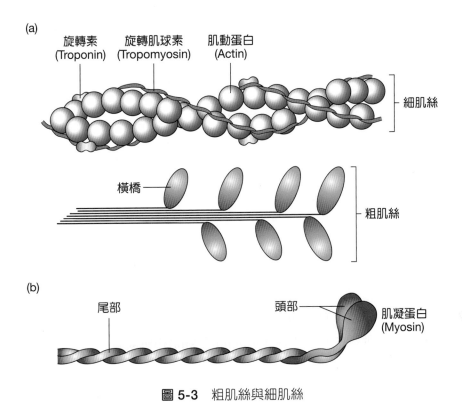

圖 5-3　粗肌絲與細肌絲

　　細肌絲其一端游離，另一端則結合在 Z 線上，主要成分除了肌動蛋白 (actin) 外，尚有旋轉肌球素 (tropomyosin, Tm) 及旋轉素 (troponin, Tn) 共同組成。肌動蛋白分子以兩單股作螺旋纏繞排列，且每個肌動蛋白上有一個與肌凝蛋白結合的位置，可和肌凝蛋白上的橫橋相結合。旋轉肌球素呈長條狀，可以和肌動蛋白分子之螺旋排列作疏鬆結合。旋轉素可分成 3 種次單位，包括旋轉素 I（TnI；能夠與肌動蛋白結合）、旋轉素 T（TnT；可和旋轉肌球素結合）、旋轉素 C（TnC；可以跟鈣離子結合），旋轉素分布在旋轉肌球素表面的一定間隔處。

（二）肌小節

　　若將肌小節橫切，則可見肌原纖微維內每一條粗肌絲外有6條細肌絲；每一條細肌絲外則有3條粗肌絲圍繞（圖5-4）。

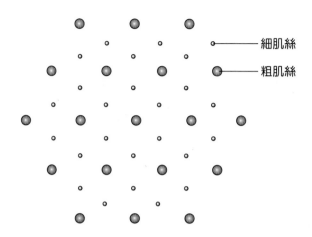

圖 5-4　肌原纖維橫切面示意圖；可見粗肌絲與細肌絲的相對位置

　　肌小節是骨骼肌的功能單位，每一段肌小節內可分成下列幾個區域：

1. **A帶(A band)：**又稱為暗帶，係指含粗肌絲的區域，且粗、細肌絲部分重疊於此，故外觀較暗。

2. **I帶(I band)：**又稱為明帶，存在Z線兩旁僅含細肌絲的部分。

3. **H區：**暗帶內只含粗肌絲的區域。

4. **M線：**在H區內粗肌絲中央較膨大的構造。

二、骨骼肌收縮的生理反應

（一）ATP 在肌肉收縮過程中的角色

　　肌肉的收縮需要消耗ATP，ATP在肌肉收縮過程中扮演的角色包括使橫橋移動(cross bridge movement)及橫橋分開(cross bridge detach)，這就是人死亡後肌肉僵硬的原因，因人死亡後，ATP不再製造，僅存的ATP造成了橫橋移動，卻沒有新的ATP供橫橋分開，所以肌肉便一直呈現收縮狀態。

（二）鈣離子在肌肉收縮過程中的角色

　　在收縮過程中，鈣離子的存在是很必要的，鈣離子和旋轉素C結合後，結構會產生變化，造成旋轉素和旋轉肌球素離開特殊的位置，促使肌凝蛋白和肌動蛋白產生交互

作用。所以一般在休息狀態或細胞內鈣離子濃度很低時，旋轉肌球素把肌動蛋白上之橫橋結合位(cross bridge binding site)遮住，於是肌凝蛋白就沒有辦法和肌動蛋白結合了（圖5-5）。除了ATP和鈣離子之外，尚需收縮的動作電位，才能引發收縮的現象。

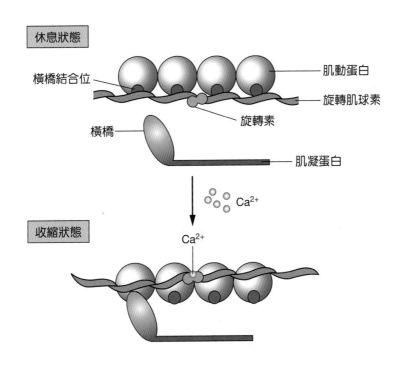

圖 5-5　鈣離子濃度低時，旋轉肌球素遮住肌動蛋白上的橫橋結合位，阻礙肌凝蛋白與肌動蛋白的結合

（三）運動單位

　　一個運動神經元和其支配的所有肌肉細胞合稱為運動單位(motor unit)，肌肉裡面可以具有很多的運動單位（圖5-6）。運動單位的大小與肌肉動作精細度的控制有關。一般而言，對於負責身體粗略動作的肌肉，每一運動神經元所支配的肌纖維數目較多，例如和走路動作相關的肌肉群（如腿部肌肉）；而對於控制精細動作的運動神經元，其所支配的肌纖維數目較少，例如與寫字動作相關的肌肉群；眼外肌的運動神經元只負責支配十幾條肌纖維，因此能精密控制眼球的運動。

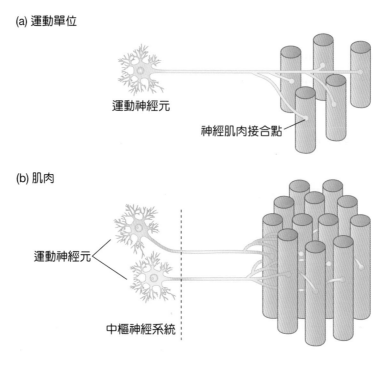

(a) 運動單位

運動神經元

神經肌肉接合點

(b) 肌肉

運動神經元

中樞神經系統

圖 5-6　運動單位

（四）神經肌肉接合點

骨骼肌細胞受到運動神經元的刺激而收縮。運動神經元軸突(axon)末梢膨大呈球形，稱為突觸小結(synaptic knob)，其內具有很多突觸小泡(vesicle)（圖5-7），小泡

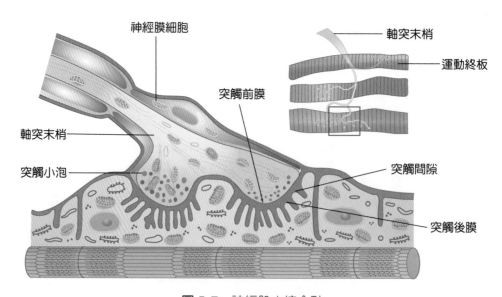

神經膜細胞

軸突末梢

運動終板

突觸前膜

軸突末梢

突觸小泡

突觸間隙

突觸後膜

圖 5-7　神經肌肉接合點

內含有特殊的化學物質，稱為乙醯膽鹼(acetylcholine, ACh)，它是一種神經傳導物質(neurotransmitter)，因刺激使鈣離子進入突觸小結，此時乙醯膽鹼會釋放到神經和肌漿膜的交接處，這個區域稱為神經肌肉接合點(neuromuscular junction)，而肌漿膜上特化的區域則稱為運動終板(motor end plate)。

乙醯膽鹼釋放以後，在運動終板區域具有乙醯膽鹼接受器(acetylcholine receptor)，一旦乙醯膽鹼與乙醯膽鹼接受器一結合後，把離子通道打開，會使得鈉離子的通透性增加，因為細胞外大量的鈉離子通過，進來後會造成這個區域去極化(depolarization)的現象，這現象我們稱為終板電位(end-plate potential, EPP)。一般釋放的量足夠達到閾電位(threshold potential)，所以它可以引發動作電位(action potential)，這動作電位就會有局部循環的現象，把動作電位傳開來。在乙醯膽鹼和乙醯膽鹼接受器結合後，如果乙醯膽鹼一直存在的話，會造成肌肉一直收縮的現象，所以在局部區域肌漿膜上具有一種酶(enzyme)，稱為乙醯膽鹼酯酶(acetylcholine esterase, AChE)，可把乙醯膽鹼水解，讓乙醯膽鹼不具有傳遞訊息的能力。

（五）肌肉收縮的過程

動作電位傳入橫小管後，會刺激肌漿網釋出鈣離子到肌漿內，鈣離子會和旋轉素C結合，促使旋轉肌球素產生轉動，露出肌動蛋白上的肌凝蛋白結合位。使橫橋與肌動蛋白結合，利用ATP分解產生的能量造成肌肉收縮（圖5-8）。

肌肉收縮時肌纖維長度雖然變短，但粗肌絲和細肌絲的長度並不會產生改變。這是因為粗肌絲拉動細肌絲，造成和粗肌絲重疊的細肌絲滑向H區，使肌小節變短、H區與I帶變短，A帶長度則不變。由於肌纖維是由肌小節所組成，當肌小節變短時肌纖維長度也就變短，這種利用粗肌絲、細肌絲之間互相滑動造成肌纖維變短的現象稱為「滑動肌絲學說」(sliding-filament theory)。有關於肌絲之間滑動的分子機轉，可以利用橫橋週期(cross-bridge cycle)來進行說明。

（六）肌肉鬆弛的過程

乙醯膽鹼被分解後，神經衝動無法從軸突末梢傳遞到肌漿膜，同時，鈣離子以主動運輸方式由旋轉素C送回肌漿網內儲存，導致橫橋與肌動蛋白分開，肌纖維回到舒張狀態。

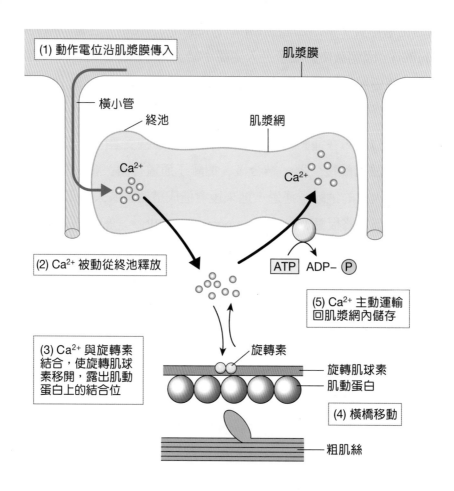

圖 5-8　動作電位導致肌肉收縮的機制

　　綜合以上所述，肌肉的收縮及舒張過程摘要如下：

1. 神經衝動抵達突觸末梢，突觸小泡將ACh釋放到突觸間隙。

2. ACh與肌漿膜上的接受器結合，使鈉離子通道開啟，引發動作電位。

3. 動作電位沿T小管傳入終池，刺激鈣離子釋放。

4. 鈣離子與旋轉素C結合，促使旋轉肌球素轉動，露出肌動蛋白上的肌凝蛋白結合位。

5. 經由水解ATP而活化的肌凝蛋白橫橋與肌動蛋白結合。

6. 結合後，ATP釋放出能量，促發力擊的產生，使肌絲滑動，同時釋放ADP和磷酸根 (Pi)。

7. 肌凝蛋白與新的ATP結合，會與肌動蛋白分離，在ACh對肌節的持續刺激和足夠ATP之作用下，橫橋可再次因ATP的解離，重新獲得能量，收縮循環可持續重複進行。

8. 動作電位停止後，肌漿網以主動運輸方式回收鈣離子，肌纖維回到舒張狀態，等待新的動作電位到達。

三、肌肉收縮的類型

肌肉收縮的類型可以根據刺激頻率的快慢與肌纖維長度是否改變來分類。

（一）等張收縮及等長收縮

依據肌纖維長度是否改變分成等張收縮和等長收縮兩種（圖5-9）：

1. **等張收縮(isotonic contraction)**：等張收縮的定義是指肌纖維收縮時，張力不會改變但長度變短的收縮方式，此種收縮能產生肢體動作。例如手肘彎曲，肱二頭肌收縮、肌肉長度變短，將手部負重抬高，其過程需消耗能量。

2. **等長收縮(isometric contraction)**：等長收縮的定義是指肌纖維收縮時長度不變但張力產生改變的收縮方式。例如手部負重、人站立時腿肌的收縮產生張力以維持姿勢，但不會產生肢體動作，仍需消耗能量。

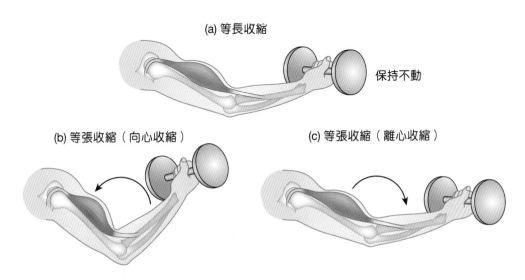

圖 5-9　等張收縮及等長收縮

（二）抽動收縮及強直收縮

依刺激頻率快慢可分成抽動收縮及強直收縮。

◎ 抽動收縮

抽動收縮(twitch contraction)是由單一個刺激所產生的收縮，均產生個別且明顯收縮的圖形。整個過程分成三個時期（圖5-10）：

1. 潛伏期(latent period)：從刺激開始到肌纖維開始收縮所需要的時間。此時間為鈣離子從肌漿網釋放出來到引起收縮所需時間。

2. 收縮期(contraction)：肌纖維由於肌漿內鈣離子濃度增加引發肌纖維長度縮短的時間。

3. 鬆弛期(relaxation)：鈣離子經主動運輸回到肌漿網回復肌纖維長度所需要的時間。

◎ 強直收縮

假如把二次刺激的時間間隔縮短，收縮圖形如圖5-11，此情形稱為加成(summation)，即疊加的現象。此現象之發生，一定要在某一特定時期中，即肌肉還在收縮時，就又給予另一個刺激，也就是在收縮期仍具有收縮能力時，就疊加起來，可看到的現象；如果刺激發生在不反應期，則無作用。若收縮頻率夠高，則易看到疊加現象。

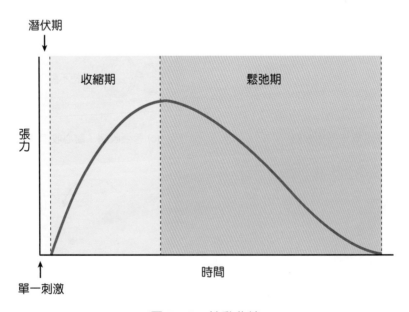

圖 5-10　抽動收縮

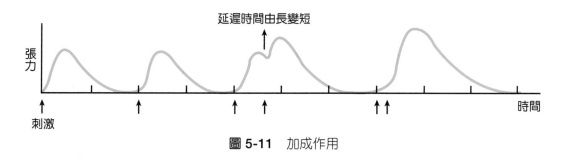

圖 5-11　加成作用

　　若將刺激連續給予的話，那麼單一的收縮之後，我們開始縮短時間間距。如此一來，兩次的收縮開始有融合的現象，在此時期，我們稱為不完全強直(unfused tetanus or incomplete tetanus)，也就是說它是部分的而不是達到完全強直。當刺激頻率達到夠高時，實驗中可看到整個強直的發生為疊加的極限，收縮強度的圖形呈一平坦的曲線，我們稱之為完全強直(fused tetanus or complete tetanus)（圖5-12）。

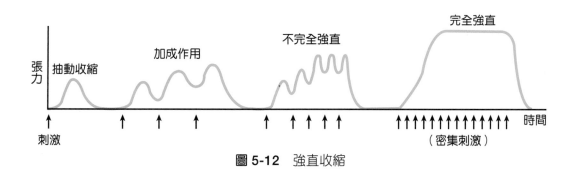

圖 5-12　強直收縮

（三）肌肉長度及張力的關係

　　等長肌肉收縮時，肌肉長度和張力的相對關係(length-tension relation)如圖5-13。X軸表示肌肉長度(muscle length)，用百分比表示，100%為最適宜的長度，將其寫做Lo（Lo的定義：在此長度下，我們可看到其等長收縮所產生的張力最高）。Y軸表示收縮後產生的張力大小。

　　假如Lo往兩邊移動，即肌肉長度處於拉長或縮短，可發現在此狀況下，其收縮所產生的張力(tension)是往下降的。假設繼續往兩端走，可發現肌肉產生張力的能力明顯下降。

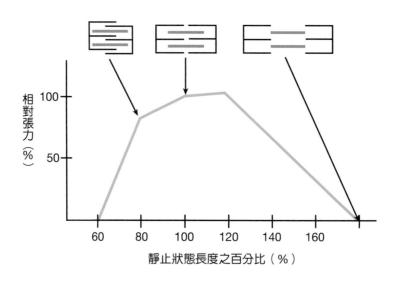

圖 5-13 肌肉長度及張力的關係

　　如果一直往右邊走，肌纖維一直拉長的時候，拉長使得肌凝蛋白和肌動蛋白能夠做交互作用的機會愈來愈少，所以在這曲線裡表示肌凝蛋白和肌動蛋白的作用數目一直下跌，所以產生的力量愈來愈弱。

　　相反的，縮短肌纖維的長度為什麼也會造成張力下降呢？因細肌絲一直往內縮，造成空間上的阻礙，使得原來肌動蛋白可以和肌凝蛋白做交互作用的部分因縮得過短，變得無法作用了。

四、骨骼肌纖維的種類及能量來源

（一）骨骼肌纖維的種類

　　骨骼肌纖維可以依據肌纖維收縮速度的快慢及收縮能量ATP的來源加以分類。

1. 依收縮速度的快慢分成快肌與慢肌：
    (1) **快肌(fast fiber)**：所含肌凝蛋白的ATP酶酵素活性較高，能快速水解ATP，肌纖維收縮速度較快，稱為快肌。快肌所含的肌紅素(myoglobin)較少，又稱為白肌。
    (2) **慢肌(slow fiber)**：所含肌凝蛋白的ATP酶酵素活性較低，ATP水解較慢，因此肌纖維收縮速度也較慢，稱為慢肌。慢肌所含的肌紅素濃度比快肌高，顏色較紅，又稱為紅肌。

2. 依ATP能量來源，可分成有氧肌和無氧肌兩種：

(1) **有氧肌(oxidative fibers)**：有氧肌ATP的來源是由有氧呼吸所產生，因此有氧肌的構造含有大量的粒線體，豐富的微血管提供含氧的血液與大量的肌紅素。有氧肌因具有含氧的肌紅素，其顏色比較暗紅，故有氧肌纖維也稱為紅肌纖維(red muscle fibers)。

(2) **無氧肌(glycolytic fibers)**：無氧肌ATP的來源與無氧呼吸有關。因此其構造內含有大量的肝醣，所含肌紅素也比較少，故無氧肌纖維也稱為白肌纖維(white muscle fibers)。

3. 綜合以上骨骼肌纖維在組織上的特性及能量的差異，可分為三種：

(1) 慢速—有氧呼吸肌纖維(slow-oxidative fibers)。

(2) 快速—有氧呼吸肌纖維(fast-oxidative fibers)。

(3) 快速—無氧呼吸肌纖維(fast-glycolytic fibers)。

　　有氧呼吸肌纖維(oxidative fibers)一般是屬於收縮速率較慢的肌纖維，雖有所謂的快速—有氧呼吸肌纖維，但還是比快速—無氧呼吸肌纖維慢一些。有關於骨骼肌纖維的分類與特性整理如表5-2。

表 5-2　**骨骼肌纖維的分類與特性**

特性＼分類	有氧呼吸		無氧呼吸
	慢肌	快肌	快肌
ATP 主要來源	氧化磷酸化	氧化磷酸化	肝醣分解
粒線體數目	很多	很多	一些
微血管分布	很多	很多	一些
肌紅素含量	高	高	低
肝醣含量	低	中	高
肝醣分解酶含量	低	中	高
肌肉疲乏	慢	中	快
收縮速率	慢	快	快
肌纖維直徑	小	中	大

（二）肌肉的能量來源

肌肉收縮所需能量ATP的來源，主要有三：

1. 磷酸肌酸(creatine phosphate)：肌纖維在短時間內做收縮，最快速的能量來源可從磷酸肌酸獲得，利用磷酸肌酸酶的催化作用，使ADP接受P_i，磷酸化後形成ATP。這是在短時間內，獲取ATP來源的方式。

2. 肝醣分解(glycolysis)：為一無氧呼吸之作用。當氧氣不足時，利用肝醣分解成葡萄糖，葡萄糖再進一步分解成丙酮酸，葡萄糖代謝成丙酮酸的過程可產生2個ATP，提供肌肉收縮所需的ATP。

3. 氧化磷酸化(oxidative phosphorylation)：在粒線體的呼吸鏈所進行的有氧呼吸作用。葡萄糖代謝所產生的丙酮酸，經氧化磷酸化作用分解成二氧化碳和水而產生36個ATP。在氧化磷酸化的反應過程中，可產生很多ATP，所產生的量大於肝醣分解所能產生的量。但是速度較慢，所以極短時間內是利用磷酸肌酸來補充ATP的喪失。

肝醣分解作用中有一很重要的儲存堆積的物質－肝醣(glycogen)，為重要能量來源。肝醣或血液中的醣類物質在無氧狀態下經肝醣分解作用，除了產生ATP之外，還會產生乳酸(lactic acid)，而乳酸是酸性物質，當醣解作用旺盛時，會暫時堆積，使肌纖維pH值下降，進而影響肌凝蛋白和肌動蛋白間的交互作用。

（三）氧債

人體因運動過久或進行劇烈運動時，ATP的消耗量增加，體內血液的氧氣供應不足，使丙酮酸無法完全分解，於是丙酮酸進行無氧呼吸而分解成中間產物—乳酸。體內堆積的乳酸最後被分解成二氧化碳和水時，所需要額外的氧即稱為氧債(oxygen debt)。因此運動後呼吸的速率與深度均會增加，提供更多的氧來償還氧債。乳酸的堆積為運動後產生肌肉酸痛的主要原因。

5-3　平滑肌

一、平滑肌的構造與特性

　　內臟器官的管壁肌肉是由平滑肌(smooth muscle)所構成，如同心肌一樣，平滑肌為不隨意肌，受自主神經控制，不具橫紋，肌纖維呈梭形且中央有一圓形的核，平滑肌的粗細肌絲排列方式與骨骼肌不同，其細肌絲與緻密體(dense body)相連（圖5-14），緻密體功能與骨骼肌的Z線類似。

　　平滑肌的肌漿網較不發達，而胞飲小泡(caveolae)位於平滑肌表面，功能可能與T小管類似，可將神經衝動傳入肌纖維。

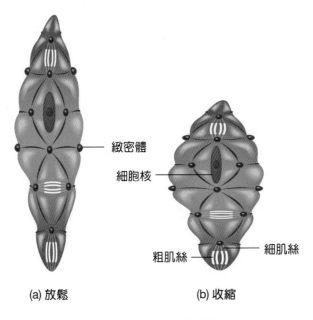

	緻密體
	細胞核
粗肌絲	細肌絲

(a) 放鬆　　　　(b) 收縮

圖 5-14　平滑肌的構造

二、平滑肌的種類

　　平滑肌可分為單一單位平滑肌及多單位平滑肌兩種。

（一）單一單位平滑肌

單一單位平滑肌(single-unit smooth muscles)又稱內臟平滑肌，位在消化道、小血管、子宮壁等。平滑肌細胞與心肌一樣，細胞間往往有構造上的聯繫，稱為間隙接合(gap junction)，可提供離子通透、物質交換等功能，因此動作電位可以很容易的由一個肌細胞傳遞到另一個肌細胞，引起所有肌纖維的同步收縮。

（二）多單位平滑肌

多單位平滑肌(multi-unit smooth muscles)是由個別的平滑肌纖維所組成，每一個纖維是完全獨立運作而且由個別神經所控制。

多單位平滑肌主要接受自主神經訊號所控制，其收縮視自主神經活性而決定，激素也會影響其收縮程度，這點和大部分受非神經刺激所控制的內臟平滑肌大不相同。另外大部分的多單位平滑肌並不會產生動作電位，因此它們很少發生自動性的收縮。例如豎毛肌、眼球的睫狀肌、虹膜等。

三、平滑肌的收縮機制

在骨骼肌中，鈣離子要和旋轉素C結合，推動旋轉肌球素，並露出肌動蛋白上的肌凝蛋白結合位置，肌動蛋白才能與橫橋接合，肌絲產生移動，而平滑肌則否。平滑肌中鈣離子的調控是要和調鈣蛋白(calmodulin)結合，而不與旋轉素C結合，然後形成鈣－調鈣蛋白複合物，再到肌凝蛋白頭部上和肌凝蛋白輕鏈激酶(myosin light-chain kinase)結合，使肌凝蛋白輕鏈激酶活化後，磷酸化的肌凝蛋白與肌動蛋白結合，再將橫橋磷酸化(phosphorylated cross bridge)，使橫橋週期進行而產生收縮。當磷酸化的肌凝蛋白被肌凝蛋白磷酸酶(myosin phosphatase)去磷酸化後，橫橋與肌動蛋白分開而造成平滑肌放鬆。

維持平滑肌相同收縮張力所需能量為骨骼肌的1/400~1/20，這也是平滑肌活動緩慢的原因，即平滑肌對能量的利用十分經濟，因為許多臟器必須全天候維持相當程度的收縮，例如：內臟、腸道等。

四、節律點電位

　　平滑肌的另一個特徵是會產生所謂自發性電性活動(spontaneous electrical activity)，是指不需神經傳導物質或激素的釋放，平滑肌的細胞膜便會產生一個動作電位，此動作電位是由持續性的去極化所產生，有些平滑肌細胞，尤其是單一單位平滑肌，其膜電位(membrane potential)會有持續去極化的現象，若到達閾值便會發生動作電位，而Ca^{2+}便會利用此時進入細胞中。

　　動作電位後有再極化(repolarization)，之後它不停留在一固定的靜止膜電位(resting membrane potential)，而是繼續地產生去極化 → 閾值 → 動作電位，此種自發性的去極化的過程，稱為節律點電位(pacemaker potential)。

　　節律點電位若到達閾值便會發生動作電位，這種反應在單一單位平滑肌很常見，如此說來，在單一單位平滑肌細胞中就會有一些節律點(pacemaker)，這些節律點有做各種活動的能力，可帶動整片肌肉收縮；若測量那些非節律點細胞，亦會發現每隔一段時間，便會產生一個動作電位，其所以能發生動作電位是因為節律點細胞藉由間隙接合將電訊號傳至鄰近的細胞。在這些節律點細胞測量到的如圖5-15(a)，而在非節律點細胞測量到的膜電位如圖5-15(b)。

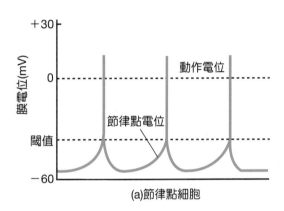

(a)節律點細胞

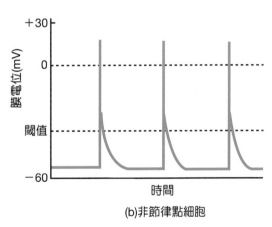

(b)非節律點細胞

圖 5-15　平滑肌的動作電位

5-4　心　肌

一、心肌的構造

心肌(cardiac muscle)是構成心臟的肌肉，心肌和骨骼肌一樣，屬於橫紋肌，但是不一樣的地方為：心肌是「不隨意肌」，受自主神經控制。心肌的特徵有：單核且核位於中央，肌細胞有分支，和相鄰的細胞互相交錯；肌原纖維的排列也不似骨骼肌般的整齊。

心肌細胞在頭尾相接的地方稱為間盤(intercalated disk)，間盤是由間隙接合所構成，而它通常出現在Z線，也就是I帶的中線上。間盤可分為兩部分，其一是橫走的部分(transverse portion)，主要是由胞橋小體所構成；其二是縱走的部分(longitudinal portion)，是由間隙接合構成（圖5-16）。間盤的功能與心肌細胞動作電位的傳導有關，只要有一個心肌細胞興奮動作電位，即可快速傳遞到所有心肌細胞而一起收縮。此種特殊的構造和特性使心肌細胞又稱為合體細胞(syncytium)。

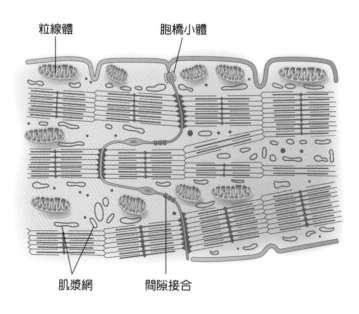

圖 5-16　心肌細胞的結構

二、心肌的收縮機制

心肌的竇房結也就是所謂的節律點(pacemaker)，會自發性發出規律的動作電位來刺激心肌的收縮，動作電位的傳導順序為竇房結、結間心房徑路、房室結、希氏束，最後則是經由浦金奇纖維(Purkinje fiber)散播至整個心壁上。心肌的動作電位不同於骨骼肌的動作電位在於心肌動作電位圖具有高原期，使其收縮的持續時間比其他組織長。高原期產生的原因在於鈣通道打開使鈣離子流入細胞有關。整個心肌動作電位的曲線可分為0、1、2、3、4期，各期參與的離子如圖5-17。

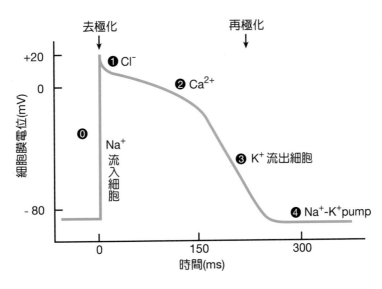

圖 5-17　心肌的動作電位

【 】1. 心肌收縮時，鈣離子的來源為： (A)細胞外液 (B)肌漿網 (C)細胞外液 及肌漿網 (D)以上皆非

【 】2. 心肌動作電位圖中高原期是由於： (A)鈉離子流出細胞內 (B)鉀離子流入 細胞內 (C)鈣離子流入細胞內 (D)氯離子流出細胞內

【 】3. 神經肌肉接合點所釋出的神經傳導物質為： (A)乙醯膽鹼 (B)正腎上腺素 (C)腎上腺素 (D) GABA

【 】4. 當肌肉收縮時，哪個構造會變窄、縮短？ (A) A帶 (B)肌小節 (C)粗肌絲 (D)細肌絲

【 】5. 自主神經系統控制何種肌肉？ ①心肌 ②平滑肌 ③骨骼肌。 (A) ③② (B) ②① (C) ③① (D) ③

【 】6. 肌腱的組成由內到外依序為： ①肌外膜 ②肌內膜 ③肌束膜。 (A) ①②③ (B) ②③① (C) ③②① (D) ①③②

【 】7. 下列何者不屬於細肌絲的成分？ (A)肌動蛋白 (B)旋轉素 (C)肌凝蛋白 (D)旋轉肌球素

【 】8. 兩Z線之間的距離稱為： (A)肌小節 (B) A帶 (C) I帶 (D) H區

【 】9. 骨骼肌之三合體位於： (A) Z線 (B) A帶 (C) I帶 (D) A帶與I帶相交處

【 】10. 在等長收縮中，下列何者為是？ (A)肌肉長度維持不變 (B)肌肉張力維持 不變 (C)肌肉長度及張力均改變 (D)骨骼維持不動

【 】11. 骨骼肌之收縮，鈣離子與下列何者結合？ (A)旋轉素T (B)旋轉素I (C)旋 轉素C (D)橫橋

【 】12. 骨骼肌收縮時，鈣離子來自於： (A)橫小管 (B)終池 (C)細胞外液 (D)神 經末梢

【 】13. 有關肌肉疲乏的敘述，何者有誤？ (A)可能為橫橋循環無法再得到ATP的 供應 (B)可能為肌肉細胞失去鈣離子所致 (C)可能由於細胞外鉀離子的堆 積所致 (D)可能由於乳酸的產生所造成

【 】14. 終板電位屬於下列何種電位？ (A)興奮性突觸後電 位 (B)抑制性突觸後電 位 (C)動作電位 (D)接受器電位

【　】15. 骨骼肌收縮時的鈣離子是從哪種鈣通道釋放出來？　(A)肌醇三磷酸受體(IP$_3$ receptor)　(B)雷恩諾鹼受體(ryanodine receptor)　(C)乙醯膽鹼受體　(D)磷酸脂肌醇二磷酸受體(PIP$_2$ receptor)

【　】16. 有關終板電位的敘述，下列何者正確？　(A)是電突觸產生的電位變化　(B)可以是興奮性或抑制性，端視運動神經元釋放何種神經傳遞素而定　(C)與神經元間的突觸電位類似，都是透過麩胺酸打開通道造成　(D)正常情形下會造成動作電位的產生

【　】17. 有關屍僵的敘述，下列何者正確？　(A)人一旦停止呼吸，無法進行有氧呼吸之後就會發生　(B)由於ATP的缺乏，使得肌動蛋白無法與肌凝蛋白分離，而處於收縮狀態　(C)由於電壓依賴性鈣通道持續讓鈣離子流入肌細胞，而讓肌肉處於收縮狀態　(D)屍僵一般在死亡後幾分鐘就會消失

【　】18. 在肌肉收縮與舒張過程中，ATP結合於下列哪一分子？　(A)肌凝蛋白　(B)肌動蛋白　(C)旋轉素　(D)旋轉肌凝素

【　】19. 有關紅肌與白肌的敘述，下列何者正確？　(A)紅肌是無氧肌　(B)紅肌因含有血紅素而得名　(C)紅肌比白肌含更多的粒線體　(D)紅肌纖維一般比白肌纖維粗

【　】20. 下列何者是乙醯膽鹼在骨骼肌細胞上所產生的作用？　(A)極化　(B)再極化　(C)去極化　(D)過極化

【　】21. 下列何者具有產生大量熱的功能？　(A)骨骼　(B)肌肉　(C)循環　(D)神經

【　】22. 下列關於牽張反射(stretch reflex)之敘述，何者正確？　(A)負責調節此反射的中間神經元位於腦幹　(B)肌梭至脊髓之傳入神經為Ib纖維　(C)此反射由中樞傳至肌肉的神經為α運動神經元　(D)此反射之動器(effector)位於肌肉中的肌梭(muscle spindle)

★★ 解答 ★★

1.C	2.C	3.A	4.B	5.B	6.B	7.C	8.A	9.D	10.A
11.C	12.B	13.A	14.A	15.B	16.D	17.B	18.A	19.C	20.C
21.B	22.C								

MEMO

CHAPTER

6

第 **6** 章

感 覺

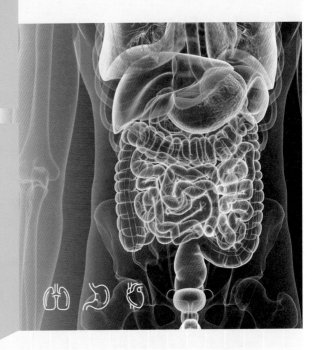

巴奈‧比比 編著

Physiology

　　人體具有各種不同類型的感覺接受器，它們分布在體表及組織內，主要功能是接收來自體外或體內環境的各類訊息，並將訊息轉換成神經衝動再傳至中樞神經系統。感覺接受器讓人體能產生各式各樣的感覺以察覺外在與內在環境的變化情形，並讓身體能針對刺激做出適當的反應。本章將介紹皮膚感覺（觸覺、壓覺、冷覺、熱覺、痛覺）以及特殊感覺（視覺、聽覺、嗅覺、味覺、平衡覺）的生理機制。

6-1　感覺接受器

一、感覺接受器的基本結構

　　感覺接受器(sensory receptors)（圖6-1）由神經元與其周圍的結締組織或細胞組成，神經元的作用是將環境傳來的刺激轉換為神經衝動，例如將機械性刺激轉換為神經衝動的電位訊號；而其周圍的結締組織或細胞，則是將環境傳來的刺激放大，以提高刺激強度。

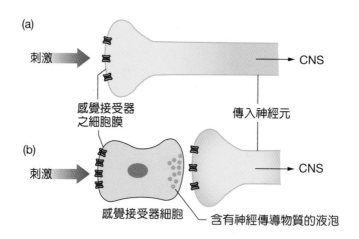

圖 6-1　兩種感覺接受器模式圖。(a) 感覺接受器本身就是傳入神經元，當刺激作用在其末梢時，可以引發神經衝動傳向中樞神經系統；(b) 感覺接受器由一個可接受刺激的細胞與一個傳入神經元構成，刺激促使該細胞釋放神經傳導物質，引起神經元產生神經衝動

二、感覺接受器的分類

感覺接受器可分成五種（表6-1）。

表 6-1　**感覺接受器的分類**

種　類	接受器名稱
機械性接受器 (mechanoreceptor)	
觸覺接受器	游離神經末梢 (free nerve ending)
	梅克爾氏盤 (Merkel's disc)
	洛弗尼氏神經末梢 (Ruffini's ending)
	梅斯納氏小體 (Meissner's corpuscles)
	克勞塞氏小體 (Krause's corpuscles)
深層組織感覺接受器	游離神經末梢 (free nerve ending)
	洛弗尼氏神經末梢 (Ruffini's ending)
	巴氏小體 (Pacinian corpuscles)
	高基氏肌腱器 (Golgi tendon organs)
	肌梭 (muscle spindle)
聽覺接受器	耳蝸內的柯氏器 (organ of Corti)
平衡覺	前庭器官
動脈血壓	頸動脈竇之壓力接受器
	主動脈弓之壓力接受器
溫覺接受器 (thermoreceptor)	
冷覺	游離神經末梢 (free nerve ending)
熱覺	游離神經末梢 (free nerve ending)
光接受器 (photoreceptor)	
視覺	桿細胞 (rod cell)
	錐細胞 (cone cell)
傷害接受器 (nociceptor)	
痛覺	游離神經末梢 (free nerve ending)
化學接受器 (chemoreceptor)	
味覺	味蕾內特化之上皮細胞
嗅覺	嗅覺黏膜上的嗅覺神經元
動脈血氧含量	主動脈體與頸動脈體的化學接受器
血漿滲透壓	下視丘的上視核與旁視核內的滲透壓接受器
血中二氧化碳含量	主動脈體與頸動脈體的化學接受器
	延腦內的化學接受器

6-2　視覺

一、眼球的構造

　　人類透過眼睛可以察覺外在環境、物體的形狀、顏色與遠近等相關訊息。眼球相當於照相機的構造（圖6-2），光線由角膜(cornea)進入眼球，通過瞳孔(pupil)抵達水晶體(lens)，瞳孔的作用如同光圈，能夠調整進入眼球的光線量，水晶體則可以將光線折射並且使其聚焦在視網膜(retina)上。

　　懸韌帶(suspensory ligament)連結水晶體與睫狀體(ciliary body)，睫狀體往眼球後方延伸形成眼球最外層的鞏膜(sclera)。以水晶體為界可將眼球內部分成前房與後房兩個腔室。虹膜(iris)與角膜之間的腔室為前房(anterior chamber)，而後房(posterior chamber)則介於虹膜與水晶體之間。在後房有睫狀體，這個構造可以分泌房水(aqueous humor)，以提供營養給角膜與水晶體。後房內的房水會經由瞳孔流向前房，最後被前房內的許氏管(Schlemm canal)引流至靜脈（圖6-3），若是許氏管出現阻塞的情形時，就會導致房水鬱積，使眼內壓力升高，而形成青光眼(glaucoma)。例如在急性眼睛發炎時，就可能因為白血球和組織碎屑阻塞許氏管而發生眼內壓力異常升高。這種情形若不處理將會使視網膜退化，嚴重者將導致失明。

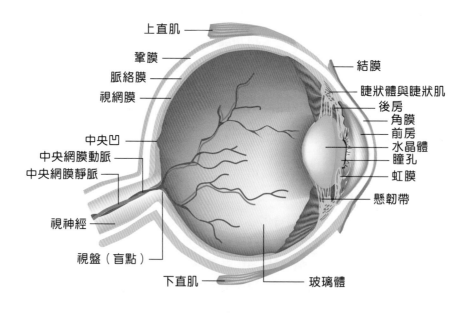

圖 6-2　眼球的內部構造

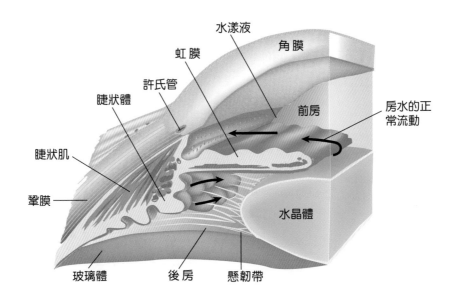

圖 6-3　房水的分泌及循環路徑。房水由後房的睫狀體分泌，經由瞳孔流至前房，再由前房的許氏管引流回靜脈系統

　　水晶體後方是玻璃體(vitreous body)，裡面充滿玻璃液(vitreous humor)，玻璃液是一種由醣蛋白分子所構成的膠狀物質，能給予眼球支持以防止坍塌。光線在通過玻璃體後，便投射在視網膜上。視網膜上分布著許多感光細胞，感光細胞是一種光接受器，當其受到光線刺激後，會將光線刺激轉換成神經衝動，並使其經由視神經傳往大腦。視神經由盲點(blind spot)離開眼球，此處沒有感光細胞，因此不能產生影像。視網膜上有一個特殊的區域稱做中央小凹(central fovea)，此處只具有錐細胞（一種感光細胞），由於錐細胞對強光刺激的反應較好，因此當身處在光線充足的地方時，中央小凹是對光線刺激最敏銳的區域。

二、眼睛的調節作用

（一）水晶體的調節

　　調整水晶體的曲度可以使光線精準地聚焦在視網膜，以產生清晰的影像，這種能力稱作調適作用(accommodation)。水晶體與睫狀體之間以懸韌帶相連，在睫狀體內有呈環狀排列的睫狀肌(ciliary muscle)，水晶體的曲度就由睫狀肌的收縮與放鬆做調節。當睫狀肌收縮時，懸韌帶會呈現鬆弛狀態，造成水晶體變凸、曲度變大，可看清楚近

距離的物體；反之，睫狀肌放鬆時，懸韌帶會呈現緊繃狀態，將水晶體拉扁，曲度因而變小，所以能夠看清遠方物體（圖6-4）。

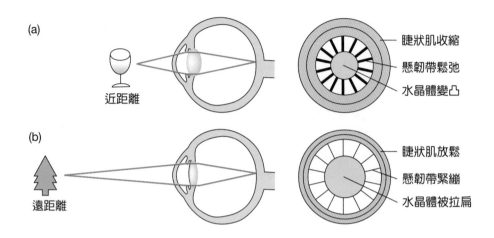

圖 6-4　水晶體曲度的調節。(a) 睫狀肌收縮時懸韌帶會放鬆，間接讓水晶體形狀變得較凸，曲度較大，適合看近側物體；(b) 睫狀肌放鬆時會使懸韌帶緊繃，此時水晶體呈扁平狀態，適合看遠方物體

（二）瞳孔的調節

瞳孔的大小受到自主神經的控制。弱光使交感神經興奮時，造成輻射狀肌(radial muscle)收縮而讓瞳孔放大；而強光使副交感神經興奮時，環狀肌(circular muscle)收縮則造成瞳孔縮小（圖6-5）。

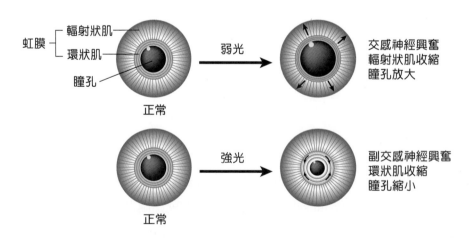

圖 6-5　瞳孔大小的調節

（三）眼睛調節能力異常

　　年齡一旦超過45歲，視力將明顯退化，主要原因在於老化讓水晶體的蛋白質變質，使得水晶體彈性逐漸變差，因此無法進行良好的調適作用，而形成老花眼(presbyopia)。

　　光線若是無法正確聚焦在視網膜上，會形成許多問題，如近視、遠視與散光等。近視眼(myopia)是由於眼軸過長，導致遠方物體發出的平行光線聚焦在視網膜前方，而無法看到遠方清晰的影像。近視眼的情形可以利用雙凹透鏡做矯正。

　　遠視眼(hyperopia)的形成原因則與近視眼相反，由於眼軸過短而造成遠方物平行光束還未聚焦就已經抵達視網膜，這種折光力不足的情形可運用雙凸透鏡矯正之。

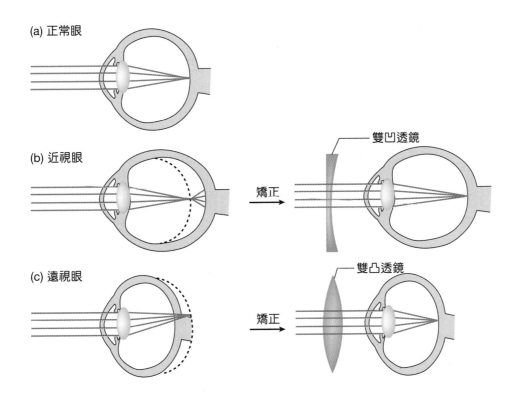

圖 6-6　眼睛調節能力異常時的改善方式。(a) 正常眼可將平行光線經折射聚焦在視網膜上；(b) 近視眼因眼軸過長，使得光線聚焦在視網膜前方，經配戴雙凹鏡矯正後，能使光線正確聚焦於視網膜上；(c) 遠視眼因眼軸過短，光線聚焦在視網膜後方，可以配戴雙凸透鏡來矯正

當折光表面不平滑（曲度不完全對稱），會使部分光線折射角度不一致，並使光線落在視網膜的不同位置，造成看物體不清楚或有變形現象，這就是所謂的散光(astigmatism)，這種表面不平滑的情形較常發生在角膜。可藉由配戴圓柱面透鏡來彌補水晶體的不對稱性（圖6-6）。

三、眼睛的感光功能

光線必須正確落在視網膜上才能產生影像，但仍須有適當的光接受器將光刺激轉換為神經衝動（電位訊號），並傳入大腦的視覺中樞，才能真正地意識到所見到的影像。

（一）視網膜的感光系統

視網膜有許多細胞，包括感光細胞(photoreceptor)、水平細胞(horizontal cell)、雙極細胞(bipolar cell)、無軸突細胞(amacrine cell)、神經節細胞(ganglion cell)。視網膜由外而內依序分成四層（圖6-7），最外層是色素上皮細胞，這層細胞含有黑色素可以吸收光線以防止光線在眼球內反射，讓影像可以在視網膜上清晰地成像。往內分別是感光細胞層、雙極細胞層與神經節細胞層。感光細胞有兩種：桿細胞(rod cells)與錐細胞(cone cells)，在構造上兩者都具有外節(outer segment)與內節(inner segment)兩部分，差異只在外節的形狀不相同，桿細胞呈圓柱型，而錐細胞為圓錐形（圖6-7）。外節是由細胞膜往內摺疊而成，其細胞膜上分布有感光色素，桿細胞的感光色素是桿視紫質(rhodopsin)，錐細胞則為錐視紫質(iodopsin)。這兩種感光色素的結構和功能詳見表6-2。

感光細胞能夠接受光線的刺激，並將之轉換為電衝動。視網膜上的細胞排列成數層，光線須先穿過這些細胞後，才能刺激感光細胞（圖6-7）。感光細胞受到光線刺激後，會進行一連串的反應並產生神經衝動，神經衝動先傳至雙極細胞，隨後雙極細胞再傳往神經節細胞。眾多神經節細胞的軸突匯集形成視神經，視神經由盲點離開眼球，將神經衝動傳往大腦視覺皮質以進行解釋。

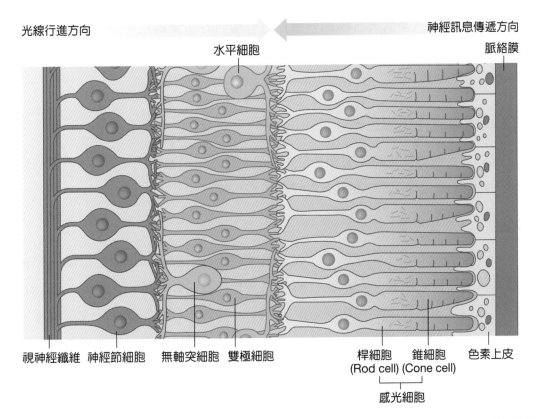

光線行進方向　　　　　　　　　　　　　　　　　神經訊息傳遞方向

水平細胞　　　　　　　　　　　　　　　脈絡膜

視神經纖維　神經節細胞　　無軸突細胞　雙極細胞　　　　桿細胞　　錐細胞　　色素上皮
　　　　　　　　　　　　　　　　　　　　　　　(Rod cell) (Cone cell)

感光細胞

圖 6-7　視網膜各層的細胞組成。光線必須穿過數層的神經細胞，才能到達光感受器所在位置，並給予刺激

表 6-2　**桿細胞與錐細胞的差異**

感光細胞	光的敏感性	分布區域	彩色視覺
桿細胞	較高，能感受昏暗環境下較弱光線的刺激	視網膜的周邊區域	不具有
錐細胞	較差，需較強光線刺激下才有反應	中央小凹	有

　　每個神經節細胞可以接受的視野範圍稱為感受範圍(receptive field)，不同部位的神經節細胞可接受之感受範圍並不相同，在中央小凹的神經節細胞只接受一個感光細胞傳來的訊息，感光範圍較小，而在中央小凹周圍的神經節細胞接受的感光範圍比較大。受到刺激的神經節細胞會興奮，但是在其周圍未被刺激的神經節細胞反而會被抑制，這種現象稱為側邊抑制現象。側邊抑制現象的作用是提高視覺的敏銳度。

　　除了縱向的細胞聯繫外，視網膜還存在有橫向的聯繫網路。水平細胞與無軸突細胞可以進行橫向的訊息傳遞，水平細胞主要調節感光細胞與雙極細胞之間的突觸活動，無軸突細胞則負責調節雙極細胞與神經節細胞之間的突觸活動。

（二）視網膜的光化學反應

　　光線刺激如何轉換為神經衝動？主要關鍵在於感光細胞的感光色素。在受到光線刺激後，會產生光化學反應以便將光能轉換成電訊號。

◎ 桿細胞的光化學反應

　　桿細胞主要分布在中央小凹兩側以及眼球邊緣，它對光的敏感度很高，能在微弱光線下辨識物體的輪廓（表6-2）。桿細胞具有桿視紫質，可吸收波長約500 nm的光線。桿視紫質由視質(opsin)與視黃醛(retinene)構成，桿視紫質在暗光環境下呈現紫紅色，當桿視紫質吸收光線後，其蛋白質構形產生變化，桿視紫質內的順－11式視黃醛(11-cis-retinene)會轉變為反式視黃醛(all-trans-retinene)並與視質分離，同時活化許多G蛋白〔也稱作傳導素(transducin)〕，G蛋白又立即活化磷酸雙酯酶(phosphodiesterase)，磷酸雙酯酶可使cGMP (cyclic guanosine monophosphate)水解為GMP。細胞內cGMP濃度下降將使桿細胞外節細胞膜上的鈉離子通道關閉（圖6-8）。

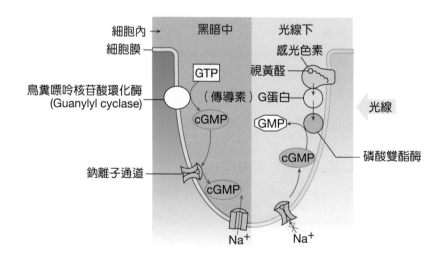

圖 6-8　光感受器內進行的光傳導作用。視黃醛位在感光色素裡，當光線被感光色素吸收後，會使視黃醛結構轉變，進而活化 G 蛋白（傳導素），使磷酸雙酯酶活化，將 cGMP 水解成 GMP，這將使鈉離子通道關閉

　　在黑暗環境下，cGMP濃度增加，使外節細胞膜上的鈉離子通道持續開啟，讓由內節唧出的鈉離子通過，所以會有一股鈉離子內流形成的暗電流(dark current)，使細胞膜呈現去極化的狀態。光線刺激後，cGMP濃度下降使鈉離子通道關閉，鈉離子內流量減少，造成感光細胞膜處於過極化狀態。過極化狀態讓感光細胞膜減少釋放抑制性神經傳導物質去抑制雙極細胞，於是神經節細胞被興奮。這時桿視紫質會轉變成白色，我們稱這個過程為褪色反應(bleaching reaction)。

◎ 光適應與暗適應

　　當我們由明亮處進入一個黑暗的房間時，剛開始會伸手不見五指，過了一段時間後，就能夠逐漸看清楚四周的景象。這是由於在黑暗中桿視紫質合成量超過被分解量，因此桿視紫質的濃度比較高，造成感光細胞對光線的敏感度增加，這種現象稱為暗適應(dark adaptation)。

　　相反地，由黑暗處進入明亮的環境時，最初眼睛只感覺一陣強光，但卻看不清楚四周的景象，過一會兒才逐漸恢復視覺，這種現象就是光適應(light adaptation)。光適應是由於桿視紫質在強光下迅速被分解，因此在強光突然刺激下，只能感覺一陣亮光，視覺能恢復乃是因為錐細胞在明亮的環境下進行感光作用的結果。

　　桿視紫質分解過程中，有部分視黃醛被消耗掉，血液中的維生素A能夠補充之。若是人體處於缺乏維生素A的情形下，將影響到桿視紫質的合成，阻礙桿細胞光化學反應的正常運作，而無法在黑暗環境裡看見周遭的事物，這就是造成夜盲症(night blindness)的原因，只要適當補充維生素A就能夠改善。

◎ 錐細胞與彩色視覺

　　在光線充足的環境下，桿細胞會因褪色反應而無法感光，這時就由錐細胞取代其功能。錐細胞有三種形式，分別為藍錐細胞、綠錐細胞與紅錐細胞，其吸收光譜波長分別約是445 nm、535 nm及579 nm。三種錐細胞分別具有不同的感光色素，任何一種波長的可見光刺激下，會使三種感光色素產生不同的褪色程度，因此錐細胞可以提供彩色視覺與良好的視覺敏銳度，大腦會依據各個錐細胞被刺激後產生興奮的比例去整合出色彩的感覺。

若是某人錐細胞發生缺損的情形，會有辨色能力的障礙。色盲(color blindness)是一種錐細胞缺乏的病症，例如當缺少紅錐細胞或綠錐細胞時，就會形成紅綠色盲(red-green color blindness)，色盲是一種性聯遺傳，當女性X染色體上帶有不正常的基因，若是這名女性生下男孩，就有機會形成色盲。女孩通常因為另一個X染色體正常，所以不會有色盲。這種基因缺陷都是由母親傳給兒子，這是由於男性的X染色體都來自母親，一旦X染色體上基因不正常就會造成色盲。若是某種錐細胞數目不足，則會造成辨色能力減弱，這種情況稱為色弱(color weakness)。

（三）視覺傳導途徑

視神經是所有神經節細胞軸突聚集而成的，且經由盲點離開眼球。兩眼顳側視野的訊息經由一半的神經纖維投射到同一側的視丘，來自鼻側視野的訊息則由另一半神經纖維先形成視交叉(optic chiasm)後再傳到對側視丘。視丘內的外側膝狀核(lateral geniculate nucleus)隨後再投射神經纖維到枕葉的視覺皮質（為Brodmann第17區），視覺皮質是負責解釋視覺的區域。

大部分的視覺訊息由以上的路徑傳入大腦，但是約有20~30%的訊息是傳向中腦的上丘(superior colliculus)。上丘的功能則與促進眼球運動與身體動作之間的協調有關。

6-3　聽覺與平衡覺

一、耳的構造與功能

耳朵是人體內負責接收聽覺與平衡覺的器官，它的構造分成三部分，由外往內依序為外耳、中耳以及內耳（圖6-9）。

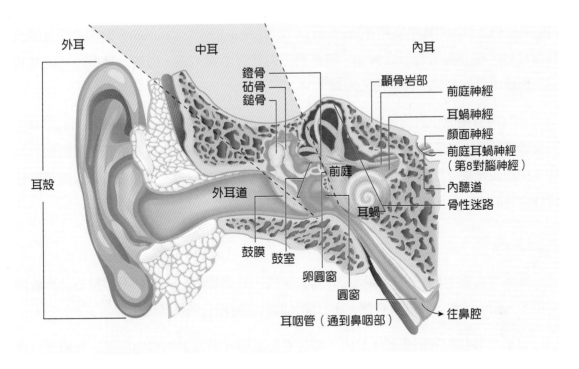

外耳　　　中耳　　　　　　　　　　　　　內耳

鐙骨
砧骨
鎚骨

顳骨岩部

前庭神經

耳蝸神經

顏面神經

前庭耳蝸神經
（第8對腦神經）

內聽道

骨性迷路

耳殼

外耳道

前庭

耳蝸

鼓膜　鼓室

卵圓窗

圓窗

耳咽管（通到鼻咽部）

往鼻腔

圖 6-9 耳朵的構造。圖內標示外耳、中耳、內耳的分界與構造

（一）外耳

外耳包括耳殼(auricle)、外耳道(external acostic meatus)與鼓膜(tympanic membrane)。耳殼由彈性軟骨構成，其特殊之結構有助於收集聲波。聲波經由外耳道傳入內部，在通道末端有一橢圓形的鼓膜，可被聲波振動。在鼓膜上有一個較鬆弛的區域，附著有鎚骨柄。當鼓膜被聲波振動時，同時會造成鎚骨柄的擺動，藉由這種方式聲波可透過鼓膜轉換成機械能。

（二）中耳

中耳又稱作鼓室(tympanic cavity)，它是顳骨中充滿空氣的空間，它的功能主要是將聲波振動傳遞至內耳的淋巴液。中耳內有耳咽管(auditory tube)，耳咽管連通中耳與鼻腔，在一般狀況下，耳咽管靠近鼻咽部的開口處呈現閉合狀態，當人在吞嚥、打哈欠或打噴嚏時會打開，以平衡鼓膜兩側的壓力。中耳內有三塊聽小骨(auditory ossicles)，由外向內依序為鎚骨(malleus)、砧骨(incus)與鐙骨(stapes)。鎚骨連接鼓膜內面與砧骨，砧骨與鐙骨形成關節，鐙骨底則與卵圓窗膜相連。鼓膜一旦振動，就能藉由三塊聽小骨將振動的能量傳入內耳。

中耳內有兩塊小肌肉可以減緩聽小骨的運動，鼓膜張肌(tensor tympanic muscle)由三叉神經支配，它附著在鎚骨上，當鼓膜張肌收縮時可將鎚骨向內拉而使鼓膜張力增加；由顏面神經支配的鐙骨肌(stapedius muscle)，附著在鐙骨上，當聲音過大時可將鐙骨往中耳的方向拉，以減低聲音強度，避免鼓膜受損。

（三）內耳

內耳位於顳骨內，由耳蝸與前庭器官構成，耳蝸能將聲音的刺激轉換為神經衝動並傳至大腦；前庭器官則與身體平衡有關（關於前庭器官將於後文中詳述）。

耳蝸的形狀如同蝸牛殼，是由一條骨質的通道繞著耳蝸軸蜷曲而成。耳蝸可分成基底部(basal turn)、中間部(middle turn)與尖部(apical turn)。將耳蝸剖開可見到三個腔室，上面是前庭階(scala vestibuli)，下方為鼓階(scala tympani)，夾在中間的是耳蝸管(cochlear duct)（圖6-10）。前庭階與鼓階屬於骨性迷路(bony labyrinth)，裡面含有外淋巴液(perilymph)，兩個腔室彼此是相通的，其相通處在耳蝸尖部的蝸孔(helicotrema)。耳蝸管是屬於膜性迷路(membranous labyrinth)，它為一個盲管，裡面充滿著內淋巴液(endolymph)，耳蝸管內有聽覺接受器（又稱柯氏器）。耳蝸管與前庭階之間隔著一層前庭膜，相似地，耳蝸管與鼓階之間也由基底膜分隔開來（圖6-11(a)）。

在耳蝸與中耳之間有兩個開口，卵圓窗是前庭階通往中耳的開口，圓窗則位在鼓階通往中耳的開口處。卵圓窗與鐙骨相接，而圓窗則是被一層膜所覆蓋。前面提到前庭階與鼓階彼此是相通的，因此當鐙骨往卵圓窗移動時，也會使圓窗的膜跟著移動，進而產生外淋巴液的壓力波。壓力波能間接造成耳蝸管內的內淋巴液產生波動，而刺激其內的聽覺接受器。

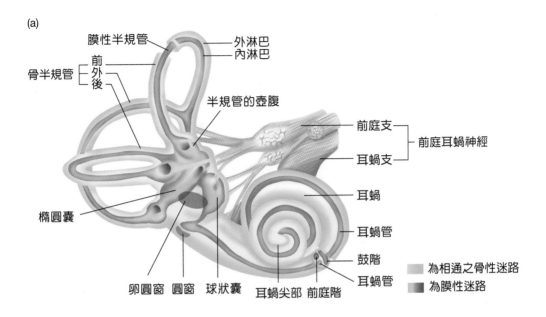

(a)

膜性半規管　　外淋巴
　　　　　　　　內淋巴
骨半規管　前
　　　　　外
　　　　　後
半規管的壺腹
前庭支
前庭耳蝸神經
耳蝸支
耳蝸
耳蝸管
鼓階
耳蝸管
為相通之骨性迷路
為膜性迷路
橢圓囊
卵圓窗　圓窗　球狀囊　耳蝸尖部　前庭階

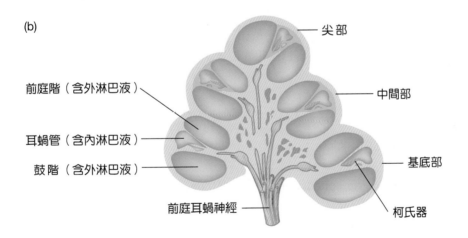

(b)

尖部
前庭階（含外淋巴液）
中間部
耳蝸管（含內淋巴液）
鼓階（含外淋巴液）
基底部
前庭耳蝸神經
柯氏器

圖 6-10　內耳的構造

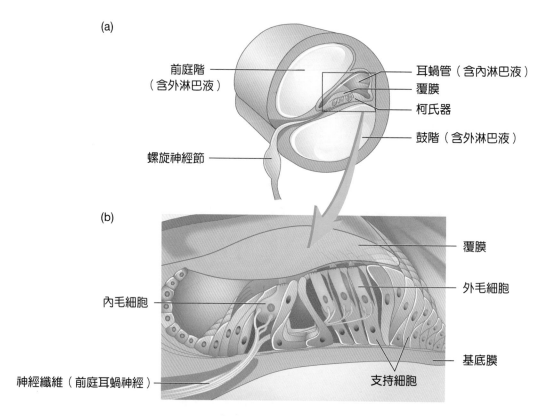

(a)

前庭階
（含外淋巴液）

螺旋神經節

耳蝸管（含內淋巴液）

覆膜

柯氏器

鼓階（含外淋巴液）

(b)

內毛細胞

神經纖維（前庭耳蝸神經）

覆膜

外毛細胞

基底膜

支持細胞

圖 6-11　(a) 柯氏器在耳蝸的相對位置；(b) 柯氏器的詳細構造圖

二、聽覺生理

（一）聲音傳入內耳的途徑

聲音可經由空氣傳導(air conduction)與骨傳導(bone conduction)兩種方式傳入內耳。

聲波經外耳道傳入耳朵，並造成鼓膜振動。振動波會藉由三塊聽小骨傳到卵圓窗，再引起耳蝸內的外淋巴液產生波動，波動同時也使基底膜產生振動，這種方式就是空氣傳導，是聲音傳入內耳的主要途徑。而聽小骨受損或是鼓膜破損的人能否聽到聲音呢？中耳內充滿著空氣，當鼓膜振動時也會使中耳內的空氣隨之振動，空氣振動間接使圓窗上的彈性膜振動，造成鼓階內的外淋巴液波動。這種傳導方式的聽覺敏感性較差，但卻對缺損者而言卻是格外重要的。

聲波亦可經由骨頭傳送。聲波能引起顱骨的振動，透過耳蝸骨壁的振動使其內的內淋巴液波動。正常狀況下，骨傳導對聲音的產生貢獻並不顯著。

聽覺障礙　　　　　　　　　　　　　　　　　　　　　　　　　　　Physiology

　　檢查病人的空氣傳導與骨傳導的情形，對於診斷聽覺障礙的病因十分有幫助。一旦鼓膜破損或中耳發生病變時，通過外耳或中耳的聲波傳入途徑將被受阻，這種情形我們稱之為傳導性耳聾(conduction deafness)，此時病人患側耳朵的骨傳導將比健側更加敏銳。若是耳蝸病變或耳蝸神經受損時，將使病人的聽覺喪失且不論何種傳導方式都難以引起聽覺的產生，這種病症稱為神經性耳聾(nerve deafness)。

（二）聽覺接受器的轉換作用

　　耳蝸內具有聽覺接受器可將聲波轉換成神經衝動，聽覺接受器也稱作柯氏器(organ of Corti)或螺旋器官(spiral organ)。聽覺接受器位於基底膜上，並由耳蝸的底部一直延伸到尖部。聽覺接受器由內毛細胞(inner hair cell)、外毛細胞(outer hair cell)及支持細胞(supporting cell)組成。毛細胞頂端有纖毛，纖毛尖端盡沒入覆膜(tectorial membrane)內。毛細胞下方是基底膜，在基底膜內可見到由耳蝸神經節(cochlear ganglion)（也稱螺旋神經節(spiral ganglion)）所發出的神經軸突（圖6-11(b)）。

　　當聲音傳入內耳，造成前庭階與鼓階的外淋巴液波動，進而使耳蝸管的內淋巴液隨之波動，引起基底膜的振動。基底膜振動時，將使覆膜與基底膜之間發生交錯的移動，這會引起毛細胞頂端的纖毛彎曲而驅使毛細胞細胞膜上的鉀離子通道打開，造成鉀離子大量流入細胞，因而產生去極化現象（毛細胞興奮）。同時，毛細胞會釋出神經傳導物質使其下方的神經纖維產生動作電位。

（三）聲音強度與頻率的分析

　　聲音的強度與神經纖維放電頻率成正比。當音量越大，基底膜產生的振動也越大，使毛細胞纖毛彎曲程度變大。毛細胞會釋放更多的神經傳導物質，使神經纖維放電頻率增加，因此對聲音產生的感受越強。聲音的強度以分貝(dB)作為單位，若長期處在60分貝以上的聲音刺激下，很容易讓聽力受損。

　　聲音有不同的頻率，不同音頻的聲音引起基底膜產生最大共振的位置不同，這種現象與基底膜的物理性質有關。基底部的基底膜共振頻率較高，而尖部基底膜的共振頻率較低。高音頻的聲波產生最大共振的位置靠近耳蝸基底部，低音頻的聲波最大共振出現在耳蝸尖部。大腦藉由區別聽覺訊息的發源處，來判斷聲音的音頻。

人類耳朵能接受的聲音頻率介於20~20,000赫茲(Hz)，對於頻率在1,000~3,000 Hz 的聲音最為敏感，隨著年齡的增加，人耳對於高音的刺激會逐漸失去敏感性。

（四）聽覺傳導路徑

毛細胞將聲波的機械能量轉換成神經衝動的電位訊號，並釋出神經傳導物質刺激下方的神經纖維產生動作電位。眾多的神經纖維匯集形成前庭耳蝸神經(vestibulcochlear nerve)，將聽覺訊息傳往位在延腦內的耳蝸核(cochlear nucleus)，這是哺乳動物的第一級聽覺中樞。隨後耳蝸核的神經元會將訊息傳到中腦的下丘(inferior colliculus)，下丘的神經元再將訊息投射至視丘內之內側膝狀核(medial geniculate nucleus)，而後傳入顳葉的聽覺皮質(auditory cortex)，也稱Brodmann第41、42區。

三、平衡覺

維持身體平衡是很複雜的生理過程，這必須整合來自眼睛、本體感覺器官以及內耳前庭的各種感覺訊息後，才能順利完成。

（一）前庭器官內的毛細胞

前庭器官包括橢圓囊(utriculus)、球狀囊(sacculus)與半規管(semicircular canals)，這些前庭器官內都具有毛細胞（圖6-12），大致上構造與功能都相似。毛細胞的頂端分布著許多纖毛，其中有一條纖毛最長且位在一側的最邊緣，這條纖毛特稱為動纖毛(kinocilium)，其他的纖毛則稱作靜纖毛(stereocilia)；靜纖毛長短不一，最長的緊臨著動纖毛，距離動纖毛越遠的則越短。

毛細胞的底部分布著前庭神經的感覺纖維，當毛細胞頂端纖毛彎曲時可引發毛細胞電位改變。靜纖毛彎曲的方向與毛細胞膜電位變化息息相關。靜纖毛往動纖毛那側彎曲時，毛細胞的膜電位發生去極化現象，進而興奮毛細胞下方的感覺神經纖維，神經衝動的頻率會增加；反之，靜纖毛若往反方向彎曲，則引發過極化而抑制感覺神經纖維，造成神經衝動的頻率減少。大腦藉由接收感覺神經傳來的衝動頻率，就能夠得知身體在空間所處的位置與運動的情況。

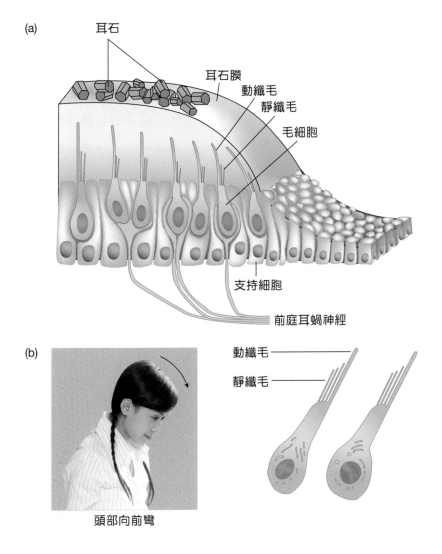

圖 6-12　前庭器官。(a) 聽斑的構造；(b) 頭部移動時，耳石膜因慣性作用而移動，使毛細胞彎曲並發生膜電位變化

（二）橢圓囊與球狀囊的功能

橢圓囊與球狀囊的壁上有一個特殊的構造－聽斑(macula)，聽斑表面有一層耳石膜(otolithic membrane)，耳石膜就覆蓋在毛細胞上方。耳石膜上包埋一些碳酸鈣的結晶，這些結晶體稱為耳石(otoliths)（圖6-12），耳石的密度比內淋巴液大，能夠增加耳石膜的重量使其具有慣性作用。當人站立時，橢圓囊的聽斑平面平行於地面，毛細胞頂部

朝上；球狀囊的聽斑平面垂直於地面，毛細胞的縱軸則與地面平行。毛細胞的這種排列方式有助於感受直線加速的變化，包括水平及垂直方向的速度變化。

當汽車啟動時，我們能夠察覺到變化，這是因為身體突然的向前移動產生了直線加速度的變化，使橢圓囊的耳石膜因慣性作用往後移動。耳石膜移動會造成毛細胞纖毛彎曲，毛細胞發生膜電位變化，訊息傳入大腦後就可產生往後倒的感覺，這時候人體自然會將身體前傾以維持平衡。

（三）半規管的功能

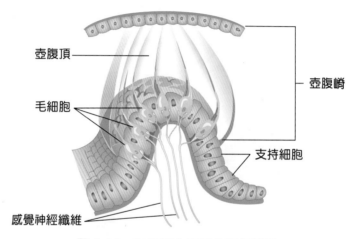

圖 6-13 半規管內壺腹的詳細構造

內耳中有三個半規管，彼此相互垂直，分別代表著三個平面。半規管與橢圓囊相接處會有個膨大的區域稱為壺腹(ampulla)（圖6-10）。壺腹中有一特殊的隆起構造稱為壺腹嵴(crista ampulla)，它的長軸與半規管所在的平面相垂直。壺腹嵴分布有毛細胞，在其頂端亦覆蓋有一層膠狀物質的膜，稱為壺腹頂(cupula)，它的密度亦比內淋巴液高。位在壺腹的毛細胞纖毛比較長，彼此會集結成束，並包埋在壺腹頂，而在毛細胞下方同樣有感覺神經纖維分布，以接收毛細胞傳來之訊息（圖6-13）。

半規管主要是感受角加速度（旋轉加速度）的變化，例如當人直立時，頭部做左右旋轉的動作時，主要是刺激位在水平方向半規管內的毛細胞。當頭部向右邊旋轉時，半規管內的內淋巴液因慣性作用而流向左側，導致壺腹頂往左側擺動，同時下方的毛細胞也跟著擺向左側，造成毛細胞興奮並引發感覺神經纖維產生動作電位。人腦

藉由比較分析兩側半規管傳來的神經衝動，並判斷頭部旋轉的方向。人體有三種不同平面的半規管，因此能夠察覺不同方向頭部旋轉的變化情形。

（四）平衡覺的神經傳導路徑

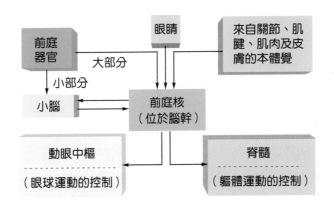

圖 6-14　平衡覺的神經傳導路徑

　　半規管傳到大腦的訊息只是平衡覺的一部分，本體感覺與視覺對維持平衡同樣重要而不可缺少。頸部關節內有本體感受器，能將頭部與身體的相對位置之訊息傳給大腦。視覺則讓我們辨認周遭物體的直立狀態，以瞭解目前身體的位置。結合以上的訊息，大腦經分析後就能判斷身體在空間的位置與運動狀態並維持身體之平衡。

　　大部分內耳接收的平衡覺經由前庭神經傳入位在延腦與橋腦交界處的前庭核(vestibular nucleus)，少部分訊息直接傳到小腦。前庭核會將訊息傳往動眼中樞與脊髓，以調節身體與眼球運動的平衡（圖6-14）。

（五）眼球震顫

　　人在旋轉時，壺腹內的毛細胞會因內淋巴液的波動而擺動。若是持續旋轉下去，內淋巴液將失去慣性，而壺腹嵴會恢復成直立狀態。此時一旦停止旋轉，內淋巴液會產生很大的慣性，這將使壺腹嵴的毛細胞再度彎曲，並傳送旋轉的訊息至大腦。在此情況之下，人會感到天旋地轉甚至暈眩的感覺。眼球在此刻會不由自主的擺盪，也就是眼球會向身體旋轉的方向慢慢移動，然後又突然地回到中線的位置，這種現象就稱之為眼球震顫(nystagmus)。

6-4 嗅覺

嗅覺對人類並非是維繫生命所必需的生理功能，但是若是失去嗅覺，那麼生活品質將大受影響，尤其當發生火災或是毒氣外洩時，可能因為聞不到異常的氣味而錯失逃命的良機。

一、嗅覺器官

嗅覺上皮由嗅覺接受器細胞(olfactory receptor cells)、支持細胞(supporting cells)以及基底細胞(basal cells)構成（圖6-15）。支持細胞為柱狀上皮細胞，其細胞頂端具有微絨毛(microvilli)。支持細胞分布在嗅覺接受器細胞的周圍，可以提供支持作用。

基底細胞分布在嗅覺上皮底部，屬於一種未分化的幹細胞(undifferentiated stem cell)。基底細胞可以分化為嗅覺接受器細胞以替補之，因此嗅覺接受器細胞是神經系統內少數可以不斷再生的神經元。

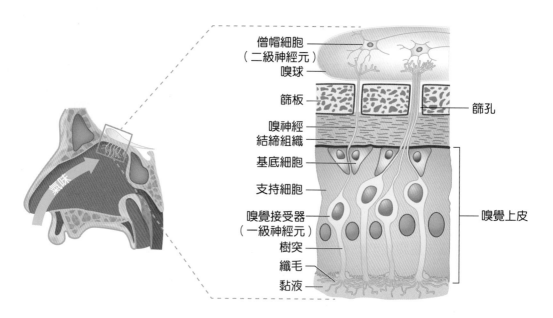

圖 6-15 嗅覺上皮與嗅覺接受器。嗅覺上皮位在鼻腔頂端，由嗅覺接受器細胞、支持細胞與基底細胞構成，而嗅覺接受器即是一級傳入神經元，其軸突會穿過篩板至嗅球內，並與其內的僧帽細胞（二級神經元）形成突觸，隨後，二級神經元的軸突會匯集成嗅徑並且傳至大腦

　　嗅覺接受器細胞屬於一級傳入神經元(primary afferent neuron)，形狀上屬於雙極神經元，一端的樹突伸向鼻腔，末端會膨大形成嗅泡(olfactory vesicle)，嗅泡上有數條平行於嗅覺上皮的纖毛；另一端的軸突不含髓鞘，數條軸突匯集形成嗅神經，穿過篩板(cribriform plate)後進入嗅球(olfactory bulb)，與僧帽細胞（mitral cell；為二級嗅覺神經元）形成突觸，僧帽細胞再將訊息傳入嗅覺中樞。所有的感覺訊息神經傳導路徑，只有嗅覺不經過視丘，而是直接傳入大腦。嗅神經經常因篩板骨折而斷裂，一旦嗅神經斷裂後，嗅覺將會喪失，臨床上頭部外傷的病患常會有這個後遺症。

二、嗅覺的生理機制

　　空氣中存有眾多的分子，這些分子溶入嗅黏膜的黏液裡，經黏液擴散而與嗅覺接受器細胞膜上的接受器結合。兩者一旦結合後，接受器會活化G蛋白，G蛋白再活化腺苷酸環化酶(adenylyl cyclase)，腺苷酸環化酶將ATP轉換為cAMP，當細胞內cAMP濃度增加，將使膜上的鈉離子通道打開，導致Na^+流入細胞內而引發去極化反應，形成接受器電位。接受器電位累積到閾值時，嗅神經的軸丘部位會產生去極化，引發動作電位的形成，並將電位訊息傳入嗅球。

三、嗅覺的神經傳導路徑

　　嗅覺接受器細胞是一級傳入神經元，它的軸突穿過篩板的篩孔而進入前顱腔的嗅球內，在此與僧帽細胞的頂樹突(apical dendrite)形成突觸。一個僧帽細胞大約可以接收1,000個嗅覺接受器細胞的軸突，這些突觸的集合體稱為絲球體(glomeruli)。嗅球內還有顆粒細胞(granule cells)，這是一種抑制型中間神經元，它也會與相鄰的僧帽細胞形成樹突－樹突突觸，其主要的作用在提供側邊抑制(lateral inhibition)，就是當某個僧帽細胞被興奮後，在其周圍的僧帽細胞會被顆粒細胞抑制，如此可以使傳到中樞神經系統的嗅覺訊息更為清晰。

　　僧帽細胞是二級傳入神經元，其軸突集合形成嗅徑(olfactory tract)將嗅覺的神經衝動投射到大腦的嗅覺皮質，以產生嗅覺感。嗅球也與前腦許多區域有廣泛的聯繫，如內側顳葉、杏仁核與海馬回，因此使得人在聞到特殊氣味時，常會引起與情緒相關的記憶。

6-5 味 覺

一、味覺器官

味蕾是味覺接受器(taste receptor)，分布範圍包括舌頭、顎部、咽喉部。味蕾的細胞組成與嗅覺上皮類似，有支持細胞、基底細胞與味覺接受器細胞(taste receptor cell)。味覺接受器細胞屬於化學接受器，其細胞頂端具有微絨毛，可伸出味蕾孔而與外界物質接觸（圖6-16）。微絨毛可增加與物質接觸的表面積。與嗅覺系統不同的是嗅覺細

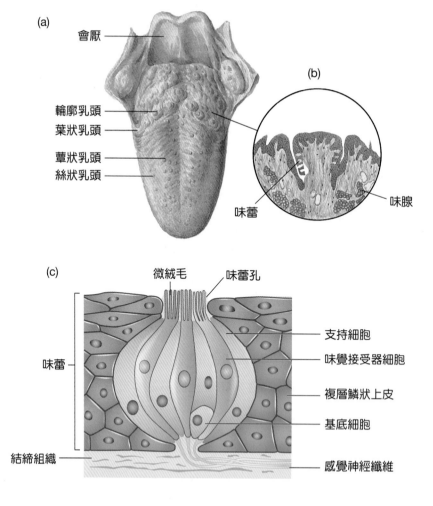

圖6-16 舌頭表面不同舌乳頭的分布與味蕾的構造。(a)舌頭表面的舌乳頭；(b)舌乳頭的放大圖；(c)味蕾的詳細構造圖

胞是一級神經元，而味覺接受器細胞不是神經元。味覺接受器細胞是特化的上皮細胞，能將化學刺激轉換成電位訊號。

支持細胞位在味覺接受器細胞的四周給予支持，也由於它的支撐而使味蕾的外觀呈現圓形。基底細胞為未分化的幹細胞，它是味覺接受器之先驅細胞，可分化為味覺接受器細胞以替換脫落的細胞。

二、味覺的生理機制

味覺刺激的種類分為酸(sour)、甜(sweet)、苦(bitter)、鹹(salty)，舌頭接受四種味覺刺激的區域不同。對苦味刺激敏感的區域在舌根，舌頭兩側對酸較敏感，舌尖則能感受甜與鹹。舌乳頭的分布也依照區域來劃分，輪廓乳頭(circumvallate papillae)排列成倒V字形分布在舌根，它的體型最大且每一個輪廓乳頭都具有味蕾。絲狀乳頭(filiform papillae)分布在舌頭前側2/3的區域，特殊的是它不具有味蕾。舌尖與舌頭兩側則有蕈狀乳頭(fungiform papillae)，大部分的蕈狀乳頭都有味蕾（圖6-16）。

味覺接受器細胞對四種味覺刺激各有不同的方式將化學刺激轉換為電位刺激，苦味與甜味產生的方式雷同，苦味與甜味分子都會與味覺接受器細胞膜上的接受器結合，經G蛋白而活化不同的訊息傳導路徑。苦味是經由IP_3/Ca^{2+}這個訊息傳導路徑使得神經傳導物質由味覺接受器細胞釋出，甜味則是使cAMP增加而間接讓鉀離子通道關閉，引發味覺接受器細胞膜產生去極化反應而釋放神經傳導物質。酸味是H^+直接由離子通道進入味覺接受器細胞，造成細胞膜上的鉀離子通道關閉，而使細胞膜產生去極化反應。鹹味是Na^+進入味覺接受器細胞，直接造成去極化反應。

除了以上四種味覺之外，最近研究顯示，人的舌頭還能對鮮味(umami)產生反應，這是由麩胺酸刺激所造成的結果，食物中添加味精能讓我們覺得食物嚐起來味道更鮮美，原因就在味精中含有麩胺酸鈉(monosodium glutamate)。

三、味覺的神經傳導路徑

味覺刺激是經由不同的神經傳遞，舌頭後方1/3的區域產生的訊息由第九對腦神經－舌咽神經(glossopharyngeal nerve)傳遞；舌頭前2/3則由第七對顏面神經(facial nerve)傳遞。神經會傳入延腦內的孤立核(solitary nucleus)並與二級神經元形成突觸，二級神經元再投射到視丘，三級神經元再投射到味覺皮質(taste cortex)。

6-6 皮膚感覺

皮膚感覺(cutaneous senses)又稱一般感覺，包含觸覺、壓覺、震動覺、溫度覺、痛覺等，全身的皮膚皆有皮膚感覺接受器分布其中（圖6-17）。

一、觸壓覺

觸壓覺(tactile and pressure sensation)是指位於皮膚或皮下組織的機械性接受器受到輕微的觸碰或是較大的壓力所引起的感覺。

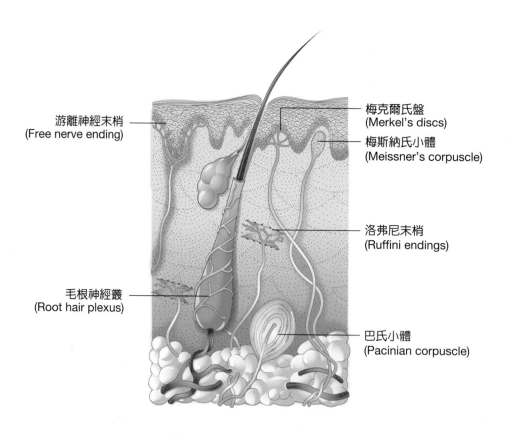

游離神經末梢
(Free nerve ending)

毛根神經叢
(Root hair plexus)

梅克爾氏盤
(Merkel's discs)

梅斯納氏小體
(Meissner's corpuscle)

洛弗尼末梢
(Ruffini endings)

巴氏小體
(Pacinian corpuscle)

圖 6-17　各種皮膚感覺接受器

一般而言，負責粗略觸覺(crude touch)和精細觸覺(fine touch)的接受器較靠近皮膚淺層，例如：梅克爾氏盤、梅斯納氏小體、游離神經末梢等。位於表皮底層的梅克爾氏盤具有對感覺分辨能力較差、但適應性較低的特性，因此可長時間感受外在環境變化，並持續提供觸覺有關的訊息。而真皮乳頭層的梅斯納氏小體則負責分辨觸覺細微變化以提供精細觸覺的感受，但由於其適應性較快，故常忽略持續性的觸覺刺激。

壓覺(pressure)是一種特化的觸覺，較重的壓力所產生的觸覺即會被感覺為壓覺，壓覺的接受器通常會位於皮膚較深層或皮下組織等位置，例如：游離神經末梢、洛弗尼氏神經末梢（位於真皮內並可負責持續感受壓覺刺激）與巴齊尼氏小體（位於皮下組織內）等。

震動覺(vibration)也是觸覺的特化型式，快速震盪的壓力刺激（例如：電動按摩器）或是在短時間內經驗多次觸碰之感覺的總合（例如：碰觸音叉）皆可產生震動的感覺。包含巴齊尼氏小體（可偵測高頻的震動感，250 Hz）、梅斯納氏小體（可偵測低頻率的震動感，40 Hz）及毛根叢(40 Hz)在內的多種觸壓覺接受器由於具有不同的適應速率，因此可偵測不同頻率的震動刺激。

二、溫度覺

溫度覺(thermal sensation)乃指皮膚與刺激物之間的溫度差所產生的感覺。人體之溫度接受器分布於皮膚、骨骼肌、肝臟和下視丘等位置，其中又以皮膚中的溫度接受器數量較多。皮膚的溫度接受器可分為溫覺接受器(warmth receptor)與冷覺接受器(cold receptor)兩種，此兩類的溫度接受器雖然在結構上都屬於游離神經末梢型的接受器，但是溫覺接受器主要是對30~46℃的溫度較敏感，而冷覺接受器則對17~30℃之間的溫度較敏感。

三、痛覺

痛覺(pain)是經由痛覺接受器(nociceptor)受到強烈的刺激而形成的，痛覺接受器常位於皮膚較淺層的部位，也屬於游離神經末梢型的接受器。許多種刺激方式都能引起疼痛感，如極端的溫度差、機械性刺激、化學物質刺激等。

尖銳的刺痛感又稱快痛 (fast pain)，由有髓鞘的 Aδ 纖維傳遞，Aδ 纖維具有可快速的將痛覺訊息傳達至中樞引發反射或投射到大腦感覺皮質的特性（傳導速度約 6~30 m/sec），這也就是為何當腳踩到釘子時會馬上感到疼痛的原因。持續性的鈍痛或灼熱痛則由 C 纖維傳遞，由於 C 纖維不具有髓鞘、傳導速度又較慢（約 0.5~2 m/sec），因此所傳遞的痛覺又可稱為慢痛 (slow pain)。

痛覺接受器不會有適應現象（或適應性非常慢），因此若引起疼痛的刺激持續存在，人體就會不斷感到疼痛感，這項特性的重要性在於能使我們察覺造成組織受損傷的刺激源是否仍存在。

四、皮膚感覺的神經傳導路徑

不同的皮膚感覺接受器接受到刺激後，可能分別經由包含脊髓視丘徑 (spinothalamic tracts)、背柱－內側蹄系途徑(dorsal column-medial lemniscus pathway) 及三叉神經視丘徑(trigeminothalamic tract)在內的多條神經傳導路徑將動作電位往上傳導，但不管是何種皮膚感覺，在傳遞對側大腦皮質的體感覺區前（大腦接受的是來自對側的皮膚感覺），皆須經過至少由三個神經元所組成的傳導路徑，以下即針對負責傳遞皮膚感覺的神經元之分級、位置與其功能作簡單的介紹：

1. 第一級神經元(first-order neuron)：又稱感覺神經元，其細胞本體位於脊神經的背根神經節或中腦的三叉神經節(trigeminal ganlgia)，而其神經元軸突則會向中央傳遞，並與第二級神經元形成突觸，將皮膚感覺訊息上傳給第二級神經元。

2. 第二級神經元(second-order neuron)：又稱聯絡神經元，其神經元細胞本體位於脊髓後角或腦幹，軸突則負責將感覺訊息繼續沿脊髓視丘徑、背柱－內側蹄系途徑〔包括薄束(gracilis tract)及楔狀束(cuneatus tract)〕或三叉神經視丘徑繼續上傳到視丘，並與第三級神經元形成突觸。

3. 第三級神經元(third-order neuron)：其細胞本體位於視丘，負責將感覺訊息傳入大腦中央後回的體感覺區。

【　】1. 下列哪一種結構具有調節眼球焦距的能力？　(A)角膜　(B)虹彩　(C)水晶體　(D)玻璃體

【　】2. 光線刺激桿細胞時，會引起下列何種變化？　(A) cGMP濃度增加，細胞膜上Na^+通道開啟　(B) cGMP濃度增加，細胞膜上Na^+通道關閉　(C) cGMP濃度降低，細胞膜上Na^+通道開啟　(D) cGMP濃度降低，細胞膜上Na^+通道關閉

【　】3. 形成老花眼最主要的原因為：　(A)視網膜退化　(B)水晶體彈性變小　(C)眼球前後徑變長　(D)眼球前後徑變短

【　】4. 若視交叉(optic chiasm)完全受到病灶所破壞，此種情況將造成下列何種現象？　(A)兩眼全盲　(B)兩眼顳側偏盲　(C)兩眼鼻側偏盲　(D)無明顯影響

【　】5. 有關眼睛調適作用(accommodation)之敘述，下列何者錯誤？　(A)發生於凝視遠物時　(B)睫狀肌收縮　(C)懸韌帶放鬆　(D)水晶體之屈光度增加

【　】6. 下列何者為主司聽覺之位置？　(A)顳葉　(B)額葉　(C)頂葉　(D)枕葉

【　】7. 聲波的接受器（柯氏器，organ of Corti）是位於：　(A)基底膜(basilar memhrane)　(B)覆膜(tectorial membrane)　(C)耳迷路之球囊(saccule)　(D)橢圓囊(utricle)的壁上

【　】8. 下列何者為聽覺接受器的所在位置？　(A)半規管(semicircular canals)　(B)耳蝸(cochlea)　(C)球囊(saccule)　(D)橢圓囊(utricle)

【　】9. 下列何者與身體感知旋轉加速度的功能有關？　(A)耳蝸　(B)球囊　(C)橢圓囊　(D)半規管

【　】10. 下列何者與身體感知水平直線加速的功能有關？　(A)耳蝸　(B)球囊　(C)橢圓囊　(D)半規管

【　】11. 一般所謂的「眼睛顏色」是由何處黑色素的量所決定？　(A)脈絡膜　(B)視網膜　(C)虹膜　(D)結膜

【　】12. 有關舌頭的敘述，下列何者錯誤？　(A)味蕾也存在於舌頭以外的區域
　　　(B)舌上的每個舌乳頭未必皆有味蕾　(C)舌下神經並不支配所有舌外在肌
　　　(D)舌下神經並不支配所有舌內在肌

【　】13. 腳踩到釘子引起疼痛。關於此痛覺傳遞途徑的敘述，何者錯誤？　(A)此痛
　　　覺傳入之神經纖維由背根進入脊髓　(B)其初級傳入神經屬於多極神經元
　　　(C) P物質(substance P)是其神經傳入脊髓後角，與後角神經元突觸連接的神
　　　經傳遞物質之一　(D)其傳導途徑經過對側之丘腦

【　】14. 耳咽管連通下列哪兩個部位，以平衡鼓膜內外氣壓？　(A)鼻咽、內耳
　　　(B)鼻咽、中耳　(C)口咽、內耳　(D)口咽、中耳

【　】15. 動態平衡感受器「嵴」(crista)位於內耳的：　(A)球囊　(B)橢圓囊　(C)耳蝸
　　　管　(D)半規管

【　】16. 舌頭表面的哪一種乳頭分布廣泛，且具有味蕾？　(A)絲狀乳頭　(B)蕈狀乳
　　　頭　(C)輪廓狀乳頭　(D)葉狀乳頭

【　】17. 舌頭表面的何種乳頭會角質化，嚴重時會出現舌苔的現象？　(A)絲狀乳頭
　　　(B)蕈狀乳頭　(C)輪廓狀乳頭　(D)葉狀乳頭

【　】18. 下列何種特殊感覺產生的接受器電位主要為過極化作用？　(A)視覺　(B)聽
　　　覺　(C)嗅覺　(D)味覺

【　】19. 人體聽覺系統的內耳毛細胞受刺激時會去極化而興奮起來，這主要是由於下
　　　列何種離子流入所引起？　(A) Na^+　(B) K^+　(C) Ca^{2+}　(D) Mg^{2+}

【　】20. 下列何者不屬於特殊感覺？　(A)嗅覺　(B)視覺　(C)聽覺　(D)痛覺

【　】21. 下列何者是由於水晶體硬化，而導致焦距調節功能變化？　(A)老花眼
　　　(B)近視眼　(C)遠視眼　(D)散光

【　】22. 下列何者是眺望遠處時眼睛產生調節焦距的作用機轉？　(A)交感神經興
　　　奮，睫狀肌鬆弛　(B)懸韌帶鬆弛，水晶體變薄　(C)懸韌帶拉緊，水晶體變
　　　厚　(D)副交感神經興奮，睫狀肌收縮

【　】23. 光線通過下列何種眼球構造時，不會產生折射作用？　(A)瞳孔　(B)水晶體
　　　(C)角膜　(D)房水

【 】24. 影像之形成是在眼球何處？ (A)結膜 (B)角膜 (C)脈絡膜 (D)視網膜

【 】25. 下列神經，何者不參與味覺的傳導？ (A)迷走神經 (B)顏面神經 (C)舌下神經 (D)舌咽神經

【 】26. 下列何者支配會厭部位的味覺？ (A)三叉神經 (B)顏面神經 (C)舌咽神經 (D)迷走神經

【 】27. 下列何神經傳送舌前2/3味覺至腦幹？ (A)舌下神經 (B)顏面神經 (C)三叉神經 (D)舌咽神經

·········· ★★ 解答 ★★ ··········

1.C	2.D	3.B	4.B	5.A	6.A	7.A	8.B	9.D	10.C
11.C	12.D	13.B	14.B	15.D	16.B	17.A	18.A	19.B	20.D
21.A	22.A	23.A	24.D	25.C	26.D	27.B			

 M E M O

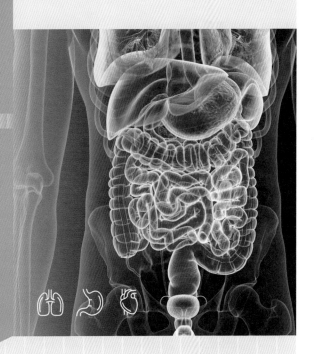

CHAPTER

第 **7** 章

血液系統

唐善美 編著

大綱

Physiology

　　血液運輸的內容物包含營養物質（葡萄糖、胺基酸、脂肪酸、甘油、維生素、礦物質等）、抗體、氧氣及帶離身體組織細胞之廢物等功能。藉由「心臟」—人體循環的幫浦，將人體所需之營養物質藉由血液分別送至器官使用，以及將人體組織細胞所代償後的廢物由血液中帶離，並經由皮膚、腎臟或腸胃道等器官排泄。

　　血液系統所具之功能有下列三大項：

1. **運輸(transportion)**：協助呼吸系統將肺泡氧合後的氧氣，送至全身組織細胞中，並將組織細胞代謝後的二氧化碳攜帶至呼吸道呼出。

2. **保護(protection)**：當血管受傷時，凝血機制可發揮止血功效；當細菌外侵及組織細胞發炎時，白血球及單核球可進行吞噬作用等。

3. **調節(regulation)**：血液將內分泌腺體所分泌之激素攜帶至標的細胞或器官，發揮其激素的作用，血液並可調節體溫。

7-1　血液的組成

　　人體血液約占全身體重的7.7~8%（或1/12~1/13），一位成人男性約5~6公升，女性約4~5公升的血液，其血液滲透壓為286~296 mOsm/L，pH值為7.35~7.45，血液的黏滯性約為水的3.5~6倍。其他血中成分及正異常值見表7-1。

　　血液的成分分成兩部分（圖7-1），一是細胞部分稱為「**構成元素**(formed elements)」，占45%，包含有具有氧氣運輸功能的紅血球、能發揮殺菌及免疫功能的白血球、能協助血液凝固作用的血小板，其血球的演化過程皆源自幹細胞（圖7-2）；二是血液的液體部分稱為**血漿**(plasma)，占55%，包括水分、蛋白質（白蛋白、球蛋白及纖維蛋白）及其他溶質等。

表 7-1　常見血中物質及正常範圍參考值

血中物質名稱	正常範圍（參考值）
電解質	
鉀	3.5~5.0 mEq/L（危險值：< 2.5 或 > 6.5）
鈉	135~145 mEq/L（危險值：< 120 或 > 160）
重碳酸鹽	22~28 mEq/L
鈣	2.1~2.6 mmole/L 或 8.4~10.2 mg%（危險值：<6.5 或 >13）
氯	100~106 mmol/L
鎂	0.75~1.25 mmole/L 或 1.6~2.6 mg%
有機物質	
葡萄糖	70~110 mg/100 ml
膽固醇	120~220 mg/100 ml
低密度脂蛋白膽固醇 (LDL-C)	< 130 mg/100 ml
高密度脂蛋白膽固醇 (HDL-C)	≧ 50 mg/100 ml
三酸甘油酯	40~150 mg/100 ml
尿素氮	8~25 mg/100 ml
尿酸	3~7 mg/100 ml
乳酸	0.6~1.8 mmol/L
蛋白質	6.0~8.4 gm/100 ml
酶	
肌酸磷酸肌酶 (CPK)	女性 10~79 U/L；男性 17~148 U/L
乳酸去氫酶 (LDH)	40~90 U/L
酸性磷酸酶	女性 0.01~0.56 Sigma U/ml 男性 0.13~0.63 Sigma U/ml
鹼性磷酸酶	30~95 U/L
澱粉酶	30~125 U/L
腫瘤標誌	
癌胚胎抗原 (CEA)	< 5 ng/ml
α 胎兒蛋白 (AFP)	< 20 ng/ml
前列腺專一性抗原 (PSA)	< 4 ng/ml

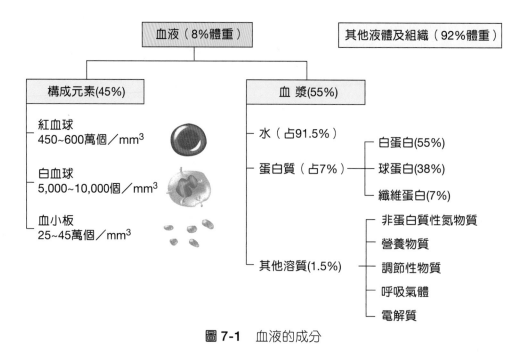

圖 7-1　血液的成分

一、構成元素

　　血液中的構成元素(formed elements)為紅血球(erythrocyte; red blood cell, RBC)、白血球(leukocyte; white blood cell, WBC)及血小板(platelete, PLT)等成分，其演化過程見圖7-2。紅血球因含有血紅素(hemoglobin, Hb)，故呈現紅色，白血球及血小板皆呈現透明的，依各種血球的不同，一般血液檢查之正常值如下（表7-2），並逐一介紹血中的各種血球特性及功能。

（一）紅血球 (Red Blood Cell, RBC)

　　血液中的紅血球(erythrocytes)細胞為**雙凹圓盤狀**，直徑約為7 mm，男性約550~600萬／mm^3，女性約450~550萬／mm^3（表7-3）。**紅血球由紅骨髓製造，生命週期約80~120天，衰老的紅血球由肝、脾臟及骨髓的巨噬細胞破壞。**

　　紅血球中的主要成分為血紅素(hemoglobin, Hb)，主要功能是攜帶氧氣至人體組織細胞，血紅素含量男性較女性為多，男性約14~17 gm/100 ml，女性約12~16 gm/100 ml。每一個成熟的血紅素是由血基質(heme)及血球素(globin)所組成，因血基質內含鐵色素，故與血液顏色的形成有關，而血球素是多胜肽蛋白質。球蛋白有四種胜肽

鏈（α、β、γ、δ），正常成人一個血紅素分子有4條多胜肽鏈（即2條α－多胜肽鏈及2條β－多胜肽鏈所結合），此型態為主要形式，一般正常成人占最多的為HbA型式，各有一個血基質群附著，內各含一個鐵色素，為氧分子結合的部位，每一個鐵色素與一個氧分子結合攜帶氧氣，於適當時機釋放氧氣給組織細胞運用。

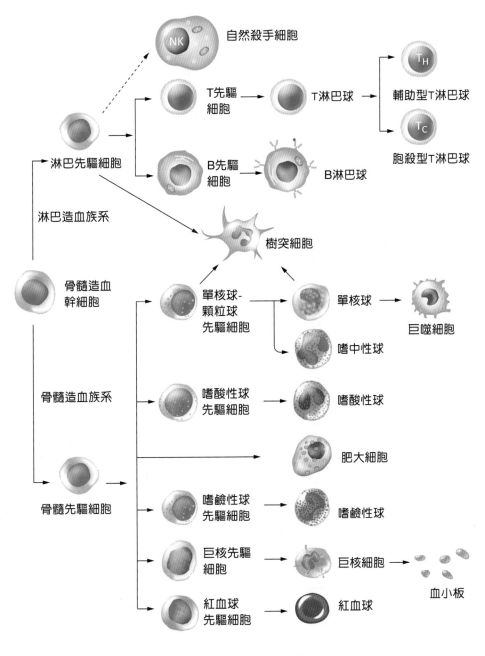

圖 7-2　各種血球演化過程

表 7-2 一般血液檢查

檢驗項目	正常值
紅血球計數 (RBC)	男性 550~600 萬／mm^3；女性 450~550 萬／mm^3
血紅素 (Hb)	男性 14~17 gm/100 ml；女性 12~16 gm/100 ml
白血球計數 (WBC)	4,000~10,000 mm^3
嗜中性球	占白血球的 50~70%
嗜酸性球	占白血球的 0.5~5%
嗜鹼性球	＜ 1%
淋巴球	占白血球的 20~40%
單核球	3~8%
血小板計數	20~40 萬／mm^3
網狀紅血球計數	絕對值：2.4~8.4 萬／mm^3
紅血球沉降速率 (ESR)	Westergren 法：男性 0~15 mm／小時，女性 0~20 mm／小時
出血時間	Duke 法：1~3 分鐘；IVY 法：0.5~6 分鐘
凝血時間	玻片法：2~5 分鐘；試管法：4~12 分鐘

表 7-3 血球特性及功能

血球名稱	正常數目	存活時間	特性與功能
紅血球	400~600 萬／mm^3	100~120 天	(1)雙凹圓盤狀，無核，含有血紅素 (2)運輸氧氣和二氧化碳
白血球	5,000~10,000/mm^3	數小時至數天	(1)約紅血球的兩倍大，細胞質有顆粒存在 (2)是第一道防線，可產生過氧陰離子，可以殺菌，幫助防禦對抗微生物感染
血小板	25~45 萬／mm^3	5~9 天	(1)不規則狀，無細胞核，直徑約為 2~4 μm (2)由巨核細胞破裂形成，為細胞質的碎片 (3)促進凝血，提供血管保護

　　一公克的血紅素可攜帶**1.34 ml**的氧氣，故100 ml的血液有血紅素15公克（即15 gm/100 ml），可攜帶氧氣約為**20.1毫升**。一旦血紅素低於正常值則出現貧血現象（表7-4），致血液中氧氣攜帶能力下降，會出現疲累、皮膚黏膜及嘴唇蒼白等症狀。一般而言，引發貧血的情形包括：(1)飲食中缺乏鐵質、維生素B_{12}或葉酸等；(2)化學毒物或

代謝物、癌症等，使骨髓無法正常製造血球；(3)血液自身體中流失，造成血容積的不足；(4)紅血球破壞過多，如地中海型貧血、鐮刀型貧血等溶血性貧血；(5)腎臟發生病變，無法製造足夠的紅血球生成素等因素。

　　常見貧血的型態為缺乏血紅素中的**鐵**色素所致的缺鐵性貧血(iron deficiency anemia)、因缺乏**維生素B**$_{12}$所致的惡性貧血(pernicious)，以及因**骨髓受破壞**所致再生不良性貧血(aplastic anemia)等，則須依不同的病變因素給予治療及矯正（表7-5）。

表 7-4　根據血紅素減低的程度可將貧血分為四級

貧血程度	血紅素濃度
輕度貧血	血紅蛋白小於 11 gm/100 ml
中度貧血	血紅蛋白小於 9 gm/100 ml
重度貧血	血紅蛋白小於 6 gm/100 ml
極重度貧血	血紅蛋白小於 3 gm/100 ml

表 7-5　常見貧血之特性及治療

特性　　類型	缺鐵性貧血	惡性貧血	再生不良性貧血
別稱	小球性貧血	大球性貧血	骨髓衰竭性貧血
病變因素	缺乏血紅素中的鐵	缺乏維生素 B$_{12}$	骨髓受破壞或抑制
血球特性	血球小、淺血色素	血球大、深血色素	血球不成熟
治療	口服或注射鐵劑	終生注射維生素 B$_{12}$	骨髓移植

（二）白血球 (White Blood Cell, WBC)

　　當組織細胞受損或細菌感染侵襲時，白血球會像**變形蟲**般移動，再穿過微血管壁的小洞到達感染的區域，白血球移出微血管壁之外的現象稱為**血球滲出**(dispedesis)，以進行吞噬細菌等動作，是抵抗微生物侵入的第一道防線。依白血球之細胞質中是否帶有顆粒又可分為兩類，一是含有顆粒的顆粒球(granulocytes)，又稱為多核球(polymorphonuclear graunlocytes)；二是不含有顆粒的，稱為非顆粒性球(agranulocytes)（表7-6）。

◎ 顆粒球

嗜中性球為白血球中數目最多的血球，約占血液中白血球的50~70%，較紅血球體積大，直徑約10~12 μm，生命週期約數小時至數天。由於它們的細胞核形狀奇特，多葉且成串，因此亦稱為多形核嗜中性球。嗜中性球具有**對抗急性細菌感染**之功能，可行變形蟲運動，當微生物入侵人體後，會引發趨化作用，嗜中性球細胞會趨向炎症部位，以進行吞噬細菌。

當白血球總數或嗜中性球增高時，可能為細菌性感染，特別是化膿性細菌感染，如膿腫、敗血症、化膿性闌尾炎、膿胸、大葉性肺炎；或身體處於應急狀態時，例如急性出血、手術、組織損傷、燒傷，以及某些白血病、轉移性癌症等疾病。當白血球總數或嗜中性球減少，可能是某些桿菌、病毒及原蟲的感染，如傷寒、瘧疾、流行性感染、麻疹、病毒性肝炎；或再生不良性貧血、脾臟功能亢進或某些藥物的副作用，如保泰松、阿斯匹林、氯黴素及化學治療藥物使用後等情形。

嗜酸性球因細胞質含有顆粒，且以酸性伊紅染料染呈紅色，故又稱為嗜伊紅性球，占白血球總數的0.5~5%，直徑約為10~12 μm，生命週期約數週，亦可進行變形運動，進行吞噬作用。當過敏或某些疾病時，嗜酸性球細胞質顆粒中所含的溶菌酶及過氧化氫，可進行吞噬作用。當嗜酸性球增加時，可能與過敏反應、寄生蟲感染（如旋毛蟲、十二指腸蟲、條蟲等）、慢性多核球性白血病和慢性嗜酸性白血多核球白血病等有關；減少可能是傷寒早期、大手術後、大面積燒傷及嚴重傳染病等有關。

嗜鹼性球之細胞質含有顆粒，以鹼性藍色染料染呈深藍色，是顆粒球中最少的，約占＜1%，直徑約為8~10 μm，嗜鹼性球的細胞質中含有肝素（heparin，是一種抗凝血劑）、組織胺（histamine，可使全身血管擴張、肺血管收縮之作用）及過敏慢反應物質〔slow reacting substance of anaphylaxis (SRS-A)，致過敏反應，如支氣管收縮等〕等物質，當組織細胞受傷發炎或過敏反應時釋出，而使人體呈現過敏不適等症狀，故血中檢驗會呈現嗜鹼性球數目增加，當嗜鹼性球增加時，亦可能與慢性多核球性白血病有關，減少則無臨床意義。

◎ 非顆粒性球

非顆粒性球有兩種：淋巴球(lymphocytes)和單核球(monocytes)。淋巴球是血中數目次多的白血球，占20~40%，直徑約為6~18 µm，生命週期約數天至數年。大多數的淋巴球存在於淋巴組織之中，淋巴球和免疫反應有關，有些淋巴球則會直接攻擊外來入侵者，如細菌或病毒。當淋巴球增加見於急性感染，如百日咳、傳染性單核球增多症、結核病、傳染病恢復期，慢性、急性淋巴球性白血病；減少見於接觸放射線和使用腎上腺皮質激素者。

淋巴球依功能又分為T細胞及B細胞（於第14章淋巴與免疫系統之章節中詳述），T細胞起源於胸腺，負責細胞性免疫(cell-mediated immunity)；B細胞源於淋巴組織（淋巴結、脾臟的培氏斑(Peyer's patch)及扁桃腺等），負責體液性免疫(humoral mediated immunity)，B細胞衍生而成漿細胞(plasma cell)，漿細胞具有製造抗體(antibody)的功能。

單核球在骨髓內由單核母細胞發育而來，是最大的白血球，占3~6%，直徑約為15~20 µm，約紅血球的2~3倍，擁有嗜中性球的「清理」功能，但比嗜中性球活得更長，生命週期約數天至數年。單核球可行變形蟲運動，當到達組織間隙可膨大5~10倍，變成巨噬細胞(macrophage)，可吞噬達100顆細菌，**對抗慢性感染**。當單核球進入發炎組織後，會轉變成巨噬細胞，具有最強的吞噬能力。單核球增加時可能為瘧疾、活動性肺結核、單核球白血病、何杰金氏病；減少時則較不具臨床上意義。

（三）血小板 (Plateletes)

血小板是骨髓中巨核細胞(megakaryocyte)的細胞碎片，無細胞核，故無法行細胞分裂，直徑約2~4 µm，為紅血球的四分之一，每立方公釐血液中約有25萬～45萬個血小板，血小板大約可存活5~9天。血小板與血液凝固有關，老舊的血小板在脾臟及肝臟中被破壞。

表 7-6　白血球的特性及功能

血球名稱	正常數目 （占白血球比例）	特性與功能
顆粒性細胞	75%	
嗜中性球	54~60%	(1) 核分為 2~5 葉，細胞質中的顆粒可以被輕微的染上粉紅色 (2) 變形蟲運動（趨化作用）能力強 (3) 具吞噬細胞的功能，急性感染時，嗜中性球會大量增加
嗜酸性球	1~3%	(1) 核分為 2 葉，細胞質中的顆粒在酸性染劑中染成紅色 (2) 幫助將外來物質解毒，抵抗寄生蟲感染 (3) 與解除過敏反應有關 (4) 與氣喘及猩紅熱等疾病有關
嗜鹼性球	1% 以下	(1) 核分為多葉，細胞質中的顆粒在蘇木素染劑中被染成藍色 (2) 分泌組織胺、血清胺及肝素（是一種抗凝劑） (3) 引發過敏反應（第一型即發型過敏）
非顆粒性細胞	25%	可存活 100~300 天
單核球	3~9%	(1) 比紅血球大 2~3 倍，核的形狀多樣化，有圓形的也有分葉的，體積最大 (2) 轉變成巨噬細胞時，具吞噬細胞的功能 (3) 白血球對抗外來物質的第二道防線，吞噬力強 (4) 與慢性炎症有關 (5) 分泌第一型介白質 (interleukin-1, IL-1) 活化增生輔助型 T 淋巴球及分泌 PGE_2，刺激下視丘使體溫上升
淋巴球	25~33%	(1) 只比紅血球大一點，核幾乎占滿整個細胞 (2) B 淋巴球可轉變為漿細胞，產生抗體，與對抗細菌感染之體液調節免疫有關 (3) T 淋巴球分泌淋巴激素，與對抗病毒、器官移植等細胞調節免疫有關

二、血　漿

血液的液體部分稱為血漿(plasma)，占所有血液的55%，血漿為淡黃色的，由水(90%)、血漿蛋白質(7%)及溶在其中的溶質(3%)等所組成，其中以水分所占比例最高，因此，當人體喪失過多水分時，血液會呈現濃縮現象，此時血液滲透壓上升，甚至影響血中電解質的恆定（詳見第11章體液平衡與調節）。當血液樣本加入抗凝血劑離心後，沉澱在試管底部較重的為凝固血塊(clot)，即屬於血球細胞部分的構成元素，上層是血漿，為淡黃色的液體；若不加入抗凝血劑，在自然的凝固狀態下，最上層的為血清(serum)，不含纖維蛋白原的成分（表7-7）。

血漿蛋白質占血漿的7~9%，可分為**白蛋白**(albumin)、**球蛋白**(globulin)和**纖維蛋白原**(fibrinogen)等三類其功用分述如下。

表 7-7　**血漿及血清之分別**

比較項目	血漿 (Plasma)	血清 (Serum)
獲得方式	加入抗凝血劑	不加入抗凝血劑
處理過程	經由離心後取得	自然凝固
有無纖維蛋白原存在	有	無
全血之成分比	血漿（液體）：55% 血球（固體）：45%	血清：92% 凝血質：8%

（一）白蛋白

白蛋白在血中含量最多，占血漿蛋白質55~60%，正常值3.5~5.0 gm/100 ml，由肝臟製造，常用來評估受檢者的營養狀況、肝臟合成蛋白質的能力、血液中膠體滲透壓的平衡、運輸體內藥物、代謝廢物、毒物、激素等功能有關。白蛋白可將周圍組織液的水分因滲透壓之壓力差，而將水分子吸引到微血管中，以維持血液體積及血壓之恆定；一旦血中白蛋白缺乏，易致組織水腫(edema)，這是因為過多水分聚積在組織細胞之中所引起。

（二）球蛋白

球蛋白占血漿蛋白質38%，又細分為三種：α球蛋白、β球蛋白及γ球蛋白。α球蛋白、β球蛋白由肝臟製造，與運輸血液中的脂質及脂溶性維生素有關，γ球蛋白與淋巴球產生抗體有關。血清中球蛋白的濃度可用來評估身體免疫能力狀態，常在病毒感染時會增加。一般臨床上，以球蛋白及白蛋白在血清中的濃度比，可共同來評估肝臟疾病嚴重程度；球蛋白正常值為1.5~3.7 gm/100 ml，白蛋白／球蛋白比值(A/G ratio)為1.0~2.5。

（三）纖維蛋白原

當血液凝結後約1~2小時留下的液體，稱為血清(serum)，故**血清不含纖維蛋白原**。纖維蛋白原在肝臟合成，凝血機制中是第一凝血因子轉變成不可溶性的纖維蛋白(fibrin)，是構成血塊的主要成分之一。當體內纖維蛋白原缺乏時，會引起嚴重的凝血疾病，如瀰漫性血管內凝血(disseminated intravascular coagulation, DIC)，常見於嚴重創傷或大量出血後發生，大量凝血物質被消耗殆盡，造成凝血及抗凝血的功能失調的結果，致全身血管發生小血塊凝集而栓塞(thrombus)，或因缺乏凝血因子而大量出血不止。

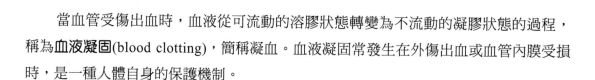

7-2　血液凝固

當血管受傷出血時，血液從可流動的溶膠狀態轉變為不流動的凝膠狀態的過程，稱為**血液凝固**(blood clotting)，簡稱凝血。血液凝固常發生在外傷出血或血管內膜受損時，是一種人體自身的保護機制。

當血管受傷時，會活化一連串生理機制促進止血。止血過程分成三過程，分別是血管痙攣收縮、形成血小板凝塊（即圍繞血小板塊形成血凝塊）及凝血機轉。

一、血管痙攣收縮

當血管受傷時，會刺激交感神經興奮，使血管的平滑肌收縮，且受傷的血管會釋放一種化學物質叫做血清胺，可刺激血管收縮，以降低受傷部位的血流；此時，血小板會附著於暴露組織之膠原蛋白，當血小板附著於膠原纖維時，血小板內含的分泌顆

粒釋出，這些分泌顆粒中含腺苷雙磷酸(ADP)、血清胺和一種前列腺素—凝血脂素A$_2$ (thromboxane A$_2$, TXA$_2$)，這些作用稱為**血小板釋放反應**(platelet release reaction)。在血小板的功能方面，當血管沒有受傷時，血小板是不易吸附在血管內壁的，因血管內皮會產生一種前列腺素的衍生物，稱為前列腺環素(prostacyclin)，可防止血小板附著在血管壁上，故血小板與完整的血管內皮會彼此排斥，並有肝素、胞漿素〔plasmin，又稱纖維蛋白溶解素(fibrinolysin)〕、凝血調節素(thrombomodulin)等物質協助防止正常血管產生不當的凝血，另外，在臨床上尚有檸檬酸鹽(citrate)、肝素、雙香豆素(dicumoral)及阿斯匹林(aspirin)等常用的抗凝血劑，可協助臨床病患抗凝血治療之作用（表7-8）。

表 7-8　協助血管內血液不凝固的物質

種　類	製造細胞	功能或機轉
肝素 (heparin)	肝臟、肥大細胞（巨大細胞）及嗜鹼性球	與抗凝血酶－III (antithrombin-III) 結合，而抑制凝血酶原 (thrombin) 作用
胞漿素 (plasmin)		(1)溶解纖維蛋白及纖維蛋白原轉變為 FDP (2)溶解血塊 (3)具有溶解纖維蛋白之功能
凝血調節素 (thrombomodulin)	血管內皮細胞	促進 C－蛋白形成，其功能有： (1)抑制第 5 及第 8 凝血因子活化 (2)促進胞漿素形成
前列腺環素 (prostacycline)	血管內皮細胞	(1)抑制血小板凝集，防形成血栓 (2)抑制血管收縮
檸檬酸鹽 (citrate)		與第 4 凝血因子 (Ca^{2+}) 結合成不溶性鹽類
雙香豆素 (dicumoral)		對抗維生素 K 依賴因子（第 2、7、9、10 凝血因子）
阿斯匹林 (aspirin)		抑制凝血脂素 A$_2$ (TXA$_2$) 合成

二、形成血小板凝塊（栓子）

　　當第一層血小板釋放反應之後，此時暴露在血小板細胞膜上的磷脂質也開始參與。凝血因子活化血小板釋放出的ADP，形成凝血脂素A$_2$ (TXA$_2$)。TXA$_2$為細胞膜上磷

脂質之代謝物，可促進血小板凝集成血栓，亦可活化血漿中的凝血因子。ADP和TXA$_2$附著於暴露出的膠原纖維，使纖維素產生，並且加強血小板栓塞形成。接著，第二層的血小板進行血小板釋放反應，分泌出ADP和TXA$_2$，使得更多的血小板凝聚在受傷部位，如此在受傷的血管會產生一個血小板栓塞，其可能因血漿凝血因子的活化而加強。

三、凝血機轉

　　凝血機轉分成二途徑及三階段進行介紹（圖7-3），而內在和外在凝血途徑是重疊的，如兩者皆使得凝血酶活化，將纖維蛋白原轉變成為纖維蛋白。

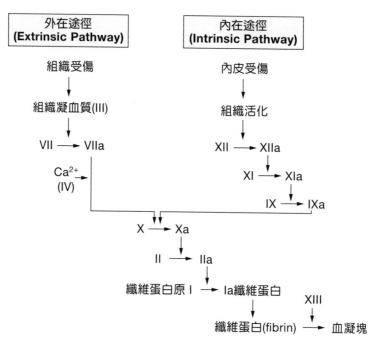

圖 7-3　血液凝固過程

（一）外在途徑

　　外在途徑較內在途徑快，外在途徑指受傷的組織釋放一種化學物質，提供一條捷徑，使纖維蛋白形成，因此，化學物質非血液的成分，由受損的組織及血管釋出組織凝血活素(tissue thromboplastin)來啟動，將第3凝血因子逐步活化為第7凝血因子的過程（III→VII）。

（二）內在途徑

內在途徑指在受傷的血管，當膠原纖維暴露於血漿中，以促進凝血。內在途徑開始於血漿暴露於一個負電荷表面（有如受傷部位的膠原纖維或試管的玻璃管），由受傷管壁暴露膠原纖維蛋白活化血小板啟動，先活化一血漿蛋白質稱為第12因子，再去活化其他的凝血因子，故由第12、11、9、8凝血因子逐步活化過程。注意，其凝血因子是依照它們被發現的順序來編號，非代表它們真正的反應順序。

（三）凝血三階段（正回饋）

藉由12個凝血因子（表7-9）以協助血液的凝固過程（圖7-3），分成三階段來介紹：

1. 第一階段：外在途徑及內在途徑皆活化凝血活素原轉變為凝血活素(thrombo-plastin)，凝血活素為第3凝血因子(III)。

表 7-9　**血中凝血因子之介紹**

因子	名稱	功能	作用路線
I	纖維蛋白原 (fibrinogen)	轉變為纖維蛋白	共同路線
II	凝血酶原 (prothrombin)	酵素	共同路線
III	組織凝血活素 (tissue thromboplastin)	輔因子	外在路線
IV	鈣離子 (calcium, Ca^{2+})	輔因子	共同路線
V	加速素原 (proaccelerin)；前促進蛋白	輔因子	共同路線
VII	轉變素原 (proconvertin)；血清凝血酶原轉換促進蛋白 (serum prothombin conversion accelerator, SPCA)	酵素	外在路線
VIII	抗血友病因子 A (anti-hemophilic factor A)	輔因子	內在路線
IX	聖誕節因子 (Christmas factor)；抗血友病因子 B (anti-hemophilic factor B)	酵素	內在路線
X	Stuart-Prower 因子；Stuart 因子	酵素	共同路線
XI	抗血友病因子 C (anti-hemophilic factor C)；血漿凝血活素的前驅物 (plasma thromboplastin antecedent, PTA)	酵素	內在路線
XII	Hageman 氏因子；玻璃因子 (glass factor)	酵素	內在路線
XIII	纖維蛋白穩定因子 (fibrin stabilizing factor, FSF)	酵素	共同路線

2. 第二階段：凝血酶原轉化為凝血酶(thrombin, II)。

3. 第三階段：纖維蛋白原(fibrinogen)轉變為疏鬆的纖維蛋白(I)，再經由纖維蛋白的穩定因子(XIII)活化為較緊密的纖維蛋白(fibrin)，即所謂的凝血塊。纖維蛋白原是纖維蛋白前驅物，纖維蛋白原平常是溶於血漿之中，當凝血機制被啟動時，纖維蛋白原經由一連串的活化作用，即可轉變成纖維蛋白，各纖維蛋白互相鍵結後，即形成為血塊(clot)。

　　凝血機制的研究，促進了對許多出血性疾病的認識，如血友病A（病人凝血過程非常緩慢，甚至微小的損傷也出血不止）的成因，主要是由於血漿中缺乏第8凝血因子(VIII)，血友病B缺乏第9凝血因子(IX)。又如發現第2、7、9、10凝血因子（II、VII、IX、X）都在肝臟中合成，在它們形成過程中需要維生素K (vitamin K)參與，缺乏維生素K將會出現出血傾向，應補充維生素K以改善凝血不良的症狀。

7-3 　造血作用

　　人體在不同的成長過程中，造血的處所亦有差異。在胚胎時期3~8週，其造血的場所是**卵黃囊**，第8週起至出生的造血主要在肝臟，其次在第5個月起，脾臟亦暫時性協助造血，出生後即由**紅骨髓**取代之，直至成人造血在扁平骨及不規則骨的紅骨髓中，如脊椎骨、肋骨、胸骨、肱骨及股骨的近側骨骺的紅骨髓有造血能力。

　　當缺氧時，會刺激腎臟腎小管旁內皮細胞（占85%）分泌紅血球生成素(erythropoietin)，少部分由肝臟負責分泌。紅血球生成素則刺激紅骨髓製造紅血球，進入循環系統後增加攜帶氧氣之功能（圖7-4）；而老舊的紅血球經脾臟破壞後，由網狀內皮系統所吞噬。正常紅血球內含有維生素B_{12}、鐵(Fe^{2+})、鈷(CO^{2+})、葉酸(folic acid)、胺基酸、內在因子等成分。促進紅血球生成素分泌之因素包括：血紅素下降（如大量失血）、缺氧（PO_2下降）、鈷（維生素

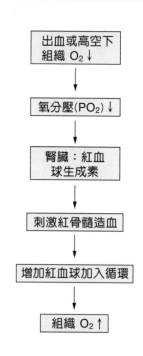

圖 7-4　紅血球的生成過程

B_{12}）、交感神經刺激（β受器）以及雄性素(androgen)、生長激素(GH)、皮質醇(cortisol)等激素。估計每秒約有25萬個紅血球產生來取代持續被脾臟和肝臟破壞的紅血球。在紅血球破壞的過程中，分解出的鐵離子會與運鐵蛋白(transferrin)結合，被回收至紅骨髓中，之後再協助紅血球的生成，球蛋白以胺基酸形式重回血漿中，紫質則還原為膽紅素(bilirubin)，融入肝臟所製造的膽汁中，代謝後再由尿液與糞便中排泄出。

7-4　ABO 系統及輸血反應

　　血型(blood type)的決定是依據紅血球細胞膜上的**凝集原**（抗原），紅血球抗原在臨床上的角色是極重要的，因為在輸血過程中，供血者與接受者（病人）之間血型必須相符合，以免產生輸血的過敏反應進而危及病人之生命。那麼何謂血型呢？血型指的是在紅血球表面發現的抗原種類，以此系統可將人體血型分為A型（只有A抗原）、B型（只有B抗原）、AB型（同時具有A和B抗原）及O型（A、B抗原皆無）；另外，在血漿中有**凝集素**（抗體），有四個表現型，六個基因型，為顯性遺傳。故在血型的鑑定上，需考量紅血球細胞膜上的凝集原及血漿中的凝集素之組成（表7-10）。

　　另外，在輸血(blood transfusion)之前，須將受血者的血漿與供血者的血球混合，以測試其交互作用情形，即為**血型交叉試驗**。假如血型不配合，如供血者是A型血，受血者是B型血，則受血者抗體會附著於供血者的血球上，會形成橋樑，形成塊狀聚集或凝聚，即產生凝集反應，此輸血錯誤會導致血液凝集反應，使得小血管阻塞，引起溶血反應，可能因而傷害腎臟以及其他器官。

　　緊急狀況時，O型血可輸給A型、B型、AB型或O型血液的人，因O型血之紅血球缺乏A和B抗原，受血者的抗體與輸入之O型血球不會發生大量凝集反應。因此，**O型稱全能供血者**。但儘管如此，O型血輸血給A型、B型或AB型血型的接受者之情形也僅適用於少量輸血，否則在大量輸血下，會引起之凝集效應仍可能導致嚴重後果。同樣地，**AB型的人是全能受血者**，因缺乏抗A和抗B抗體，因此，不會與供血者的紅血球起凝集反應。不過輸血量太大時，供血者的血漿仍會與接受者的紅血球發生凝集反應，仍有危險性存在，全能供血者與受血者的觀念僅在學理理論上可行，在臨床上有生命之考量，不鼓勵如此施行。

表 7-10　血型鑑定

血　型	A	B	O	AB
凝集原（抗原）	A	B	無	A、B
凝集素（抗體）	b	a	a、b	無

在大部分紅血球上可發現另外一組抗原，稱為**Rh因子**〔名稱源自恆河猴(rhesus monkey)，因這些抗原首先在恆河猴身上發現〕，帶有著這些抗原的人稱為Rh陽性(Rh$^+$)，不帶有此抗原者稱為Rh陰性(Rh$^-$)。在中國屬於Rh陰性的人較少（約1%），而西方人較多（約15%），相對地，Rh陽性在中國人而言約99%，而西方人約85%。

當Rh陰性的母親生出Rh陽性的嬰兒時，Rh因子顯得特別需要注意，因為在這情況下胎兒與母親的血液各自分開通過胎盤，在懷孕期間，Rh陰性的母親不容易接觸到胎兒的Rh抗原。然而在生產時，可能會有各種不同的接觸，母親的免疫系統變得敏感化且製造對抗Rh抗原之抗體。當再次懷孕時，這些抗體可通過胎盤導致Rh陽性的胎兒紅血球溶血，稱為**胎性母紅血球症**或**新生兒溶血**，嚴重時胎兒會致死。當然若Rh陰性的母親懷的是Rh陰性的胎兒，則無此一問題。

在胎性母紅血球症之情況下，針對Rh陰性的母親懷有Rh陽性的胎兒時，有二種處理方式，一是於生產Rh陽性嬰兒後**72小時內**，需要為Rh陰性母親注射對抗Rh因子之抗體製品，可預防胎性母紅血球症；所使用的藥物商品為RhGAM，GAM是γ球蛋白的簡稱，抗體就存在這一類的血漿蛋白質上，這是一種被動免疫，注射的抗體使母親Rh抗原活性降低，因而防止母親的免疫系統大量製造Rh抗體；二是以Rh陰性血來更換新生兒的血液。

★★　學習評量　★★　　　　　　　　　　　　REVIEW ACTIVITIES

【　】1. 下列敘述何者有誤？　(A) 淋巴球屬於無顆粒球　(B) 嗜酸性球受刺激後可釋出組織胺　(C) 血小板參與止血反應　(D) 紅血球攜帶氧氣與二氧化碳

【　】2. 血漿中的鐵主要是以何形式存在？　(A)鐵蛋白(ferritin)　(B)運鐵蛋白(transferrin)　(C)本鐵蛋白(apoferritin)　(D)白蛋白(albumin)

【　】3. 正常血球的敘述，何者為是？　(A)組織的巨噬細胞是來自單核球轉變的　(B)含量最多的是淋巴球　(C)含量最少的是嗜酸性球　(D)細胞核分葉最多的是嗜鹼性球

【　】4. 若水的黏滯性為1，那血液的黏滯性正常為多少？　(A) 2.5~3.5　(B) 3.5~5.5　(C) 5.5~6.5　(D)以上皆非

【　】5. 某人紅血球上有B凝集原，血漿中有A凝集素，其血型為何？　(A) A型　(B) AB型　(C) B型　(D) O型

【　】6. 造成新生兒溶血的原因為何？　(A) Rh^+的母親懷有Rh^-的胎兒　(B) O型Rh^+的母親懷有A型Rh^-的胎兒　(C) AB型的母親懷有O型的胎兒　(D) Rh^-的母親懷有Rh^+的胎兒

【　】7. 人體骨髓幹細胞中，何種血球的產生主要受腎臟分泌的激素所引發？　(A)血小板　(B)顆粒球　(C)淋巴球　(D)紅血球

【　】8. 血友病通常是何因素所致？　(A)血小板功能異常　(B)缺乏第八凝血因子　(C)微血管損傷　(D)血小板不足

【　】9. 下列何者具有促血栓形成及凝血的功能？　(A)前列腺素　(B)肝素　(C)鈣　(D)一氧化氮

【　】10. 檸檬酸(citrate)抗凝血之作用機轉為何？　(A)中和凝血因子　(B)抑制維生素K　(C)結合鈣離子　(D)分解纖維蛋白

【　】11. 有關血漿與血清之敘述何者為非？　(A)加入抗凝血劑之血液離心後所的之上清液為血漿　(B)血清中含有纖維蛋白原　(C)血漿中含有抗凝血因子　(D)血漿為一淡黃色液體

【 】12. 關於紅血球的敘述，下列何者錯誤？ (A)雙凹扁平圓盤狀 (B)具有細胞核與粒線體 (C)功能為運輸氧與二氧化碳 (D)老舊的紅血球會被肝臟、脾臟及骨髓的巨噬細胞破壞

【 】13. 正常情形下，白血球中數量最多與直徑最大的分別是： (A)嗜中性球與嗜酸性球 (B)嗜中性球與單核球 (C)淋巴球與嗜酸性球 (D)淋巴球與單核球

【 】14. 一氧化碳與血紅素的親和力約為氧的多少倍？ (A) 0.21 (B) 2.1 (C) 21 (D) 210

【 】15. 當全身血容量增加時會引起： (A)抗利尿激素(ADH)的分泌減少 (B)尿液中鈉離子濃度減少 (C)腎素的分泌增加 (D)醛固酮的分泌增加

【 】16. 有關γ－球蛋白，下列何者正確？ (A)存在血清中 (B)是血漿中最多的蛋白質 (C)能參與凝血反應 (D)構成血液膠體滲透壓的主要成分

【 】17. 血漿中哪一種蛋白質最多，且具有維持血液正常滲透壓的功能？ (A)白蛋白 (B)球蛋白 (C)凝血酶 (D)纖維蛋白原

【 】18. 在正常生理情形下，白血球分類計數中數量最少的是： (A)嗜中性球 (B)嗜酸性球 (C)嗜鹼性球 (D)淋巴球

【 】19. 有關血球功能的敘述，下列何者錯誤？ (A)紅血球能運送氧氣 (B)嗜中性球及單核球能吞噬入侵的微生物 (C)嗜酸性球會釋放組織胺引發過敏反應 (D)淋巴球能製造抗體

【 】20. 若每毫升血液中可結合的血紅素數目為X，未與氧氣結合的血紅素數目為Y，則下列何者是血紅素氧飽合百分率(percentage hemoglobin saturation)之估算式？ (A) Y除以X再乘以100% (B) (X＋Y)除以Y再乘以100% (C) (X－Y)除以X再乘以100% (D) Y除以(X＋Y)再乘以100%

【 】21. 下列何者是血液中運送二氧化碳的最主要方式？ (A)直接擴散 (B)直接溶解於血液中 (C)與血紅素結合 (D)轉換成碳酸氫根離子

★★ 解答 ★★

1.B	2.B	3.A	4.B	5.C	6.D	7.D	8.B	9.C	10.C
11.B	12.B	13.B	14.D	15.A	16.A	17.A	18.C	19.C	20.C
21.D									

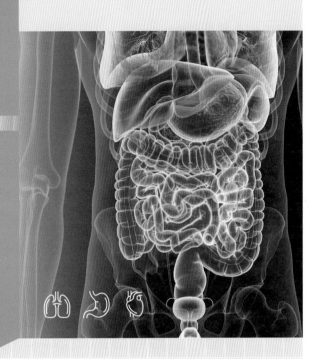

CHAPTER

第 **8** 章

心血管系統

唐善美 編著

大綱

Physiology

　　循環系統包括的器官有心臟、血管（含動脈、靜脈及微血管）及淋巴管等。心臟具有幫浦(pump)的功能，藉著每分鐘心臟的搏動，不斷的將血液送至各器官組織。

　　本章以介紹心臟及各類的血管系統為主，認識循環系統在人體所扮演的角色及其功能。首先介紹心臟解剖構造、正常心臟的傳導系統及心電圖，藉由心臟的傳導功能說明心臟週期及心音，及人體的兩大循環迴路（體循環及肺循環），最後將介紹血管的特性及血管阻力對人體血液輸送之影響。

　　循環系統主要有下列之功能：

1. 藉由血液**運輸**人體所需的營養物質、氧氣、激素等，送至各組織器官，並將身體代謝後的廢物如二氧化碳、含氮廢物等物質輸送至代謝及排泄器官，排出人體。

2. 將內分泌腺體所分泌的激素，藉由血液送至目標組織器官，**調節**人體生理的機制。

3. 循環系統的血液成分中，具有可**保護**人體、預防外物入侵及凝血等功能，並有電解質來協調生理運作、調節體溫等。

8-1　心臟構造

　　心臟是一個富含肌肉的器官，位於兩肺之間的空腔，即縱膈腔之中。心臟的結構分為心包膜、心肌及心內膜三層。心包膜將心臟包住，分為兩層，外層為纖維層，主要功能為防止心臟過度膨大，內層為漿膜層，靠近心臟稱之為臟層，靠近胸腔壁則為壁層，兩層之間稱為**心包腔**(pericardium space)，內含5~20 ml的心包液(pericardium fluid)，具有**潤滑**作用，具有避免心臟收縮時磨擦而受損的作用。

　　心肌(myocardium)是一合體細胞(syntial cells)，具有橫紋，為一不隨意肌。當心室收縮時，心臟由主動脈將血液打到全身的組織器官運用。心肌細胞之間以尾接尾的方式連接在一起，其接合處稱之為間盤或潤盤(intercalated disk, ID)，在間盤之間為胞橋小體(desmosome)，使細胞彼此接合在一起，亦有間隙接合(gap junction)形成兩心肌細胞間重要的化學或電性的訊息傳遞，間盤可以使心肌的動作電位很快的從一個心肌細胞傳到另一個細胞而產生一致的收縮。心內膜為內皮細胞組成，可形成瓣膜，以防止血液逆流。

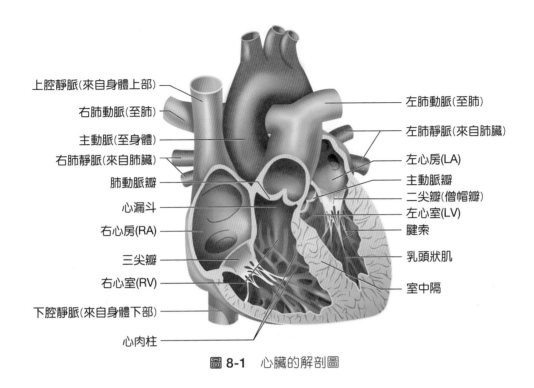

上腔靜脈(來自身體上部)

右肺動脈(至肺)

主動脈(至身體)

右肺靜脈(來自肺臟)

肺動脈瓣

心漏斗

右心房(RA)

三尖瓣

右心室(RV)

下腔靜脈(來自身體下部)

心肉柱

左肺動脈(至肺)

左肺靜脈(來自肺臟)

左心房(LA)

主動脈瓣

二尖瓣(僧帽瓣)

左心室(LV)

腱索

乳頭狀肌

室中隔

圖 8-1　心臟的解剖圖

　　心臟有四個腔室，分別是左心房(left atrium)、右心房(right atrium)及左心室(left ventricle)、右心室(right ventricle)。左、右心房之間由房中隔(atria septum)隔開，右心房有上下腔靜脈、冠狀竇及心前靜脈的開口，在心房中隔處有卵圓窩，開口朝向右心房，是胎兒出生後4個月內卵圓孔閉鎖後所形成的一切跡，左、右心室間由室中隔(ventricular septum)隔開。心房有心耳及梳狀肌之構造，心耳可增加心房的儲血量；心室中有乳頭狀肌及腱索，可引領血液由心房至心室；心房及心室之間有房室瓣(atrioventricular valves, AV valve)，此瓣膜具有防止血液從心室逆流至心房的作用，右側房室之間的瓣膜稱為**三尖瓣**(tricuspid valve)，在左側房室之間的瓣膜稱為**二尖瓣**(mitral valve)，又名為僧帽瓣。

　　心臟血液循環為右心房接收來自全身上腔靜脈(superior vena cava)及下腔靜脈(inferior vena cava)的靜脈血，經由三尖瓣進入右心室，右心室所打出的血管為內含缺氧血的肺動脈，進入肺臟進行氧合作用，成為富含氧氣的肺靜脈，由左心房進入心臟，經由二尖瓣進入左心室，所打出的血管為主動脈(aorta)，送出全身所需的營養血液，以供人體運用；在主動脈及肺動脈分別有主動脈瓣(aortic valve)及肺動脈瓣(pulmonary valve)存在，目的皆可防止血液由大動脈逆流回左、右心室。為了順應靜脈

血液回流，右心房的壓力最低(0 mmHg)，含氧量最低，而左心房因接收來自肺臟的氧合血液，故含氧量最高，左心室心肌最為肥厚，為打出全身所需的血液循環，故壓力最大。

正常情況下，心跳受交感神經、副交感神經與荷爾蒙（激素）的影響，心臟的神經分布由交感神經(sympathetic nerve)及副交感神經(parasympathetic nerve)所支配，透過迷走神經減慢心跳速率，降低心房收縮力，並延緩房室傳導時間。安靜狀態下，心跳速率約每分鐘70~90次；但是，受過耐力性運動訓練的運動員可能降至每分鐘40~50次以下。交感神經的節後神經纖維主要釋放出**正腎上腺素**(norepinephrine, NE)，而正腎上腺素接受器主要是β_1**型接受器**；而副交感神經是則以乙醯膽鹼(ACh)為主，而乙醯膽鹼接受器屬於**毒蕈類接受器**(muscarium, M_2)，**自主神經系統對心臟的作用有不同之影響**（表8-1）。負責心肌的血流供應為**冠狀動脈**(coronary arteries)，冠狀動脈來自於**升主動脈**的分支，分為左、右冠狀動脈分別供應左右心房室的營養所需，心臟的靜脈血液回流是經由**冠狀竇**回到右心房。

表 8-1　自主神經系統心臟之比較

項目／種類	迷走神經	交感神經
神經傳導物質	乙醯膽鹼 (ACh)	正腎上腺素 (NE)
接受器	毒蕈類接受器 (M_2)	β_1 型接受器
K^+ 通透性	↑↑↑	↓
Ca^{2+} 通透性	↓	↑↑↑
靜止膜電位	↑（負值變大）→超極化	↓（負值變小）→去極化
心跳	↓↓↓	↑
心肌收縮	↓	↑↑↑

心跳速率會受到自主神經系統的影響，交感神經會加快竇房結及房室結的傳導速率，副交感神經之作用則相反，會降低心跳速率。心房及心室肌肉受交感神經作用之影響，會增強心肌收縮力，副交感神經則是降低心肌收縮力。因此，交感神經與副交感神經對竇房結的控制，是影響心跳速率的兩大因素。副交感神經纖維起於延髓的心

血管控制中樞，是組成迷走神經的一部分，副交感神經纖維銜接竇房結與房室結，當受刺激傳導下來時，可降低竇房結與房室結的活性，降低心跳速率。安靜時，迷走神經纖維亦影響竇房結與房室結，此稱為副交感緊張(tone)。當副交感緊張降低，心跳速率增加；副交感緊張增加，心跳速率則變緩。

當心跳之頻率不規則時，即為心律不整(arrhythmia)，所謂的心律不整是指心臟電性傳導系統之障礙，導致心臟跳動異常之速率及節律；例如心室的期外收縮，起因於竇房結外側振動，以致心臟突然或額外跳動；心房撲動(atrial flutter)或心房纖維顫動(atrial fibrillation)屬於較嚴重的心律不整，此時每分鐘心房收縮約200~400次，導致心臟無法正常壓縮血液。

8-2　心臟傳導系統及心電圖

竇房結(sinoatrial node, SA node)位於上腔靜脈及右心房開口右側的交接處，心跳節奏由此發起，稱為人體的自然節律點(pacemaker)。心臟傳導系統的傳遞，是由竇房結向下傳至位於心房室間隔的房室結(atrioventricular node, AV node)，此處因細胞小，傳導速率慢，約有0.1秒的延遲，稱房室延遲(AV delay)，此作用可使心房完成收縮（興奮）後，經希氏束（His-bundle，亦稱為房室束）再藉由左、右希氏束分別向左、右心室傳遞訊息（圖8-2a），動作電位才充分傳到心室。進入心室後，最後由浦金奇纖維(Purkinje fibers)快速將訊息傳遍整個心室肌肉而產生一致的心肌收縮動作，即是一次的心動週期(cardiac cycle)。

心臟的動作電位圖依不同的細胞性質而有不同（圖8-2b），心肌細胞的電位為內負外正的**靜止膜電位**(resting membrane potential, RMP)時，較接近鉀離子(K^+)的平衡電位，約為–90 mV。

當心肌出現動作電位時，細胞膜似骨骼肌的細胞膜變化，快速的鈉離子通道打開，使鈉離子由細胞外湧入細胞內，造成細胞膜的**去極化**(depolarization)現象(phase 0)，心肌較特別之處即是鈉離子通透性下降後，不會立即出現再極化(repolarization)。

(a)

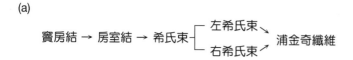

竇房結 → 房室結 → 希氏束 ┌ 左希氏束 ↘
                          └ 右希氏束 ↗ 浦金奇纖維

(b)

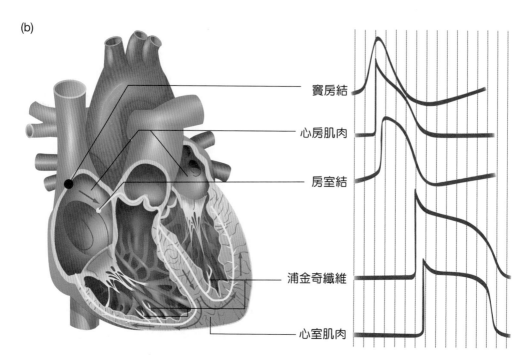

竇房結

心房肌肉

房室結

浦金奇纖維

心室肌肉

圖 8-2 (a) 心臟傳導系統示意圖；(b) 心臟不同部位的細胞動作電位及膜電位

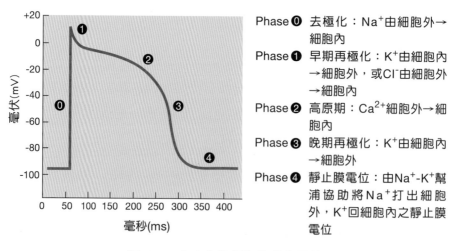

Phase ❶ 去極化：Na^+由細胞外→細胞內

Phase ❶ 早期再極化：K^+由細胞內→細胞外，或Cl^-由細胞外→細胞內

Phase ❷ 高原期：Ca^{2+}細胞外→細胞內

Phase ❸ 晚期再極化：K^+由細胞內→細胞外

Phase ❹ 靜止膜電位：由Na^+-K^+幫浦協助將Na^+打出細胞外，K^+回細胞內之靜止膜電位

圖 8-3 心室心肌細胞的動作電位

　　當鉀離子緩慢由細胞內至細胞外時，此時出現氯離子由細胞外至細胞內，造成早期的再極化現象(phase 1)。當鈣離子由細胞外游離出細胞內時，電位出現平坦的波形，細胞膜的極化現象反而維持在一**高原狀態**，電位為0 mV (phase 2)。維持在一高原狀態之主要原因是：細胞膜對**鈣離子**的通透性增加，此時鉀離子的通透性仍低於正常，接著是鉀離子由細胞內流出細胞外，此為晚期**再極化(repolarization)**現象(phase 3)，當回歸到靜止膜電位時，若鉀離子過度流出，使電位低於靜止膜電位時，此時稱之**過極化**或**超極化(hyperpolarization)**(phase 4)（圖8-3）。然而，回歸到細胞膜為內負外正的靜止膜電位時，須藉由**鈉鉀幫浦**(Na^+-K^+ pump)的協助，同時將三個鈉離子送出細胞膜，並將兩個鉀離子運入細胞內部，以便使其回歸靜止膜電位時的內負外正，細胞內鉀離子多及細胞外鈉離子多的狀態。因此，在靜止狀態時，細胞外面含有較高濃度的鈉離子，而細胞裡面則含有較高濃度的鉀離子。

　　心肌細胞的電流可經由心電圖(electrocardiogram, ECG or EKG)記錄下來，心電圖所記錄下來的常見波形有P波、QRS複合波及T波，P波是一向上的波形，為心房去極化；QRS複合波是代表心室去極化的波；T波是反應心室再極化的波形（圖8-4及表8-2）。

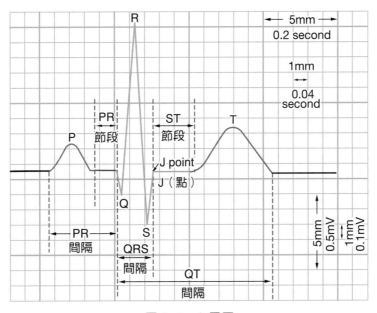

圖 8-4　心電圖

表 8-2　心電圖波形意義及判讀

心電圖波形	平均時間	生理意義
P 波	0.06~0.08 秒	心房收縮去極化
P-R 間隔 (PR interval)	0.12~0.20 秒	心房去極化到通過心房肌、房室結、房室束及浦金奇纖維去極化
QRS 複合波	0.08~0.10 秒	心室收縮去極化及心房再極化
T 波	0.16 秒	心室再極化
QT 間隔 (QT interval)	0.04~0.43 秒	心室去極化及心室再極化
S-T 間期 (S-T segment)	0.32 秒	心室去極化結束到心室再極化結束；是一心室肌高原期的過程

8-3　心動週期及心音

一、心動週期

　　心房心室之週期規律的收縮稱之為**心動週期**(cardiac cycle)，可分為兩個時期，分別為心縮期（心室收縮）及心舒期（心室舒張）。心縮期(systole)是心室開始收縮，把血液打出的時期。心舒期(diastole)心室開始放鬆、充血。正常每分鐘心跳約60~90次，每個心動週期持續約**0.8秒**，心房及心室有些差異，分別為心室心縮期占0.3秒，心室的心舒期占0.5秒，以及心房的心縮期占0.1秒，心房心舒期占0.7秒。

　　將心動週期再細分為五個時期，說明心臟血管、瓣膜間的關係（圖8-5）及所產生的壓力與容積的變化分述如下（圖8-6及圖8-7）：

1. 心室充血期(ventricular filling)：此時心房壓力大於心室壓力，由於此壓力差之故，使房室瓣打開，約有心搏出量70%的血液由心房快速流入心室。當心室出現**快速充血**(rapid filling)現象時，可能會出現第三心音，即心室闖音或心室奔馬音(ventricular gallop)。此期是心電圖中的T-P間距，約為0.35秒。此時是房室瓣打開，半月瓣關閉。

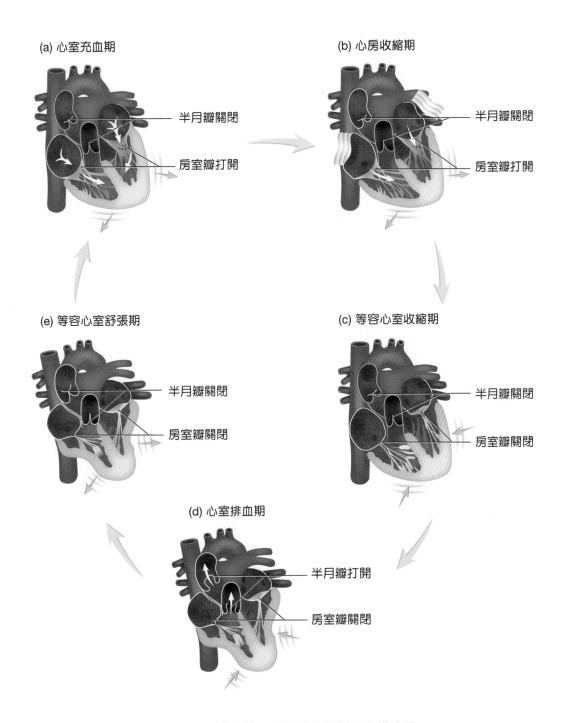

圖 8-5　心臟血管、瓣膜間的關係壓力模式圖

資料來源：Seeley, R. R., Stephens, T. D., & Tate, P. (2006). *Anatomy and physiology* (7ed.). McGraw-Hill.

2. 心房收縮期(atrial systolic)：為心房收縮主動將血液打入心室，占心搏出量的 20~30%，此時房室瓣打開，半月瓣關閉。此期是心電圖上的P波，約為0.1秒。

3. 等容心室收縮期(isovolumetric ventricular contraction)：為心室收縮起始的0.05秒，心室體積量不變，房室瓣及半月瓣皆關閉，心室壓力快速上升，呈現為心電圖中的 QRS波，約為0.05秒，因防血液逆流回心房，房室瓣關閉出現第一心音。此時心室不填充血液及無血液射出，因目前的壓力不足以打開半月辦，則稱之為**等容心室收縮期**。

4. 心室排血期(ventricular ejection)：當心室壓力突然上升到大於主動脈壓力時，半月瓣打開，房室瓣關閉，心室收縮射出血液，左心室及主動脈的壓力約上升到120 mmHg，此時稱之為**射血期**(ejection)，呈現在心電圖中為S-T間距，約為0.25秒。

5. 等容心室舒張期(isovolumetric ventricular relaxation)：當心室射血後，左心室的壓力立即下降低於主動脈的壓力，半月瓣關閉，出現第二心音，此時的房室瓣亦關閉，會一直持續到心室壓力降到低於心房壓力，但心室的體積不變，稱之為**等容舒張**。呈現為心電圖中的T波，約為0.05秒。

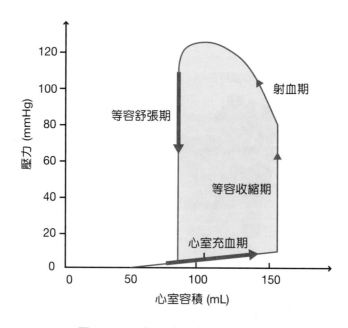

圖 8-6　心室壓力與容積的模式圖

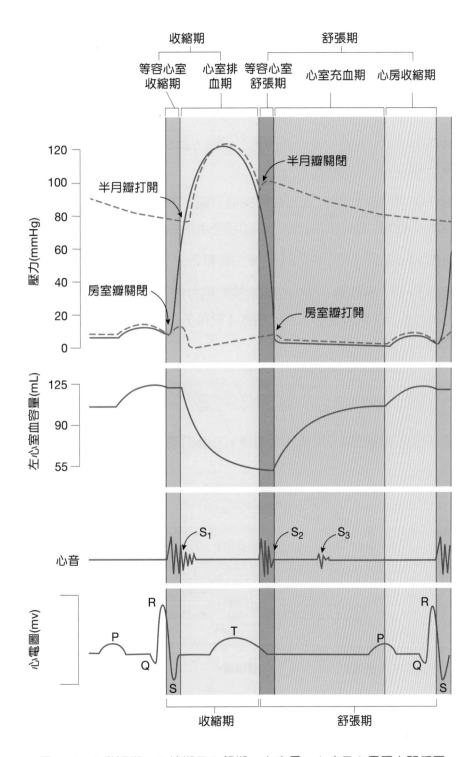

圖 8-7　心動週期：心縮期及心舒期、血容量、心音及心電圖之關係圖

二、心 音

在心動週期中，房室瓣及半月瓣的開啟及關閉，即形成心音(heart sound)，可藉由聽診器貼近胸部聽出下列心音：

1. **第一心音(S₁)**：出現"lub"，是一**低而長**的音調，為心室等容收縮時房室瓣（二尖瓣及三尖瓣）關閉所產生的聲音。

2. **第二心音(S₂)**：出現"dub"，是一**短而尖**的音調，為心室舒張壓力低於動脈的壓力時，半月瓣（主動脈瓣及肺動脈瓣）關閉所產生的聲音。

3. **第三心音(S₃)**：血流由心房快速流到心室的衝擊音，又稱心室奔馬音。

4. **第四心音(S₄)**：因心房收縮，來自充填心室的壓力往上衝擊心房，產生心房奔馬音；是一種心肌收縮音，只有在心衰竭的個案才聽得清楚。

8-4 循環路線

循環系統包括了**體循環**（又稱為**大循環**）及**肺循環**（又稱為**小循環**）（圖8-8）。

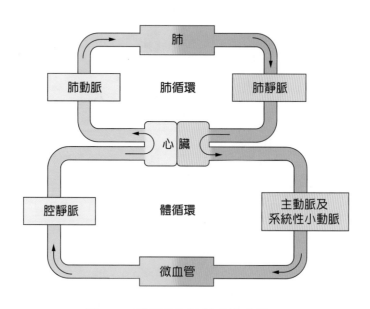

圖 8-8 體循環及肺循環模式圖

　　體循環是經由主動脈將富含**營養**及**氧氣**的血液由**左心室**送出心臟，故體循環乃起源自**主動脈**。藉由此一大動脈漸分支出**小動脈**，再分支為**微血管**，由微血管提供組織細胞的營養所需，並再藉由微血管將代謝廢物帶離組織細胞，由微血管再回流至較大血管，此為**小靜脈**，由小靜脈回到大靜脈，再經由上腔靜脈及下腔靜脈回到心臟，完成一體循環的迴路。上腔靜脈負責收集上半身的血液，下腔靜脈負責收集下半身的血液回心臟的**右心房**。

　　另外，亦可將小動脈、微血管及小靜脈合稱為**微循環**(microcirculation)，真正提供營養及氧氣給組織細胞的血管是微循環中的微血管，雖然流經微血管的血液僅占總血量的5%，但卻是整個循環系統功能之所繫，其功能是不容抹滅及取代的。

　　肺循環與體循環相似，從心臟的**右心室**出發，此一大血管即是**肺動脈幹**(pulmonary trunk)，是一**缺氧**的動脈血，再分支為二，分別為左肺動脈及右肺動脈送往左、右肺，動脈繼續分支為小動脈及微血管，在肺部的**微血管**進行氣體交換的作用後，再聚集為小靜脈，然後匯集為大靜脈回心臟，即為**四條肺靜脈**(pulmonary veins)離開肺臟進入**左心房**，再至左心室。由以上可知，**肺靜脈、左心房室及主動脈是高含氧血，肺動脈、右心房室及上下腔靜脈是缺氧血**。

記憶小幫手　　　　　　　　　　　　　　　　　　　　Physiology

- 左心室 → 主動脈 → 小動脈 → 微血管 → 小靜脈 → 大靜脈（即上、下腔靜脈）→ 右心房 → 右心室 → 肺動脈 → 肺臟（藉肺微血管進行氧合作用）→ 肺靜脈 → 左心房 → 左心室（週而復始的循環路徑）。
- 體循環：為供應全身組織細胞的營養及氧氣所需。肺循環：輸送至肺臟氧合之作用。
- 小動脈、微血管及小靜脈合稱為微循環。
- 缺氧血的動脈血管：肺動脈及臍動脈。含氧血的靜脈血管：肺靜脈及臍靜脈。
- 心臟本身的營養來自冠狀動脈，為升主動脈的分支，而心臟的靜脈血是經由冠狀竇回到右心房。

8-5　心輸出量

　　每分鐘左心室所打出的血液循環量稱之為**心輸出量**(cardiac output, CO)，是身體代謝的表徵。當人體在安靜時，代謝需求少，每分鐘約有5~7公升的心輸出量；而激烈運動時，在氧需要量強烈增加的情況下，心輸出量可提升至20公升左右。心輸出量可由每次心收縮搏動所輸送出去的血液量〔稱為**心搏量**(stroke volume, SV)〕乘以每分鐘的心跳速率(heart rate, HR)的乘積而獲得，其公式如下：

$$CO = SV \times HR$$

　　每次的心搏量約為70毫升，安靜時的心搏量與性別（男稍多於女）、身體的姿勢（臥姿高於坐姿）、運動、體型大小及個人的新陳代謝率等因素有關。一次正常的心搏量的多寡會受**前負荷**(pre-load)、**心收縮力**(contraction)及**後負荷**(after-load)等因素之影響。前負荷是指靜脈回心血液量的多寡，即心室舒張末期容積(end-diastolic volume, EDV)，正常約為130 c.c.。心肌收縮力的強弱受心肌功能等複雜因素控制，心室收縮力強

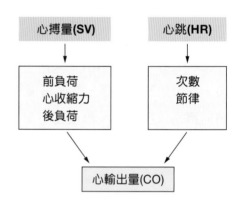

圖 8-9　影響心輸出量的因素

時，加上足夠的舒張末期心室容量，可使心搏量增加（即Starling's law），而受交感神經系統興奮的強度影響，使血管收縮增加；後負荷是心室打出血液遇動脈管壁的阻力，此即為平均主動脈血壓，是心室輸送血液的阻力，心搏量與平均動脈壓呈反比，平均動脈壓在運動時，因為動脈血管舒張而降低。另外，**心跳速率**及其心跳節律亦影響著心輸出量（圖8-9）。

　　心室舒張體積及心搏量的關係，可由英國生理學家Ernest Henry Starling所提出舒張末期容積以及收縮力之間的關係，稱之為**史達林定律**(Starling's law)，又稱為**Frank-Starling機制**。何謂史達林定律？即心室收縮力量因心室伸展(EVD)的增加而增加。當EVD增加時，心肌纖維被拉長，增加收縮力量；而收縮力量增加，每次心跳即有更多的血液從左心室被擠出。對心室而言，**心室舒張末期容積是最能代表前負荷的指標**，

此為心臟收縮之前心室肌原纖維的牽扯力，當心肌的長度越長，旋轉素(troponin)及鈣離子結合的親和力越大。所以，當心肌受到拉扯時，只要細胞質內鈣離子夠多，和旋轉素結合數量越多，心肌的收縮力越有力。由此，推論當收縮增強會使心室打出的血量增加，而殘留的心室血液量減少。因此可利用**射血係數**(ejection fraction, EF)來將收縮力加以定量化，何謂射血係數？即為**心搏量**及**舒張末期容積**的比值，射血係數常以百分比表示，在休止狀態下，平均值約為67%，當收縮力越高，射血係數越大，其公式如下：

$$EF = \frac{SV}{EDV}$$

控制心搏量的因素有兩個，包括回心血量及心肌的收縮力。回心血液量又受到體位的改變（臥姿較立姿回心血多）、骨骼肌收縮、吸氣時有助於靜脈回流及下肢瓣膜的存在等有關，心肌收縮力則所受的因素更為複雜，性別、年齡、血液中的電解質變化（如鈣離子增加會加速心跳，進而增加心輸出量，反之當血鉀上升時，則心跳及心輸出量下降）、血管徑大小及血液的黏稠度等諸多因素。

心跳速率的控制受到自主神經及內分泌的影響甚鉅，在無自主神經的影響下，每分鐘心跳速率可約100次，原因是心臟有**竇房結**的特化區域，可提供自動規則節律的跳動。另外，自主神經系統的神經元所釋出的神經傳導物質，主要作用在鈣離子或鉀離子通道，影響其關閉及打開。例如：**交感神經**的節後神經纖維主要由腎上腺釋放出**正腎上腺素**，其正腎上腺素接受器主要是β_1型，會增加心跳速率。而**副交感神經**是則以**乙醯膽鹼**(ACh)為主，其乙醯膽鹼接受器屬於**毒蕈類接受器**，可增加鉀離子通道打開的數目，會使細胞膜電位比較接近鉀離子的平衡電位。自主神經對心臟的影響如下（表8-3）。

表 8-3　**自主神經對心臟的影響**

作用區域	交感神經	副交感神經
竇房結 (SA node)	增加心跳速率	心跳速率減弱
房室結 (AV node)	傳導速度加速	傳導速度減弱
心房肌肉	增強心收縮力	減弱心收縮力
心室肌肉	增強心收縮力	減弱心收縮力

8-6　血管構造及其特性

　　依血管的種類不同，分成動脈、靜脈及微血管三大類，其管壁的厚度不同，其所含的血量及阻力亦各有差異。就管壁特性而言，血管壁最厚的是主動脈，足以承受來自心臟的壓縮力，使其輸送至組織各器官組織中，微血管因有管壁最薄的特性，故可進行血管及細胞間的氣體（氧及二氧化碳）、營養物質及代謝廢物的交換作用。血管的橫切面總面積最大的是微血管，而血容積量最多的為靜脈，其他分述如下列圖表介紹（表8-4、圖8-10）。

表 8-4　不同血管形態之特徵

血管型態	血管腔直徑	血管壁厚度	各個血管形態	
			橫切面總面積 (cm²)	血量百分比 (%)
主動脈	2.5 cm	2 mm	4.5	2
大動脈	0.4 cm	1 mm	20	8
小動脈	30 μm	20 μm	400	1
微血管	5 μm	1 μm	4,500	5
小靜脈	20 μm	2 μm	4,000	60
大靜脈	0.5 cm	0.5 mm	40	
腔靜脈	3 cm	1.5 mm	18	

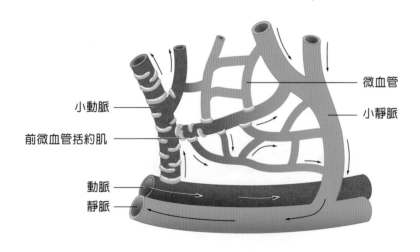

微血管

小動脈

前微血管括約肌

小靜脈

動脈

靜脈

圖 8-10　不同血管型態間的連繫模式圖

血管主要由自主神經系統所控制，在身體各部位的營養分布則由小動脈控制；小動脈有強韌的肌肉壁，血管直徑可作3~5倍的彈性改變，提供控制血液循環約50%的阻力，除受交感神經刺激外，亦能產生自動調節(autoregulation)反應。

血壓包含有心收縮壓及心舒張壓，當心室收縮射出血量最大時的動脈壓力稱之收縮壓(systolic pressure, SP)，心室舒張到下一次的心收縮前，其動脈血壓最低者稱為舒張壓(diastolic pressure, DP)，一般我們紀錄血壓的方式是：收縮壓／舒張壓，例如：130/86 mmHg，則130 mmHg為收縮壓，86 mmHg為舒張壓。收縮壓與舒張壓之間的差稱為**脈搏壓**(pulse pressure, PP)，一般正常約為30~60 mmHg。其公式如下：

$$PP = SP - DP$$

在頸部及手腕處所測得的脈搏即是每次心跳所造成的脈搏壓，決定脈搏壓的因素有二：一是**心搏量**，二是動脈的**順應性**(compliance)。有關心搏量在前面已陳述，那麼何謂順應性呢？是指某物體被拉扯的輕易程度，順應性越大，則代表該物質拉扯能力就越好，其公式如下：

$$順應性 = \frac{\Delta體積}{\Delta壓力}$$

例如老化所導致動脈粥狀硬化，而動脈粥狀硬化常出現動脈順應性變差，彈性越差，則血管阻力越大，血壓（指收縮壓）亦越高，脈搏壓越高。然而，動脈壓不是一成不變的，會隨著心臟週期改變而出現變化，且心舒期較心縮期長，故之間的壓力值稱為**平均動脈壓**(mean arterial pressure, MAP)，平均動脈壓是將血液擠入組織的動力，受複雜因素的影響。其公式如下：

$$MAP = DP + 1/3(SP-DP)$$

一、大動脈

就整個循環系統而言，血流(flow, F)一定是從高壓區流向低壓區，由血液流動所形成的力量稱為壓力，液體形成的壓力稱為**靜水壓力**(hydrostatic pressure)，液體流動的壓力差(ΔP)，形成血液行經兩點所遇到的困難度為阻力(resistance, R)，因此阻力、壓力及血流的關係如下：

$$F = \frac{\Delta P}{R}$$

由以上公式，得知血流與阻力呈反比，和壓力差是呈正比。阻力(R)無法直接測得，但可經血流(F)及壓力差(ΔP)計算出阻力。然而，實際上計算阻力的方法並不那麼簡單，血液的黏稠度(viscosity, η)是一不可忽視的因素，黏稠度是血液和管壁之間的摩擦力，摩擦力越大，黏稠度亦越大，阻力就增加，之間的關係呈**正比**。其他的影響因素尚包括血管的長度(L)及半徑(r)，公式如下：

$$R = \left(\frac{\eta L}{r^4} \right) \times \left(\frac{8}{\pi} \right)$$

當然血液的黏稠度不是一成不變的，當血比容積增加時，黏稠度就會上升，所以可知血比容的改變，亦會影響血流。阻力與血液黏稠度及血管長度呈**正比**，而和半徑四次方成**反比**，亦即半徑加大後，阻力變為原來的1/16；反之，一個管子的口徑減為原來的一半後，它的阻力就變為原來的16倍。然而，橫切面的大小影響著流速，主動脈橫切面總面積最小，流速最快，相較之下微血管的橫切面總面積最大，流速慢（圖8-11）。血液在正常管腔中流動是呈現層流現象，一旦遇到管腔直徑突然的窄縮或放大時，可能會出現擾流現象，此時血管會出現阻力，使血管壓力上升。事實上，**管徑才是決定阻力的主要因素**。而影響血管管徑的因素繁多，例如可使血管收縮的因素有腎上腺素、正腎上腺素、抗利尿激素(ADH)、血管收縮素II (angiotensin II)、局部釋出血

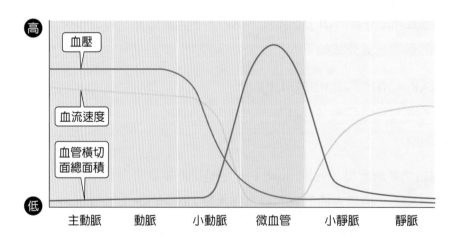

圖 8-11 橫切面總面積及平均線性流速之關係

清胺(serotonin)及體溫的降低等因素，可使血管管徑變窄。會使血管舒張的因素有釋放組織胺(histamine)、動素(kinin)或緩動素(bradykinin)、氧氣減少、二氧化碳上升、氫離子增加、血鉀上升、pH值下降、酸中毒、乳酸堆積、局部溫度上升等因素，均會使血管管徑擴張。

二、小動脈

　　小動脈具有兩個功能，一是具有**調節**血液進入器官血量多寡的功能，二是**決定平均動脈壓力**的主要因素。若小動脈的壓力一致，其流速則依阻力大小而定，所以管徑的大小、血液的黏稠度及容積等皆影響著血壓。因此**小動脈**是心臟血管系統中阻力最大的。小動脈含有大量的平滑肌，具有很強的自主運動，亦即沒有神經、內分泌的刺激下，即可產生自發性運動，但此運動無法達到最大收縮的程度，此稱為**肌性張力**(myogenic tone)。肌性張力是小動脈血管的基本張力，可因外來訊息（神經傳導物質、電解質等）的刺激而增加或減少。控制小動脈的因素有二：一是局部控制，二是反射性（或外因性）控制。

（一）局部控制

　　是指不需經過激素及神經傳導物質的作用，即可改變小動脈阻力，組織及器官利用此機制來控制血量。

1. **主動性充血(active hyperemia)**：當代謝活動增加時，會增加組織器官的血流量。舉例來說，正在運動的骨骼肌，肌肉活動越大，流到骨骼肌的血液就越多。而影響小動脈主動性充血的物質位在小動脈的細胞外液中，例如：氧氣濃度、二氧化碳、氫離子、代謝產物〔如腺嘌呤核苷(adenosine)〕、鉀離子濃度、滲透壓升高等，這些化學物質的濃度改變後，可使小動脈擴張，因此影響主動性充血。

2. **血流自我調節(flow autoregulation)**：上述組織器官的主動性充血使血流量增加，使人體的血壓為之改變，亦使小動脈的阻力改變，此機制會使血流盡量保持一定，稱之為血流的自我調節。

3. **反應性充血(reactive hyperemia)**：當組織器官的血流供應完全中斷之後，再度打開後，會出現大量血液湧入該區，此現象稱之反應性充血。

4. **對傷害或刺激的反應**：當組織受損後，其細胞會釋出一些化學物質，導致所謂的發炎反應，使受損區域的小動脈擴張等一連串的反應。

（二）反射性（或外因性）控制

受下列因素之影響：

1. 交感神經：多數的交感神經節後神經纖維的神經元會釋出**正腎上腺素**(norepi-nephrine, NE)，作用在血管平滑肌的**α接受器**，而使血管收縮。應注意的是，心臟的正腎上腺素是β接受器，所以當使用β阻斷劑來阻斷正腎上腺素對心臟的影響時，卻不會影響小動脈之作用。舉例來說，當環境溫度高時，皮膚的交感神經活性會減弱，致小動脈擴張，皮膚外觀呈現紅色。

2. 副交感神經及其他血管擴張劑：副交感神經的傳導物質是**乙醯膽鹼**(ACh)，它亦是一個血管擴張劑。

3. 激素：影響小動脈收縮及舒張的物質有**血管收縮素II** (angiotensin II)及**心房利鈉激素**。血管收縮素II直接作用在小動脈，具有強力的收縮作用，亦使交感神經活性增加〔**腎素－血管收縮素系統**(renin-angiotensin system)會在內分泌系統中詳述〕。血管加壓素顧名思義可使血管壓力上升。心房利鈉激素則是一強力的血管擴張劑，由心房細胞分泌，主要作用在腎臟，可降低血壓。

（三）內皮細胞及血管平滑肌

血管的內皮細胞會分泌的血管擴張劑有前列腺環素(prostacyclin)及**內皮細胞血管放鬆因子**(endothelium-derived relaxing factor, EDRF)，當發炎時，組織會釋出緩動素(bradykinin)及組織胺(histamine)，皆會使EDRF分泌，而使動脈血管平滑肌放鬆，動脈擴張。

三、微血管

微血管(capillaries)的血量雖占總血量的5%，但卻可發揮心血管系統中最重要的功能，即是將血液中的營養物質送至組織器官進行交換，並將組織器官中的代謝廢物帶至排泄器官排出。微血管是連接小動脈及小靜脈的血管，其具有部分小動脈的特性，例如散布有一些包住血管的平滑肌稱為**微血管前括約肌**(precapillary sphincter)，局部代

謝的因素會影響這些平滑肌的收縮及舒張，當微血管前括約肌越鬆弛，微血管內的血流量增多。

　　微血管是一**單層的鱗狀內皮細胞**，因此具有良好的通透性，可進行擴散、囊泡運輸及總體流等基本機制，是物質藉由微血管通透進行營養物質及代謝廢物的交換場所。微血管依不同型態區分為三類型，分別為連續性(continuous)、孔道性(fenestrated)及不連續性(discontinuous)三種（表8-5）。

表 8-5　**微血管的類型**

特 性	型 態		
	連續性	孔道性	不連續性
內皮細胞	多呈連續性排列	有 700~1,000 Å 孔道	有細胞間隙 (1 μm)
水及小分子通透性	差	中	好
蛋白質通透性	差	可	好
部 位	肌肉、神經、皮膚、肺	消化道黏膜、腎、內分泌腺	肝及脾之血竇、骨髓

　　在正常情況下，微血管的壓力大於組織間的壓力，其壓力與蛋白質的存在多寡有關，血漿蛋白並不具通透性，其蛋白質稱為膠體(colloid)。影響**體液流動**的因素有：微血管靜水壓力、組織間液的靜水壓力、微血管膠質滲透壓及組織間液的膠質滲透壓等，這四項因素稱之史達林力量(Starling forces)。因此，可推論出二種相反力量來共同協調負責移動液體，一是微血管靜水壓比組織間液靜脈壓來的高，使體液較易從血管流向組織間液，二是血漿及組織間液的水分子濃度差，使兩處蛋白質濃度出現差異，使組織間液易流到血管內。此二種液體流動的方向，出現了過濾現象及吸收現象，所謂過濾現象(filtration)是液體從血管流到組織間液內，而吸收現象(absorption)是指液體從組織間液流向血管內，在正常情況下，過濾與吸收的現象會維持一恆定狀態。

四、靜 脈

　　當微血管從組織間帶回代謝廢物，會回到靜脈系統再流回到心臟，因此，在周邊的靜脈具有瓣膜，以防止血液的逆流或留置在周邊肢體，致靜脈血滯積而導致靜脈曲張之情況。故靜脈提供一低阻力的路徑，使血液順利回到心臟。

靜脈血流回心臟受下列因素影響：

1. **骨骼肌的收縮幫浦(skeletal-muscle pump)**：心血管控制中樞反射的影響靜脈的平滑肌進行交感性收縮，使局部靜脈壓力升高，瓣膜可使血液只向單方向流動，防止血液的逆流。

2. **呼吸的幫浦(respiratory pump)**：當吸氣時橫膈下降，向下壓制腹部，使腹部內壓力上升，利用胸腹部的壓力差，促使靜脈回流；胸腔內壓隨呼吸的進行而增減，呼氣時胸內壓增加，吸氣時胸內壓減少。當吸氣時，胸內壓減少，腹壓增加，協助將腹腔內的血液，擠回處於胸腔的心臟。此呼吸幫浦效果在運動中更為明顯。

3. **靜脈收縮**：因靜脈壁有平滑肌，其神經元受交感神經支配，分泌正腎上腺素，使平滑肌收縮，靜脈血管半徑變小，靜脈血壓力升高，而促使更多血液進入心臟，進而增加心搏出量。

8-7　血壓調控相關機制

血液流動的壓力即稱為血壓(blood pressure, BP)，是血流的驅動力，要將血中的營養物質及氧氣輸送到各器官組織運用，即需要有適當的血壓。影響動脈血壓的因素包括：血量、心跳率、心輸出量、血液黏稠度與末梢阻力等。血壓是如何調節及受哪些機制所影響？以下分成血液動力學、局部調控及長期調控等方面來逐一探討。

一、血液動力學

研究血流、壓力與阻力等因素交互作用，與血流的物理原則的知識，稱為血流動力學(hemodynamics)。血液循環系統本是一連串的封閉網路，在此環境內，血液因壓力差而流動，血流與壓力差呈正比，與阻力呈反比；壓力差變大或阻力變小，皆將有利於血液的流動（血流＝壓力差÷阻力）。血流阻力影響之因素包括血管的長度、血液黏稠度與血管半徑，阻力與血管的長度、血液黏稠度呈正比，與血管的半徑之四次方呈反比。

$$阻力 \propto \frac{血管長度 \times 血液黏稠度}{血管半徑^4}$$

由公式：血壓(pressure, P)＝血流(flow, F)×阻力(resistance, R)可知，血壓上升的原因主要是血流增加與阻力增加的關係。上升幅度視運動的種類而定。平均動脈壓(MAP)是整個循環系統壓力的指標，安靜休息時約為90~100 mmHg，運動時，平均動脈壓會隨運動強度的增加而穩定的增加。當心輸出量或總周邊血管阻力任一者或兩者皆增加時，即血壓會上升，反之亦然。心輸出量取決於心搏量（前負荷、心收縮力及後負荷）與心跳速率有關，而總周邊血管阻力(total peripheral resistance, TPR)主要是所有阻力血管的內徑所決定，且阻力大小與血液黏稠度、血管長度成正比，與血管半徑四次方成反比，其最重要之因素為阻力血管的半徑。血壓與血流及血管阻力有重要的關連性，即血壓由總血流量及周邊血管阻力所決定，由下列公式可知：

平均動脈壓(MAP)＝心輸出量(CO)×總周邊血管阻力(TPR)

平均動脈壓(MAP)＝心舒壓＋1/3（心縮壓－心舒壓）

二、局部調控

在局部調控血壓分成局部因素、神經系統及內分泌的影響等三部分逐一介紹。

（一）局部因素

◎ 心 臟

1. 史達林定律：靜脈回流會影響心搏出量的多寡。

2. 若心肌受周遭環境變化或組織受到傷害時，會限制心肌收縮力。

◎ 血 管

1. 自動調節機制。

2. 血管阻力主要是所有阻力血管的半徑所決定。

3. 血管局部調控因子：

(1) 促進血管鬆弛：缺氧與pH值下降、二氧化碳增加、腺嘌呤核苷增加、乳酸增加、高血鉀濃度、高滲透壓、緩動素增加、組織胺增加、內皮鬆弛因子增加。

(2) 促進血管收縮：牽扯力量增加、血清胺上升、內皮激素分泌增加、溫度下降。

（二）神經系統

◎ 心臟

交感神經興奮使心跳加速及心搏出量增加，副交感神經作用則反之。

◎ 血管

1. 中樞：延腦的血管運動中樞受交感神經興奮時，使小動脈血管收縮血壓上升，副交感神經則反之。

2. 周邊：主動脈竇(aortic sinus)及頸動脈竇(carotid sinus)有壓力接受器(baroreceptor)，可感受壓力的變化，分別透過迷走神經及舌咽神經上傳至延腦的血管運動中樞，以調控血壓的變化。

（三）內分泌系統

◎ 心臟

腎上腺髓質分泌腎上腺素，使竇房結增加心跳速率及增強心收縮力。

◎ 血管

影響血管的內分泌激素有：

1. 促進血管鬆弛：心房利鈉激素。

2. 促進血管收縮：血管收縮素II、加壓素、正腎上腺素、腎上腺素。

三、長期調控

血壓長期的調控與血液或體液容積的多寡有密切關係，血液量多寡與靜脈回流、心搏量有關，此影響心輸出量，與血壓的高低亦有直接的相關。而體液量的增加時，會增加心輸出量及周邊血管阻力，而使血壓升高，最典型的例子為腎素－血管收縮素－醛固酮系統(renin-angiotensin-aldosterone system, RAA system)（圖8-12）。

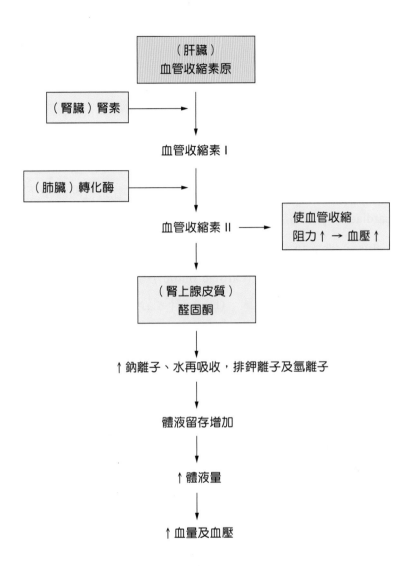

圖 8-12　腎素－血管收縮素－醛固酮系統

【　】1. 血液循環中，阻力最大的血管段為： (A)動脈 (B)靜脈 (C)小動脈 (D)微血管

【　】2. 影響動脈血壓的因素中，下列哪一項敘述是正確的？ (A)血液容積減少，則血壓上升 (B)血液黏滯度(blood viscosity)增加，則血壓下降 (C)心輸出量(cardiac output)增加，則血壓下降 (D)末梢小動脈收縮，則血壓上升

【　】3. 王先生的心跳為70次／分鐘，心舒張及心收縮末期容積分別是120毫升及50毫升，王先生的心輸出量(cardiac output)為多少？(A) 4.2升／分鐘 (B) 4.3升／分鐘 (C) 4.6升／分鐘 (D) 4.9升／分鐘

【　】4. 下列有關正常心電圖(ECG)波型之敘述，何項正確？ (A) P波反應竇房結(SA node)活性 (B) QRS波反應心室去極化(depolorization) (C) QRS波多在P波後0.32秒發生 (D) T波反應心房去極化

【　】5. 迷走神經興奮時，對心臟的影響何者正確？ (A)心跳速率變慢、電位衝動傳導速度變快 (B)心跳速率與電位衝動傳導速度變慢 (C)心跳速率變快、電位衝動傳導速度變慢 (D)心跳速率與電位衝動傳導速度不變

【　】6. 下列有關血壓的敘述，何者錯誤？ (A)小動脈血壓與主動脈血壓相似 (B)平均動脈壓較接近舒張壓而非收縮壓 (C)通常血壓指的是動脈壓 (D)脈壓(pulse pressure)通常比舒張壓小

【　】7. 法蘭克及史達林氏的心臟定律(Frank-Starling law of the heart)是： (A)舒張期心室充血量愈多，則收縮期打入主動脈的血量也愈多 (B)交感神經刺激越大，則收縮期打入主動脈的血量也愈多 (C)副交感神經抑制越大，則收縮期打入主動脈的血量也愈多 (D)心室肌細胞內鈣離子愈多，則收縮期打入主動脈的血量也愈多

【　】8. 在正常的心電圖中，QRS複合波是因下列何者產生的？ (A)心房的去極化(depolarization) (B)心房的再極化(repolarization) (C)心室的去極化 (D)心室的再極化

【　】9. 心臟肌的動作電位(action potential)之後期有很長的plateau，下述的哪一種是此plateau的成因？　(A)長期關閉voltage-gated Ca^{2+} channels　(B)長期打開voltage-gated Ca^{2+} channels　(C)長期關閉Na$^+$ channels　(D)長期打開Na$^+$ channels

【　】10. 心動週期當中，可聽到第二心音的階段是：　(A)等容心室舒張期　(B)等容心室收縮期　(C)心室排血期　(D)心室充血期

【　】11. 有一位病人的收縮壓為120毫米汞柱，脈搏壓為30毫米汞柱，請問其平均動脈壓為多少毫米汞柱？　(A) 95　(B) 100　(C) 105　(D) 110

【　】12. 心臟的電位傳導系統中，何構造位於冠狀竇開口處？　(A)竇房結　(B)房室結　(C)希氏束　(D)蒲金氏纖維

【　】13. 正常的心動週期中，動作電位會在何處有延遲傳遞的現象？　(A)心室心肌　(B)竇房結　(C)房室結　(D)房室束

【　】14. 舒張末期心室的總血量愈多，所造成的心臟收縮愈大（史達林定律），其機制為何？　(A)進入心肌細胞中的鈣離子增加　(B)肌漿內質網釋放出的鈣離子增加　(C)交感神經的作用　(D)心肌纖維的長度增加

【　】15. 下列心臟傳導系統中以哪一部分細胞較小，傳導速度較慢，所造成的傳導延遲使心房完成收縮後，動作電位才傳到心室？　(A)房室結(atrioventricular node, A-V node)　(B)竇房結(sinus node or sinoatrial node, S-A node)　(C)房室束(A-V bundle)　(D)浦金奇纖維(Purkinje fibers)

【　】16. 下列有關心電圖的敘述，何者正確？　(A) P波代表心室去極化　(B) QRS波代表心室去極化　(C) T波代表心房去極化　(D) PR期間代表心房去極化

【　】17. 感應血壓變化的感壓受器(baroreceptor)位於：　(A)頸動脈竇及主動脈弓　(B)頸動脈體及主動脈體　(C)上腔靜脈及右心房　(D)下腔靜脈及右心房

【　】18. 心肌細胞之間會以下列何者相連，將動作電位快速傳導至相鄰的細胞？　(A)緊密接合蛋白(tight junction)　(B)裂隙接合蛋白(gap junction)　(C)突觸(synapse)　(D)離子通道(ion channel)

【　】19. 收縮壓為150毫米汞柱，舒張壓為120毫米汞柱，其平均動脈壓(mean arterial pressure)為多少毫米汞柱？　(A) 125　(B) 130　(C) 135　(D) 140

【 】20. 右心房內血壓上升引起的反射作用稱為： (A)主動脈反射(aortic reflex) (B)頸動脈反射(carotic reflex) (C)班布吉反射(Bainbridge reflex) (D)赫鮑二氏反射(Hering-Breuer reflex)

【 】21. 每分鐘由左心室射出至主動脈的血液總量稱為： (A)心搏量 (B)心輸出量 (C)靜脈回流量 (D)心跳速率

【 】22. 一個人心臟收縮與舒張末期的容積分別為60與120 mL，且心跳速率每分鐘為70次，則其心輸出量(cardiac output)約為若干L/min？ (A) 3 L/min (B) 4 L/min (C) 5 L/min (D) 6 L/min

【 】23. 血管收縮素II (angiotensin II)的主要作用為： (A)促進紅血球增加 (B)抑制醛固酮(aldosterone)的分泌 (C)使血管收縮 (D)降低血壓

【 】24. 在心肌動作電位中，高原期的維持是因心肌細胞有： (A)快速鈉通道 (B) L型鈣通道 (C)鈉鉀ATPase (D) T型鈣通道

【 】25. 心肌不會發生收縮力加成作用(summation)的原因，主要是下列何者？ (A)心肌沒有橫小管(transverse tubule) (B)心肌的不反應期時間幾乎與其收縮時間重疊 (C)心肌的動作電位不會加成 (D)心肌肌漿網(sarcoplasmic reticulum)不發達

【 】26. 第一心音發生在下列何時？ (A)心房收縮時 (B)早期心室舒張時 (C)主動脈瓣關閉時 (D)房室瓣關閉時

【 】27. 下列何者為心臟收縮最主要的能量來源？ (A)葡萄糖 (B)蛋白質 (C)脂肪酸 (D)核酸

········· ★★ 解答 ★★ ··········

1.C	2.D	3.D	4.B	5.B	6.A	7.A	8.C	9.B	10.A
11.B	12.B	13.C	14.D	15.A	16.B	17.A	18.B	19.B	20.C
21.B	22.B	23.C	24.B	25.B	26.D	27.C			

CHAPTER

第 **9** 章

呼吸系統

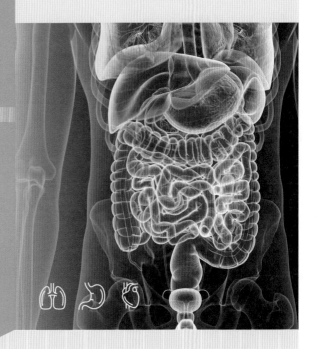

蕭如玲 編著

大綱

Physiology

　　呼吸系統，藉著與外在環境進行氣體交換之作用，將新鮮的含氧氣體提供細胞之所需；此過程包含氧氣的吸入與二氧化碳的排除，稱為呼吸作用。呼吸過程分為外呼吸與內呼吸，其中，外呼吸係指氣體由鼻、咽、喉、氣管、支氣管至肺中進行氣體之交換作用；而內呼吸則指組織與血液之間氣體之交換。有關呼吸生理學，包括肺功能之測定、呼吸作用、呼吸之調節機轉，將於本章中探討。

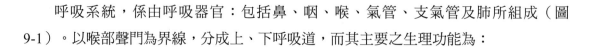

9-1 呼吸系統的構造及其功能

　　呼吸系統，係由呼吸器官：包括鼻、咽、喉、氣管、支氣管及肺所組成（圖9-1）。以喉部聲門為界線，分成上、下呼吸道，而其主要之生理功能為：

1. 提供氧氣。

2. 排除二氧化碳。

3. 調節血液中H^+濃度（pH值）。

4. 構音（發聲）。

5. 抵禦微生物。

6. 藉肺微血管的血液及其產物而影響動脈血中化學訊息的傳遞。

7. 捕捉並溶解血塊。

一、鼻

　　鼻(nose)由外鼻部與內鼻部所構成，內鼻部在顱腔與口腔之間的部分，稱之為鼻腔；前與外鼻部互通，後與咽部相通。副鼻竇：包括額竇、蝶竇、上頜竇、篩竇；副鼻竇與鼻淚管皆開口於鼻腔（圖9-2）。鼻的主要生理功能有：

1. 嗅覺：鼻之嗅覺上皮細胞可接受刺激產生嗅覺功能。

2. 共鳴作用：說話聲音進入鼻腔，內含許多腔室包括副鼻竇可作為聲音之共鳴箱。

3. 過濾：鼻黏膜可將外界之大顆粒雜質過濾，其次對於冷空氣的進入具調節加溫之效應。

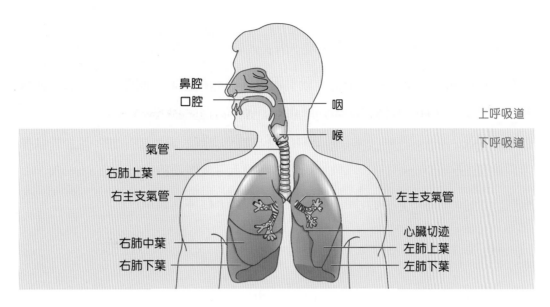

圖 9-1　呼吸系統的結構

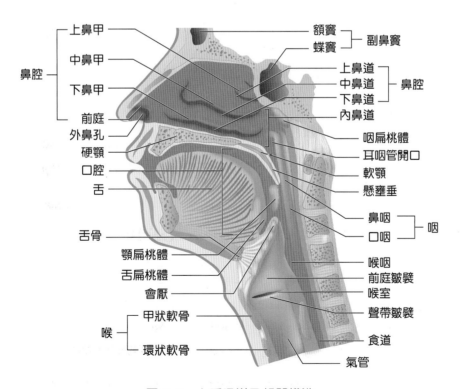

圖 9-2　上呼吸道及相關構造

二、咽

咽(pharynx)位於鼻、口腔後方，唯一狹長的管子，主要可分為三部分：

1. 鼻咽(nasopharynx)：其前壁上方有兩個內鼻孔與鼻腔互通，側壁含耳咽管可與中耳互通，後壁則含有咽扁桃體(pharyngeal tonsil)。

2. 口咽(oropharynx)：經咽門(facuces)與口腔互通，含兩對扁桃體，其一位於舌基部之舌扁桃體(lingual fonsil)，其二位於顎咽弓與顎舌弓之顎扁桃體(palatine tonsil)。

3. 喉咽(laryngopharynx)：前方開口與喉互通，往其下延伸為食道。

三、喉

喉(larynx)是連接咽部與氣管的通道，由9塊軟骨所組成（圖9-3）。包括單一塊的甲狀軟骨(thyroid cartilage)、會厭軟骨(epiglottic cartilage)、環狀軟骨(cricoid cartilage)及成對的杓狀軟骨(arytenoid cartilage)、小角軟骨(corniculate cartilage)和楔狀軟骨(cuneiform cartilage)。喉部的主要生理功能為：

1. 吞嚥防衛：含有會厭軟骨，當食物進入食道時，軟骨上頂並關閉聲門以防止食物誤入氣管。

2. 發音：位於喉黏膜有兩對皺襞，上為前庭皺襞為假聲帶，下為聲帶皺襞為真聲帶。音調由聲帶之張力來調控，當聲帶之肌肉拉緊時可產生震動速度快而音調高之聲音，反之則產生低音調聲音。

四、氣管

氣管(trachea)位於食道的前面，喉的下緣，起始之高度約在第6頸椎處，相當於環狀軟骨高度（圖9-4）。在第5胸椎(T_5)的高度分成左右支氣管。整個氣管外被16~20塊C型透明軟骨及平滑肌所構成。C型軟骨開口朝後方之食道（圖9-4b）。

氣管主要的功能為：

1. 維持呼吸道通暢：含透明的C型軟骨，使氣體在呼吸道傳送通暢無阻不至塌陷。

2. 淨化及過濾之功能：內含複層黏膜上皮組織，藉由纖毛的擺動淨化與過濾空氣。

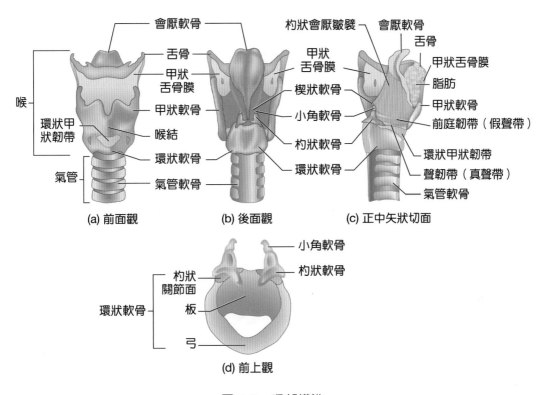

圖 9-3 喉部構造

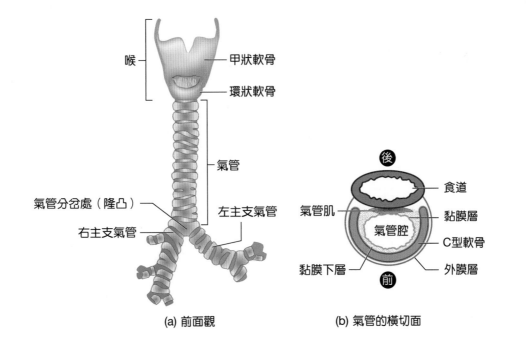

圖 9-4 氣管構造

五、支氣管

左右主支氣管(bronchi)，在胸椎第5節分支。左右兩邊在長度、粗細及垂直角度上不相同。通常右支氣管較左支氣管短且粗及較垂直（圖9-4）。當進入肺臟後，再分成較小的次支氣管，再由次支氣管分支為三個細支氣管，繼續細分為終末支氣管。

支氣管分支後的構造亦隨之變化，通常氣管軟骨環變成軟骨板；而後至細支氣管已無軟骨，且平滑肌逐漸增加。因此，對於氣喘(asthma)發作之病患會引起平滑肌收縮而關閉空道，而吸不到氣體的原因就在此。支氣管的張力具有日夜節律性，一般在清晨收縮性最強，傍晚最弱。

六、呼吸道

呼吸道(airway)係指氣體自鼻、咽、喉、氣管、支氣管到肺泡交換氣體所經過的通道。通道由粗至細，如樹枝般的分支（圖9-5）。每一分支稱為一代(generation)，共分成23代。前16代稱為傳導區，後7代稱為呼吸區。

1. **傳導區(conducting zone)**：由氣管到終末小支氣管共16分支。此區無氣體的交換作用，僅是氣體的通道，亦稱為解剖之無效腔(dead space)。

2. **呼吸區(respiratory zone)**：自呼吸性小支氣管至肺泡的7個次分支。由於分支越來越多，數目及總面積相當大，故使氣體容易進行交換。

呼吸道主要傳導區的生理功能為：

1. 提供低阻力之氣流：阻力受呼吸道中平滑肌收縮之變化及氣道中外力的影響。

2. 抵禦外來物、有毒之化學物質及微生物：通常由纖毛黏液及吞噬細胞扮演此角色。

3. 將空氣加溫及潤濕的功能。

4. 聲音之形成（聲帶）。

七、肺 臟

肺臟(lung)位於胸腔當中，左邊有二葉，右邊有三葉；左肺葉被斜裂分為上葉與下葉，右肺葉則被水平裂與斜裂分成上葉、中葉、與下葉（圖9-6）。

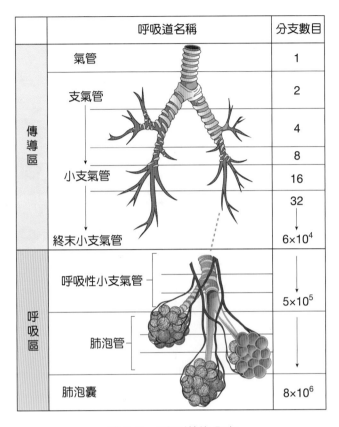

	呼吸道名稱	分支數目
傳導區	氣管	1
	支氣管	2
		4
		8
	小支氣管	16
		32
	終末小支氣管	6×10^4
呼吸區	呼吸性小支氣管	5×10^5
	肺泡管	
	肺泡囊	8×10^6

圖 9-5　呼吸道的分支

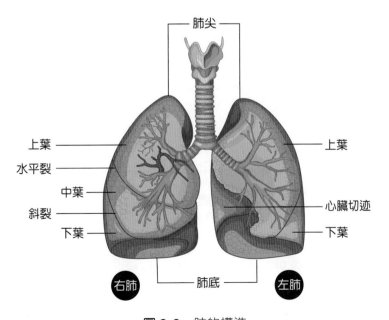

圖 9-6　肺的構造

　　肺臟之左右肺葉再分為肺節(segment)，肺節內再分為許多肺小葉(alveolus)（圖9-7a）；肺小葉內由肺泡管(alveolar ducts)組成。肺泡管內有許多肺泡囊及肺泡圍繞（圖9-7b）。

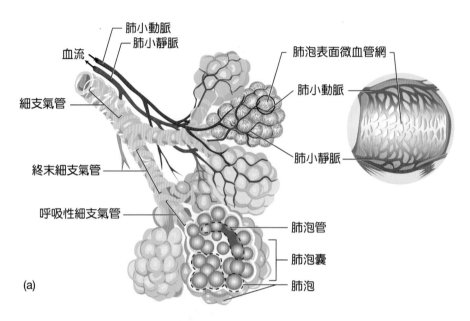

(a)

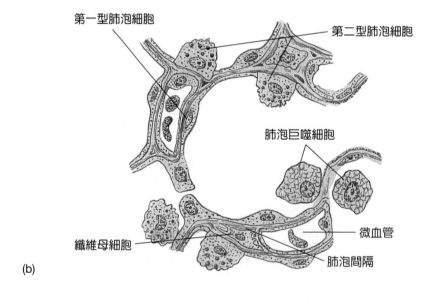

(b)

圖 9-7 (a) 肺小葉構造；(b) 肺泡構造

資料來源：(b)韓秋生、徐國成、鄒衛東、翟秀岩(2004)。*組織學與胚胎學彩色圖譜*。新文京。

肺臟之主要生理功能為：

1. 交換氣體：肺之構造單位為肺小葉，其數目有三十億個小氣囊，這些小氣囊稱為肺泡(alveoli)。每一肺泡直徑約0.3毫米(mm)，總載面積約有50～100平方公尺，故有利氣體進行交換。

2. 防止肺泡塌陷。

3. 過濾。

　　有關肺泡壁表層之細胞，主要有兩類細胞：(1)第一型肺泡細胞(type I alveolar cells)，又稱鱗狀肺泡上皮細胞，或稱小肺泡細胞；(2)第二型肺泡細胞(type II alveolar cells)，又稱中膈細胞。第一型肺泡細胞為主要形成肺泡壁之連續內襯，其上亦分布許多微血管，總面積達75平方公尺之多，故能讓大量之氣體進行交換。第二型肺泡細胞可分泌**表面張力素**(surfactant)，而此化合物具防止肺泡塌陷之功能，當深呼吸時分泌增加，以使肺之順應性(compliance)增加，讓肺更容易擴張。新生兒若因此細胞發育未成熟，則常引發呼吸窘迫症候群(respiratory distress syndrome, RDS)。肺部另含有巨噬細胞或稱塵細胞(dust cell)，可將外物分解，具過濾之功能。

9-2　肺的呼吸作用 (Respiration)

一、肺的換氣作用 (Ventilation)

　　肺在呼吸時所含的步驟，以圖9-8來說明。換氣的定義是指空氣與肺泡間氣體之交換，宛如血液一樣氣體自高壓往低壓流入一般。依流體力學而言，流速(F)與壓力差(ΔP)成正比，與阻力(R)呈反比。其公式如下：

$$F = \frac{\Delta P}{R}$$

氣體流入與流出包括：流入口鼻之壓力(P_{atm})及流出肺泡的壓力(P_{alv})，故：

$$F = \frac{P_{atm} - P_{alv}}{R}$$

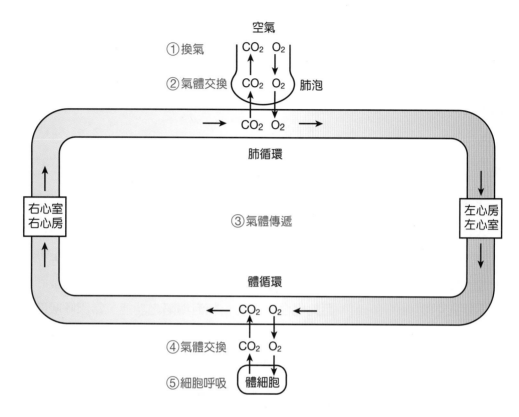

圖 9-8 　呼吸的步驟

　　對於換氣時相關之關係，如圖9-9。當肺泡壓力小於大氣壓時，空氣進入肺內造成吸氣，反之則造成呼氣。此現象可以波以耳定律(Boyle's law)解釋之，也就是在密閉容器中，壓力與體積呈反比之關係。

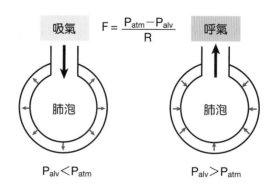

圖 9-9 　換氣作用

二、吸　氣

　　平靜吸氣(inspiration)時，此時的呼吸肌是放鬆的，空氣尚未進入肺時，肺泡(P_{alv})壓為0 mmHg，也就是相當於一大氣壓；而胸膜內壓(intrapleural pressure, P_{ip})為-4 mmHg，故肺間壓(transpulmonary pressure)差為4 mmHg（即$P_{alv} - P_{ip}$）（圖9-10）。吸氣初期，主要是由橫膈(diaphragm)及外肋間肌收縮所造成。而橫膈為平靜吸氣時最主要之作用肌。當橫膈收縮時會下降變平，並使胸廓垂直徑增加。其次，吸氣時胸腔之外肋間肌也同時收縮，使肋骨上舉以增加胸廓左右徑及前後徑。但若用力吸氣時，尚需斜角肌(scalenes)、胸小肌(pectoralis minor)及胸鎖乳突肌之協助，以利做功完成吸氣。

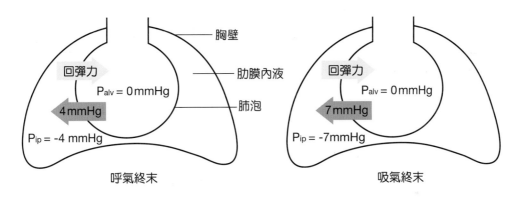

圖 9-10　吸氣的過程

三、呼　氣

　　呼氣(expiration)的過程綜合整理如圖9-11。吸氣結束後，肺及胸廓被動地回到原來的直徑大小，故若為平靜呼氣時，完全為被動不需消耗能量。這是因為肺受牽張後仍具回彈力(elastic recoil)之故。此過程為：吸氣肌的鬆弛，使得肺內壓變為正壓，橫膈膜放鬆上頂；外肋間肌之鬆弛使肋骨下移，而造成氣體排出。在特殊之情形下，如運動、用力呼氣時，呼氣過程變成主動過程。此時，必須由內肋間肌收縮，將肋骨下移，胸廓往內拉，其次腹肌收縮，造成腹內壓增加、橫膈上頂，以利吐氣。

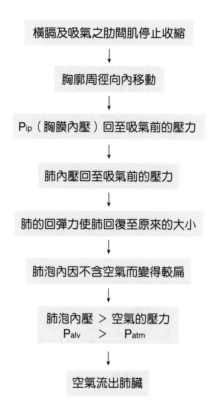

橫膈及吸氣之肋間肌停止收縮

↓

胸廓周徑向內移動

↓

P$_{ip}$（胸膜內壓）回至吸氣前的壓力

↓

肺內壓回至吸氣前的壓力

↓

肺的回彈力使肺回復至原來的大小

↓

肺泡內因不含空氣而變得較扁

↓

肺泡內壓 ＞ 空氣的壓力
P$_{alv}$ ＞ P$_{atm}$

↓

空氣流出肺臟

圖 9-11 呼吸的過程所發生的事件

四、肺泡通氣量

肺總通氣量(total ventilation capacity)係指每分鐘呼吸氣體的總量，為潮氣容積與每分鐘呼吸頻率之乘積，即：

$$V_E = V_T \times f$$

式中V$_E$＝肺總通氣量(ml/min)；V$_T$＝潮氣容積(ml/breath)；f＝每分鐘呼吸頻率(breaths/min)。

另外，肺泡通氣量則是指氣體於每分鐘內在肺泡內進行氣體交換的量。由於每次吸入之氣體，有一部分氣體停留在呼吸道的傳導區，並未進行氣體交換，此被稱為解剖死腔(anatomic dead space)，所占的體積大約有150毫升。因此，真正在肺泡進行氣體交換的體積為潮氣容積扣除解剖死腔容積所得，故每分鐘肺泡通氣量為：

$$V_A = (V_T - V_D) \times f$$

式中V_A＝每分鐘肺泡通氣量；V_T＝潮氣容積；V_D＝解剖死腔容積；f＝呼吸頻率。

今以一健康的男性為例，其每分鐘呼吸頻率為12次／分，則肺泡通氣量為：

$$V_A = (500 - 150) \times 12 = 4,200 \text{ ml/min}$$

一般而言，健康的人其生理性死腔應當等於零；但一旦肺發生了病變時，如肺氣腫(emphysema)，呼吸區之肺泡因無法進行完全地氣體之交換時，即產生了生理性死腔。肺泡通氣量除了受病理因素之影響外，亦受呼吸型態之影響。例如：快淺呼吸時，會降低肺泡通氣量，而慢深呼吸反使之上升。

9-3　肺功能的測定

一、肺容積

所謂肺容積(pulmonary volume)係指每次呼吸進出肺部之容積變化，一般可用呼吸計(spirometry)來測量（圖9-12）。肺容積包含以下重要的生理參數：

1. 潮氣容積(tidal volume, TV)：係指平靜呼吸時，每次吸入或呼出的氣體體積量，正常人大約有500毫升。

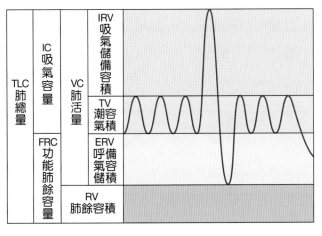

圖 9-12　肺容積與肺容量之變化

2. 吸氣儲備容積(inspiratory reserve volume, IRV)：係指於平靜吸氣後，尚可用力吸入之最大氣體體積。一般正常值大約為3,100毫升。肺泡彈性越好，所能吸入的儲備容積就越大。

3. 呼氣儲備容積(expiratory reserve volume, ERV)：係指在安靜呼氣後，再用力呼出之最大氣體量，一般大約有1,200毫升。

4. 肺餘容積(residural volume, RV)：係指用力呼氣後，仍停留於肺內的氣體體積量；此參數一般無法由肺計量器測得，一般量大約有1,200毫升。

二、肺容量

肺容量(pulmonary capacities)的參數可以用肺容積計算出，參數如下：

1. 吸氣容量(inspiratory capacity, IC)：係指潮氣容積和吸氣儲備容積之和，即IC＝TV＋IRV。

2. 功能肺餘容量(fuctional residual capacity, FRC)：係指安靜呼吸後，仍存留在肺內氣體，為呼氣儲備容積與肺餘容積之和，即FRC＝ERV＋RV。

3. 肺活量(vital capacity, VC)：係指用力吸氣後所能呼出之氣體，為吸氣儲備容積、呼氣儲備容積與潮氣容積之和，即VC＝IRV＋ERV＋TV。

4. 肺總量(total lung capacity, TLC)：為肺部可容納之大氣體積量，即TLC＝TV＋ERV＋IRV＋RV。

肺容積與肺容量，可因性別、體型而有所差異；一般而言，男性較女性多，體型較大者較多。在臨床上，肺活量與功能肺餘容量可作為肺功能重要之參考依據。

9-4　肺部氣體的交換

肺部的氣體交換(gas exchange)包括內呼吸與外呼吸作用。外呼吸是指空氣與肺泡細胞進行交換之作用。而內呼吸則是指經血液運送氧與二氧化碳至組織細胞中進行交換之作用，亦稱為組織呼吸。

一、氣體的分壓 (Partial Pressure of Gas)

根據道耳吞定律，混合氣體之總壓為各分壓的總合。在海平面之大氣壓，主要由氮(N_2)、氧(O_2)及二氧化碳(CO_2)所組成，其中氧分壓占其中21%，即：

$$P_{大氣壓} = PN_2 + PO_2 + PCO_2 = 760 \text{ mmHg}$$

故　$PO_2 = 760 \text{ mmHg} \times 21\% = 160 \text{ mmHg}$

（一）肺泡內氣體壓力 (Alveolar Gas Pressure)

氣體自空氣中進入肺泡之情形，如圖9-13。正常情況下，肺泡的PO_2及PCO_2決定了動脈血中氧及二氧化碳之分壓，肺泡的$PO_2 = 105 \text{ mmHg}$及$PCO_2 = 40 \text{ mmHg}$。但如圖9-13，空氣中氧分壓為$PO_2 = 160 \text{ mmHg}$及二氧化碳之分壓$PCO_2 = 0.3 \text{ mmHg}$，而肺泡氧分壓卻遠較空氣中之氧分壓低，這是因為部分之氧進入肺微血管中；反觀二氧化碳之分壓，肺泡之壓力反而較空氣之壓力高，這是因為二氧化碳從肺微血管進入肺泡之故。然而決定肺泡PO_2確實之因素為：(1)空氣中氧的分壓(PO_2)；(2)細胞中氧消耗的速率；(3)肺泡的換氣能力(alveolar ventilation)。而其中影響肺泡中氣體壓力的變化有許多，例如在高山上，空氣中PO_2太低，當吸入了低氧壓的空氣，可能造成肺泡中PO_2減少，但PCO_2並未改變。

（二）肺泡血液中氣體的交換 (Alveolar-Blood Gas Exchange)

正常在全身血液中氣體的分壓如表9-1，全身的靜脈血經肺動脈進入肺部，血液再由肺微血管進行氣體的交換。故肺動脈血中充滿了缺氧血，透過擴散作用與外界進行氣體交換（圖9-13）。

表 9-1　氧及二氧化碳的氣體分壓

氣體分壓 ＼ 部位	靜脈	動脈	肺泡
PO_2	40 mmHg	100 mmHg	105 mmHg
PCO_2	46 mmHg	40 mmHg	40 mmHg

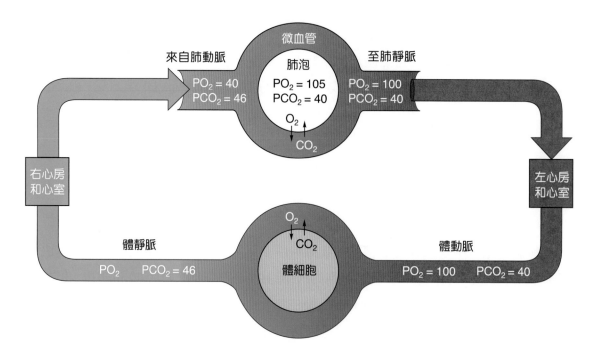

圖 9-13 內呼吸及外呼吸之 PO_2 和 PCO_2 之變化

二、肺部氣體的運送

（一）氧氣之運送

　　氧氣之運送主要靠紅血球內血紅素(hemoglobin, Hb)之攜帶。每一Hb含有4條胜肽鏈所構成之球蛋白及4個血基質(hemes)。每一血基質含有一鐵原子可與一分子氧結合。當鐵與氧結合後的化合物稱之為氧合血紅素(oxyhemoglobin)。反應式如下：

$$\underset{\text{（血紅素）}}{\text{Hb}} \quad + \quad \underset{}{\text{O}_2} \quad \rightleftharpoons \quad \underset{\text{（氧合血紅素）}}{\text{HbO}_2}$$

以上述方式運送之比例占97%，其他則溶解在血漿中，占3%。

◎ 氧合血紅素解離曲線

　　若以血紅素與氧結合之情形，所繪之曲線稱之為氧合血紅素解離曲線(oxyhemoglobin dissociation curve)（圖9-14）。此一曲線受到以下各因素之影響：

1. 血液中pH值：當血液中二氧化碳之濃度增加時，H⁺隨之增加，pH值下降，反應式如下：

$$CO_2 + H_2O \rightleftharpoons H_2CO_3 \rightleftharpoons H^+ + HCO_3^-$$

　　氫離子在血中降低血紅素攜氧之能力，在氧不足的情況下使曲線右移並放出氧分子，如圖9-14(a)。

2. 溫度的影響：當溫度上升時，氧與血紅素結合之能力減少，使氧分子釋放出來，如圖9-14(b)。

3. 2,3－二磷酸甘油酸(2,3-diphosphoglycerate, 2,3-DPG)：此化合物為呼吸過程中糖解反應之中間產物，易與血紅素結合；因而降低其攜氧之能力。故當2,3-DPG增加時，將使組織中之HbO₂解離放出O₂，如圖9-14(c)。

4. 其他：如登高山、運動或貧血之情形下，皆使曲線右移。

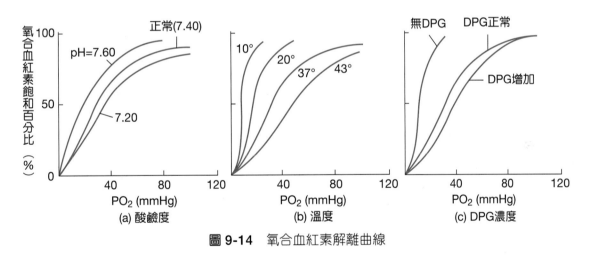

圖 9-14　氧合血紅素解離曲線

（二）二氧化碳之運送

　　二氧化碳在血液中主要之運輸方式有以下幾種：

1. 溶解在血漿之中：約7%的CO₂溶於血漿中，再運送至肺部與外界交換氣體。

2. 以碳醯胺基血紅素(carbaminohemoglobin)形式運送：二氧化碳可以和血紅素結合形成碳醯胺基血紅素，但僅占20%。

3. 主要以重碳酸根離子(bicarbonate ion)之方式運送，約占70%，反應如下：

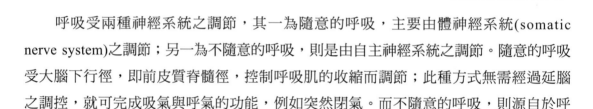

$$CO_2 + H_2O \underset{}{\overset{碳酸酐酶}{\rightleftharpoons}} H_2CO_3 \rightleftharpoons H^+ + HCO_3^-$$

此過程中之碳酸酐酶(carbonic anhydrase)的作用被局限在紅血球內，當血液運送二氧化碳至組織微血管時，就放出HCO_3^-。此時，紅血球帶正電，並吸引氯離子進入紅血球，這種現象稱為氯轉移(choride shift)。

9-5 呼吸的調節

呼吸受兩種神經系統之調節，其一為隨意的呼吸，主要由體神經系統(somatic nerve system)之調節；另一為不隨意的呼吸，則是由自主神經系統之調節。隨意的呼吸受大腦下行徑，即前皮質脊髓徑，控制呼吸肌的收縮而調節；此種方式無需經過延腦之調控，就可完成吸氣與呼氣的功能，例如突然閉氣。而不隨意的呼吸，則源自於呼吸中樞－延腦與橋腦的調節。

一、呼吸中樞 (Respiratory Center)

延腦與橋腦為位於腦幹的兩個呼吸中樞。延腦的神經元聚集形成節律中樞(rhythmicity center)，而此中樞的活動亦受橋腦的調節。有關之神經元包括以下幾群：

1. 背側呼吸群(dorsal respiratory group, DRG)：主要包含吸氣神經元，神經元之軸突延伸至脊髓中並刺激膈神經的運動神經元而引發橫膈收縮而吸氣。

2. 腹側呼吸群(ventral respiratory group, VRG)：含呼氣與吸氣的神經元，並分別位於延腦外側及腹側之兩長條神經核。

3. 臂旁核(parabrachial nucleus)：位於橋腦，稱為呼吸調節中樞(pneumotaxic center)，可調節呼吸速率，並抑制長吸中樞，使呼吸再度產生。

在橋腦尚有長吸中樞(apneustic center)可協助呼吸之調節，此中樞位於橋腦的下半段區域，主要之功能似乎是使吸氣延長因而使呼氣受到抑制。如果切斷此區域而迷走神經仍完整的情形下，會造成潮氣容積增加及呼吸速率變慢。

二、化學感受器 (Chemoreceptors)

　　呼吸能產生自發性的節律，除受到延腦中樞的影響外，同時也受血液中化學組成的影響。周邊化學感受器(peripheral chemoreceptors)為**主動脈體**與**頸動脈體**，對於血液中PCO_2、PO_2與pH值之變化很敏感。當血中二氧化碳增加，進而使pH值降低、H^+濃度上升時，此時主動脈體與頸動脈體偵測到訊號並分別由迷走神經及舌咽神經傳送至延腦呼吸中樞，而使換氣增加（圖9-15）。今若將兩側迷走神經切斷，則周邊化學感受器之神經衝動無法傳到中樞而導致呼吸變慢。

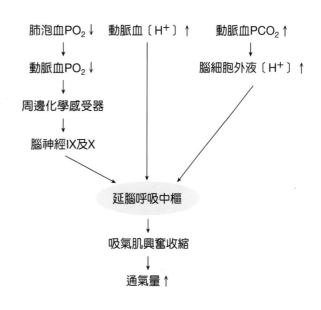

圖 9-15　呼吸之化學性調節

　　中樞化學感受器(central chemoreceptor)位於**延腦**，對於二氧化碳的刺激最為敏感。當動脈血中二氧化碳增加時，腦脊髓液H^+濃度上升將興奮延腦中樞，而使呼吸肌收縮，通氣量因此增加，而使PCO_2回復正常。但一般而言，周邊化學感受器並非直接受血中CO_2刺激，而是受血中H^+濃度上升所影響。然而，延腦位於其腹側之第9及第10對腦神經，則直接對動脈血中之PCO_2變化產生反應。此乃因動脈血中H^+無法通過血腦障壁之故。

三、其他調節機制

　　呼吸調節時，肺臟也不能無上限地吸入大量之氣體，在肺臟之肺泡壁內含**牽張感受器**(strectch receptor)。若此感受器因刺激而興奮時，經迷走神經分別傳送至延腦及橋腦，使吸氣受到抑制以防止過度膨脹。此一保護作用的調節稱為**膨脹反射**(inflatory reflex)或**赫鮑二氏反射**(Hering-Breur's reflex)。

　　呼吸之調節尚受到其他因素之影響，例如發燒造成體溫上升也會使呼吸加快。突然遇冰水、咽喉受刺激或疼痛時也會造成呼吸暫停。血壓之突然劇增，也會造成反射性心跳減慢、血壓下降以及呼吸速率變慢。

★★ 學習評量 ★★　　　　　　　　　　　　　REVIEW ACTIVITIES

【　】1. 吸氣肌收縮時，會產生下列何項改變？　(A)橫膈向下移動，胸廓向內及向下移動　(B)橫膈向上移動，胸廓向內及向下移動　(C)橫膈向下移動，胸廓向外及向上移動　(D)橫膈向上移動，胸廓向外及向上移動

【　】2. 血中氫離子濃度上升可使氧－血紅素解離曲線(O_2-Hb dissociation curve)發生何種變化？　(A)右移　(B)左移　(C)上移　(D)下移

【　】3. 下列何者是決定氧和血紅素結合量之最重要因素？　(A)血液之pH　(B)溫度　(C)血氧之分壓　(D)二氧化碳之分壓

【　】4. 下述有關肺容積及肺容量的敘述何者正確？　(A)肺活量(vital capacity)為吸氣容量(inspiratory capacity)及肺餘容積(residual volume)之和　(B)吸氣容量為吸氣儲備容積(inspiratory reserve volume)及潮氣容積(resting tidal volume)之和　(C)功能肺餘容量(functional residual capacity)為潮氣容積及吸氣容量之和　(D)總肺容量(total lung capacity)為吸氣容量及肺活量之和

【　】5. 下列有關肺泡表面張力的敘述，何者錯誤？　(A)若以生理鹽水取代空氣來灌注肺臟則可增加肺泡表面張力　(B)表面張力素(surfactant)可降低表面張力　(C)表面張力素可以穩定肺泡，防止小肺泡的塌陷　(D)表面張力素係由第二型肺泡上皮細胞所製造

【　】6. 肺活量(vital capacity)為下列數項所合成，但不包括：　(A)餘氣量(residual volume)　(B)呼氣儲備量(expiratory reserve volume)　(C)吸氣儲備量(inspiratory reserve volume)　(D)潮氣量(tidal volume)

【　】7. 血液中二氧化碳之運送，最多是藉由：　(A)直接溶解於血漿中　(B)在紅血球中轉製為碳酸氫根離子(HCO_3^-)，再轉入血漿中運送　(C)直接與血紅素作用，形成氨碳酸血紅蛋白(carbaminohemoglobin)來運送　(D)上述三項，約各占近三分之一，並無哪一項是特別主要之運送方式

【　】8. 位在延腦，與呼吸速率之調節密切相關之化學感受器(medullary chemo-receptors)，其所最直接感受者，主要為下列何者之濃度？　(A)氧　(B)二氧化碳　(C)碳酸氫根離子(HCO_3^-)　(D)氫離子(H^+)

【　】9. 正常情況下，流於靜脈內的缺氧血約有多少百分比(%)的氧飽和度(O_2 saturation)？　(A) 25　(B) 50　(C) 75　(D) 97.5

【　】10. 肺內何種細胞可製造磷脂類的表面活性劑？　(A)肺泡巨噬細胞　(B)淋巴細胞　(C)第二型肺泡上皮細胞　(D)第一型肺泡上皮細胞

【　】11. 下列哪兩組肌肉收縮時造成吸氣？　(A)橫膈膜，內肋間肌　(B)內肋間肌，腹肌　(C)橫膈膜，外肋間肌　(D)外肋間肌，腹肌

【　】12. 肺活量等於下列何者？　(A)吸氣容量與吸氣儲備容積之和　(B)潮氣容積與吸氣容量之和　(C)潮氣容積、吸氣儲備容積以及呼氣儲備容積之和　(D)肺餘容積與吸氣容量之和

【　】13. 何者可增加血紅素(hemoglobin)與氧的結合？　(A) 2,3－二磷酸甘油酸(2,3-DPG)增加　(B) CO_2增加　(C) pH升高　(D)高溫

【　】14. 下列何者是隨意性呼吸控制中心？　(A)大腦皮質　(B)橋腦長吸區　(C)延髓節律區　(D)橋腦呼吸調節區

【　】15. 頸動脈體偵測血液中O_2含量的變化，其訊息經由下列何者送至延髓？　(A)三叉神經　(B)舌下神經　(C)舌咽神經　(D)副神經

【　】16. 與正常人相比較，部分呼吸道狹窄的病人，其第一秒內用力呼氣體積(forced expiratory volume at the first second)與用力呼氣肺活量(forced vital capacity)之改變，下列何者正確？　(A)二者變化均不顯著　(B)前者減少，但後者變化不顯著　(C)前者變化不顯著，但後者減少　(D)二者均顯著減少

【　】17. 若以潮氣容積(tidal volume)200毫升，呼吸頻率40次／分鐘的方式持續呼吸30秒，會發生下列何種現象？　(A)動脈二氧化碳分壓明顯下降　(B)容易產生呼吸性低氧現象　(C)血液中的氧氣總量大幅增加　(D)呈現呼吸性鹼中毒

.... ＊＊ 解答 ＊＊

1.C	2.A	3.C	4.B	5.A	6.A	7.B	8.D	9.C	10.C
11.C	12.C	13.C	14.A	15.C	16.B	17.B			

MEMO

CHAPTER

第 **10** 章

腎臟生理

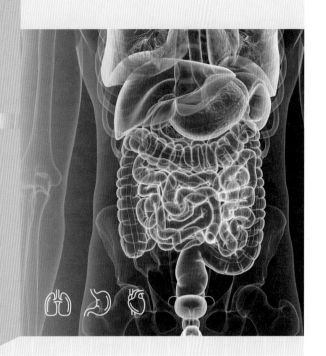

張媛綺 編著

大綱

Physiology

人體有四大排泄系統，分別為皮膚系統、呼吸系統、消化系統及泌尿系統，本單元主要介紹腎臟。腎臟功能包括製造及排出尿液、調節血壓、平衡體液之酸鹼值、分泌紅血球生成素(erythropoietin)刺激骨髓產生紅血球，分泌腎素(renin)調節血壓及活化維生素D，而泌尿系統由腎臟、輸尿管、膀胱、尿道組成（圖10-1）。

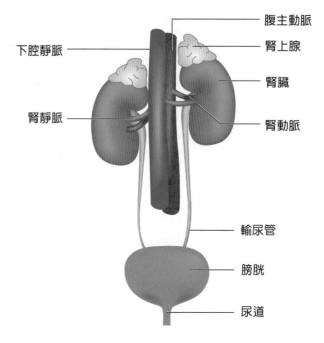

下腔靜脈
腎靜脈

腹主動脈
腎上腺
腎臟
腎動脈

輸尿管
膀胱
尿道

圖 10-1 泌尿系統各部分

10-1　腎臟的構造及其功能

一、腎臟的構造

　　腎臟為成對，位於身體的後腹腔，腎臟高度起端為第12胸椎，止端為第3腰椎，受到肝臟的壓迫，所以左腎高於右腎。以腎臟的外形而言，外形像蠶豆般，成人的每一個腎臟重量約150公克，且左腎比右腎大。

　　由腎臟的冠狀切面來看，外層為皮質(cortex)，內層為髓質(medulla)，髓質由8~15個腎錐體(renal pyramids)所組成，中間被腎柱(renal columns)所分開，腎錐體呈條紋放

射狀，主要是由腎小管組成，腎錐體底部是朝向皮質，頂部尖端處為腎乳頭，腎乳頭則伸入小腎盞(minor calyx)。尿液的輸送過程是經由集尿管流向腎乳頭，再流向小腎盞，大腎盞匯流到腎盂而流入輸尿管（圖10-2）。除此之外，腎臟內側有一個凹陷部位，稱為腎門(hilus)，為腎動脈、腎靜脈、神經及淋巴管進出腎臟的部分，腎門內的空腔為腎盂(renal pelvis)，腎盂展開形成的區域就是大腎盞或小腎盞，一個腎臟有2~3個大腎盞及8~18個小腎盞，腎竇(renal sinus)介於錐體和錐體之間的髓質部分組織。

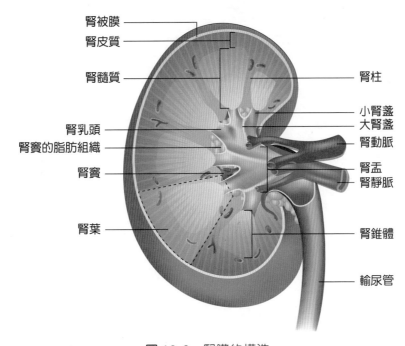

圖 10-2　腎臟的構造

二、腎元的構造

　　腎元(nephron)為腎臟製造尿液的功能單位，腎元由腎小體(renal corpuscle)及腎小管(renal tubule)所組成，腎小體包含腎絲球(glomerulus)及鮑氏囊(Bowman's capsule)（圖10-3）。每個腎臟約含有一百萬個腎元，而腎元依照其腎小體所在位置可分成兩類，分別為近皮質腎元(cortical nephron)和近髓質腎元(juxtamedullary nephron)。近皮質腎元為腎絲球位於皮質外部，占85%腎元總數，近髓質腎元為腎絲球位於靠近髓質交界，占15%腎元總數，且內含有亨利氏環(loop of Henle)，長度較長，濃縮尿液的功能也較好。

腎小體位於皮質區，是由鮑氏囊及腎絲球所組成，鮑氏囊為雙層壁的構造，外層為單層鱗狀上皮，內層為特化上皮〔足細胞(podocytes)〕。鮑氏囊將腎絲球包住。

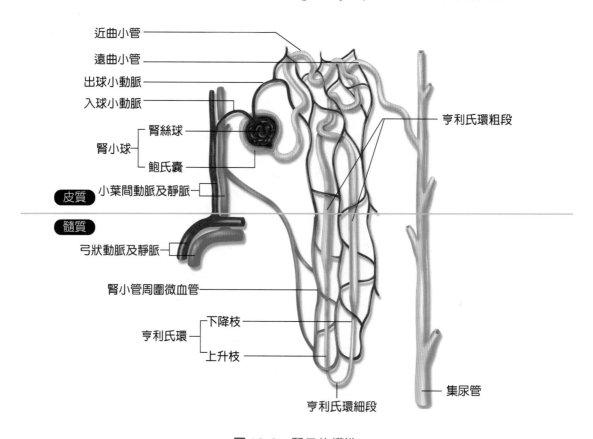

近曲小管
遠曲小管
出球小動脈
入球小動脈
腎小球 ─ 腎絲球
　　　　 鮑氏囊
亨利氏環粗段
皮質
小葉間動脈及靜脈
髓質
弓狀動脈及靜脈
腎小管周圍微血管
亨利氏環 ─ 下降枝
　　　　　 上升枝
集尿管
亨利氏環細段

圖 10-3　腎元的構造

（一）腎絲球

腎絲球是由出球小動脈(efferent arteriole)及入球小動脈(afferent arteriole)之間的微血管網所組成，位在鮑氏囊杯狀構造內，在微血管內皮細胞之間，有直徑約500~1,000Å的小孔，稱之為窗孔(fenestrae)，為體內微血管通透性最佳的位置，所有經腎臟過濾的物質均需經過腎絲球微血管內皮層、基底膜層及鮑氏囊內壁的足細胞，以上這三者形成過濾內皮囊膜(endothelial capsular membrane)，但基底膜層限制直徑大於70Å的物質通過，所以血液中的紅血球、白血球、血小板、白蛋白等物質無法通過。腎小管是鮑氏囊的延伸，其內腔是相通的，所以過濾液經過內皮囊膜之後，進入到鮑氏囊的囊腔再進入到腎小管，所以腎絲球為過濾單位（圖10-4）。

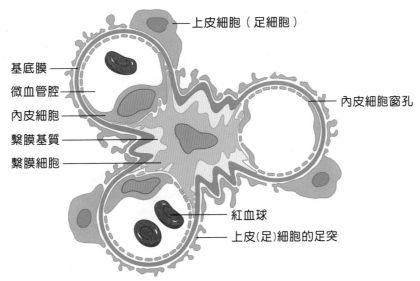

上皮細胞（足細胞）

基底膜

微血管腔

內皮細胞

繫膜基質

繫膜細胞

內皮細胞窗孔

紅血球

上皮(足)細胞的足突

圖 10-4　腎絲球過濾膜

（二）腎小管

　　腎小管(renal tubule)可分成四個部分：近曲小管(proximal convoluted tubule)、亨利氏環(loop of Henle)、遠曲小管(distal convoluted tubule)、集尿管(collecting tubule)，但集尿管不包括於腎元。最靠近鮑氏囊的腎小管稱為近曲小管，離最遠的稱為遠曲小管，中間的亨利氏環又可分為下降枝(descending limb)及上升枝(ascending limb)兩段，下降枝與近曲小管相連，上升枝與遠曲小管相連，遠曲小管與集尿管相連（圖10-3）。近曲小管及遠曲小管皆位於腎臟的皮質，而亨利氏環和集尿管位於腎臟的髓質。

三、近腎絲球器

　　近腎絲球器(juxtaglomerular apparatus)由靠近入球小動脈的近腎絲球細胞(juxtaglomerular cell, JG cell)、遠曲小管的緻密斑(macula densa)及Lacis細胞所組成（圖10-5）。近腎絲球器可分泌腎素(renin)，調節體內的血壓。

　　近腎絲球器之功能為當腎臟血流量下降時，可分泌腎素，加速肝臟分泌的血管收縮素原轉變成血管收縮素 I (angiotensin I)，再經由肺臟分泌轉化酶 (converting enzyme) 轉化為具活性的血管收縮素 II (angiotensin II)，血管收縮素 II 可刺激腎上腺皮質分泌醛固酮 (aldosterone)。醛固酮的增加造成遠曲小管對 Na^+ 及水分的再吸收，排出 K^+ 及 H^+，進而使血量上升；且血管收縮素 II 可促使周邊血管收縮，促使血壓上升（圖 10-6）。

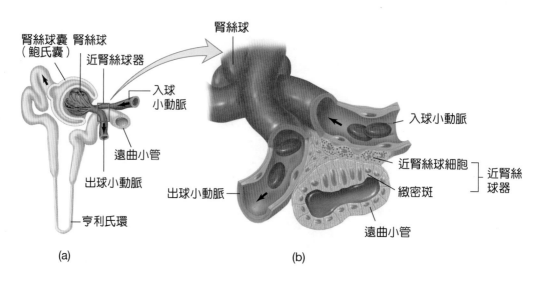

圖 10-5 近腎絲球器

資料來源：Fox, S. I. (2006)・*人體生理學*（王錫崗、于家城、林嘉志、施科念、高美媚、張林松、陳瑩玲、陳聰文、黃慧貞、溫小娟、廖美華、蔡宜容譯；四版）・新文京。（原著出版於2006）

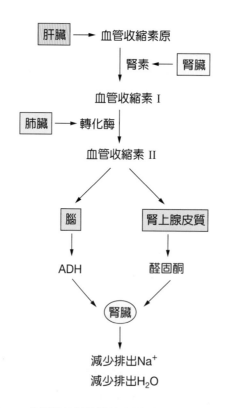

圖 10-6 近腎絲球器維持血液容積所扮演的角色

促進腎素分泌的情況有以下幾種情形：

1. 血壓下降，例如：脫水、大出血、Na^+流失、細胞外液量減少、使用利尿劑造成尿液排出過多。

2. 腎血流減少或腎動脈壓下降。

3. 腎交感神經興奮或腎上腺素血中濃度增加。

◎ 緻密斑

緻密斑位於遠曲小管上（圖10-5），為化學感受器(chemoreceptor)，可以感受到遠曲小管中Na^+濃度的改變。當腎臟血量下降，緻密斑發現Na^+濃度下降，會促使JG細胞分泌腎素，來調節血壓，使血壓回升，此種血壓調節機制稱為腎素－血管收縮素－醛固酮系統(renin-angiotensin-aldosterone system)（圖10-7）。

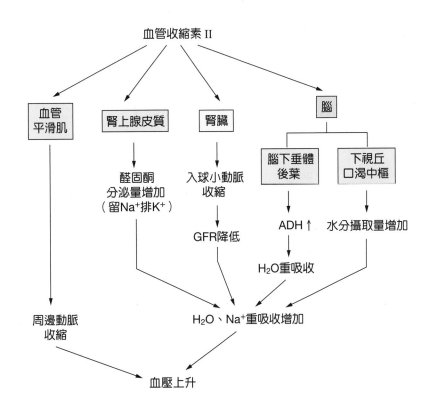

圖 10-7 腎素－血管收縮素－醛固酮系統

10-2　腎臟的血流供應與神經支配

一、腎臟的血流供應

腎臟的血流由源自腹主動脈的腎動脈輸送血液到達腎臟，每分鐘約有1,200 ml的血液流入兩邊的腎臟，左右腎動脈輸送到腎臟的血占心輸出量的1/4。

腎臟為高度血液供應的器官，因腎臟功能為排除血液中的廢物，維持高血流量及正常血壓是形成尿液的基本因素，腎動脈由腎門進入後，經由葉間動脈(interlobar artery)、弓狀動脈(arcuate artery)、小葉間動脈(interlobular artery)進入皮質部，再經由入球小動脈進入到腎絲球，形成出球小動脈離開腎絲球。出球小動脈分兩方向流，一部分流入腎小管周圍微血管(peritubular capillary)再流入小葉間靜脈(interlobular vein)、弓狀靜脈(arcuate vein)後進入腎柱，葉間靜脈(interlobar vein)最後合成腎靜脈(renal vein)經由腎門離開腎臟；而另一部分流入直血管(vasa recta)，和亨利氏環進入到髓質，與尿液的濃縮很有關係（圖10-8）。

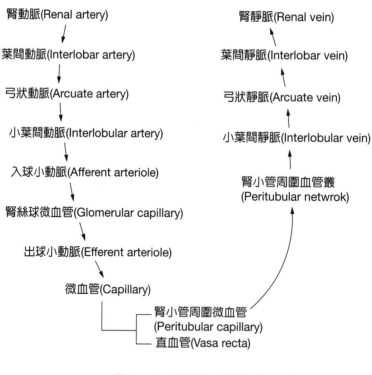

圖 10-8　腎臟的血液供應

　　因為腎絲球的血液由入球小動脈帶入，輸出則由出球小動脈流出，兩者皆為動脈，且入球小動脈直徑比出球小動脈大，所以造成腎絲球微血管血壓較高，而這樣的血壓對過濾血中的廢物是有利的。腎臟具有良好的自我調節能力(autoregulation)，在不同的血壓下，盡量維持一定的血流量，腎動脈血壓70~160 mmHg均能維持血流的恆定，這對於尿液生成過程的穩定具有重要意義（圖10-9）。

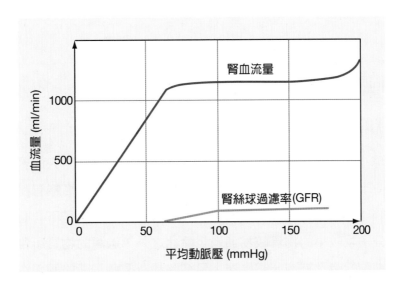

圖 10-9　腎血流量的自我調節

二、腎臟的神經分布

　　腎臟的神經分布由來自T_{12}~L_2的腎交感神經支配，腎臟無副交感神經支配，交感神經興奮時，入球小動脈收縮，而使腎絲球血流量降低，血壓下降，腎絲球過濾率(GFR)降低。

10-3　尿液的形成

　　尿液的形成包括三個步驟（圖10-10）：(1)腎絲球過濾作用(glomerular filtration)；(2)腎小管再吸收作用(tubular reabsorption)；(3)腎小管分泌作用(tubular secretion)。尿液的排泄量＝過濾量－再吸收量＋分泌量。

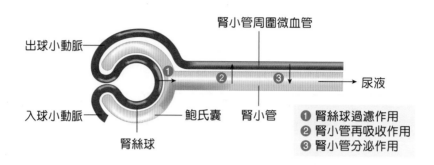

圖 10-10 尿液形成的步驟

一、腎絲球過濾作用

（一）腎絲球的特性

　　腎絲球入球小動脈直徑大於出球小動脈，造成血壓差，正常人的腎絲球血液靜水壓為60 mmHg，比身體其他部位微血管靜水壓高出2倍，這種高壓有利於過濾作用。血液進入到腎絲球後，經由內皮囊膜過濾，在正常的過濾液中是不含有分子量大的血球及白蛋白，分子量較小的物質較易通過，除此之外，過濾的物質所帶的電荷也很重要，因為內皮細胞的窗孔細胞、基底層、足細胞都有帶負電荷的醣蛋白，基於同性相斥的原理，會阻止帶負電荷的物質例如血漿白蛋白通過，所以電荷會影響過濾作用，例如腎絲球腎炎的病人，主要因為腎絲球過濾膜孔徑變大，或是帶負電荷的醣蛋白變少，造成血漿蛋白能夠通過腎絲球過濾膜，造成大量蛋白尿。

（二）腎絲球有效過濾壓

　　腎絲球對血液的過濾作用，可受到下列四種壓力的影響：

1. 腎絲球血液靜水壓(glomerular blood hydrostatic pressure)：為腎絲球內的血壓，是由腎絲球流向鮑氏囊，是促進過濾的作用，壓力約為60 mmHg。

2. 鮑氏囊靜水壓(capsular hydrostatic pressure)：為鮑氏囊內過濾液所產生的壓力，是由鮑氏囊流向腎絲球，是抑制過濾的作用，壓力約為18 mmHg。

3. 腎絲球膠體滲透壓(glomerular colloid osmotic pressure)：因血漿中含有蛋白質（如白蛋白、球蛋白、纖維蛋白等）而產生的滲透壓，是由鮑氏囊流向腎絲球，壓力約為32 mmHg。

4. 鮑氏囊膠體滲透壓(capsular colloid osmotic pressure)：正常過濾液中不含蛋白質，蛋白質無法過濾，所以鮑氏囊膠體滲透壓接近於零，只有在腎臟疾病的病人，血中蛋白質進入到鮑氏囊濾液中才會產生滲透壓，此壓力有助於腎小球過濾作用（圖10-11）。

腎絲球的過濾作用可用以下式子來表示：

有效過濾壓(effective filtration pressure, EP)
＝（腎絲球血液靜水壓＋鮑氏囊膠體滲透壓）
　－（鮑氏囊靜水壓＋腎絲球膠體滲透壓）
＝（60 mmHg＋0 mmHg）－（18 mmHg＋32 mmHg）
＝ 10 mmHg

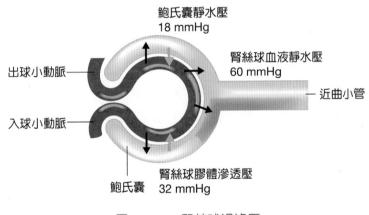

鮑氏囊靜水壓
18 mmHg

出球小動脈

腎絲球血液靜水壓
60 mmHg

近曲小管

入球小動脈

鮑氏囊

腎絲球膠體滲透壓
32 mmHg

圖 10-11　腎絲球過濾壓

（三）腎絲球過濾率 (GFR)

由以上所述，有10 mmHg的壓力使血量由腎絲球過濾到鮑氏囊，腎絲球的過濾率(glomerular filtration rate, GFR)為每分鐘12.5 ml，當有效過濾壓為10 mmHg時，腎絲球有效過濾率為每分鐘125 ml，換算成以天為單位，一天可過濾180公升的血液，但只有1%會形成尿液，其他99%過濾液會被重新吸收，有效過濾壓會受到一些因素影響，例如人體處於休克或低血壓時，腎絲球靜水壓下降到40~50 mmHg，則不能產生過濾作用，此時會發生閉尿或無尿(anuria)現象，有時由於腎臟病、心臟血管疾病的因素造成少尿症(oliguria)或多尿症(polyuria)。

影響GFR的因素包括：

1. 腎血流的變化：腎血流量1,200 ml／分鐘，此數值增加或減少都會影響GFR。

2. 腎絲球靜水壓改變：

   (1) 身體血壓的改變。

   (2) 入球小動脈或出球小動脈直徑改變：交感神經興奮，使入球小動脈收縮造成 GFR下降。

3. 鮑氏囊內靜水壓變化：輸尿管阻塞，有結石或前列腺肥大的病人，造成鮑氏囊靜水 壓上升，造成GFR下降。

4. 血漿蛋白濃度變化：脫水、低蛋白症，造成GFR上升，形成水腫。

5. 腎絲球微血管通透性改變：例如燒傷病人。

6. 有效過濾表面積改變。

7. 糖尿病病人高滲透利尿。

（四）腎絲球過濾率的調節

入球小動脈的直徑大小改變，會影響腎絲球的血流量和腎絲球的過濾率，入球小動脈的直徑可由外在因素（交感神經、內分泌）及內在因素調節。

以外在因素而言，來自於交感神經興奮時，刺激了腎交感神經的興奮，活化入球小動脈上平滑肌α接受器，造成入球小動脈收縮，腎血流量下降，GFR降低，尿量減少。內分泌則是例如血管收縮素II作用在入球小動脈，使入球小動脈收縮，造成GFR下降。以內在因素而言，是來自腎臟的自我調節（圖10-9）。當平均動脈壓在80~180 mmHg變動時，腎臟的血漿流量(renal plasma flow, RPF)、GFR呈現出穩定的狀態；也就是說，血壓在變動的情形之下，仍可維持GFR的穩定，稱為腎臟的自我調節(renal autoregulation)。

（五）腎功能的測定

一般而言，體內很難直接測出GFR，通常是利用腎臟血漿清除率(renal plasma clearance, Cx)來測量的，而我們以GFR來判斷腎功能的好壞。腎臟血漿清除率是指腎臟從血液中清除某物質的能力，以公式來表示：

$$血漿清除率(ml/min) = \frac{尿量(ml/min) \times 物質在尿中的濃度(mg/ml)}{物質在血漿中的濃度(mg/ml)}$$

為了精確測出GFR，我們必須選擇一種只會被過濾，不會被吸收及分泌的物質，如菊糖(inulin)，利用上述的公式可算出菊糖血漿清除率等於GFR。

例如：我們將菊糖利用靜脈注射打入人體，直到菊糖在血漿中濃度穩定時，在固定時間收集尿液，把收集的總量除以時間，就是單位時間的排尿量，在此過程中要抽血，並將血漿及尿液做分析，以測出菊糖在血漿及尿液中的濃度。

假設實驗測得的數值為：血中菊糖濃度＝0.4 mg/ml，尿中菊糖濃度＝40 mg/ml，單位時間的排尿量是1.25 ml/min。則代入公式可算出：

$$菊糖的血漿清除率 = \frac{40 \times 1.25}{0.4} = 125 \ ml/min = GFR$$

用菊糖估算腎絲球過濾率 (GFR) 的原因　　　　　　　　　Physiology

1. 可以自由的過濾
2. 不被腎小管再吸收及分泌
3. 不會被代謝
4. 不影響過濾率
5. 不具毒性
6. 不儲存在腎臟
7. 易在血漿及尿中測量

腎臟清除尿素的速率為 70 ml/min，這數值小於 125 ml/min (GFR)，表示尿素經過過濾後進行 40~60% 的再吸收，造成數值低於 GFR。腎臟清除葡萄糖的速率為 0 ml/min，低於 GFR，表示葡萄糖經過過濾後 100% 完全再吸收回去。腎臟清除對位胺基馬尿酸 (p-aminohippurate, PAH) 的速率為 625 ml/min，高於 GFR，表示對位胺基馬尿酸經過過濾後被分泌出來所造成的（表 10-1 ）。

除了菊糖清除率可以算出GFR，目前也利用肌酸酐清除率(creatinine clearance, Ccr)計算。肌酸酐為肌肉代謝的自然產物，經過腎絲球過濾後，不被再吸收但會被分泌，所以利用肌酸酐所測出的GFR有誤差，但差異不大。

表 10-1　**Cx 與 GFR 之關係**

項　目	Cx = GFR	Cx < GFR	Cx > GFR
意義	物質有過濾，但無再吸收及分泌	物質有過濾及再吸收，但無分泌	物質有過濾及分泌，但無再吸收
Cx 值大小	Cx = 125 ml/min	Cx < 125 ml/min	Cx > 125 ml/min
代謝物質	菊糖	葡萄糖、蛋白質、HCO_3^-、尿素	肌酸酐、對位胺基馬尿酸

二、腎小管再吸收作用

　　每分鐘由腎絲球過濾出125 ml的過濾液，每天約有180公升，但正常情況下，腎小管將近99%的腎絲球過濾液再吸收回血液，只有1%過濾液形成尿液，此過程稱之為腎小管再吸收。但並不是所有的物質都會被腎小管再吸收回去，可被再吸收回去的物質包括水、葡萄糖、胺基酸，部分離子如Na^+、K^+、Ca^{2+}、Cl^-、HCO_3^-、HPO_4^{2-}，以及少數代謝物如尿素(urea)，不被再吸收的物質為肌酸酐(creatinine)，因不被再吸收而出現在尿液裡。當一個物質能被再吸收的最大量，我們稱之為腎小管最大轉運量(tubular transport maximum, T_m)。

表 10-2　**腎小管再吸收**

部　分	功　能	物　質
腎絲球	過濾	除血球及蛋白質不能過濾外，其餘皆可過濾
近曲小管	主動再吸收	Na^+(75%)、葡萄糖 (100%)、胺基酸 (100%)、K^+、維生素 C、Ca^{2+}、HPO_4^{2-}
	被動再吸收	Cl^-、HCO_3^- (100%)、H_2O (75%)、尿素、尿酸
亨利氏環	主動再吸收	Na^+
下行枝	被動再吸收	H_2O (5%)、Cl^-、尿素
上行枝	主動再吸收	Cl^-
	被動再吸收	Na^+
遠曲小管	主動再吸收	Na^+、HCO_3^-、尿素
	被動再吸收	H_2O (15%)、Cl^-、尿素
集尿管	主動再吸收	Na^+
	被動再吸收	H_2O (5%)、Cl^-、尿素

在吸收的過程中，若需耗費能量利用次級主動運輸(secondary transport)，如葡萄糖、胺基酸、Na^+的再吸收，稱之為主動性再吸收，若不消耗能量利用擴散作用，如水分、Cl^-、尿素等的再吸收，稱之為被動再吸收（表10-2）。

1. **葡萄糖**：葡萄糖在近曲小管中100%回收，在近曲小管的細胞膜上有運輸蛋白，利用過濾液中Na^+濃度差，次級主動運輸將葡萄糖及Na^+由腎小管腔進入到近曲小管上皮細胞中，葡萄糖再經由促進性擴散進入到血管中（圖10-12），近曲小管對葡萄糖最大吸收值為375 mg/min，當過濾液中葡萄糖小於其最大轉運量時，葡萄糖100%被再吸收，若過濾量超過最大轉運量時，葡萄糖出現在尿中，形成糖尿(glycouria urea)。

2. **胺基酸**：胺基酸在近曲小管完全被吸收，如同葡萄糖是伴隨Na^+再吸收，所以尿中是不會出現胺基酸的。

3. **鈉離子**：Na^+是過濾液中最多的物質，腎小管對Na^+再吸收量無最大轉運量的限制。Na^+再吸收有70%在近曲小管吸收，20%在亨利氏環再吸收，剩下10%在遠曲小管和集尿管吸收。腎小管再吸收Na^+是利用次級主動運輸的方式，在腎小管基底膜上有鈉鉀幫浦(Na^+-K^+ pump)（圖10-12），會消耗能量，它把3個Na^+打出細胞外，2個K^+帶入細胞內，造成細胞內Na^+濃度下降，使得濾液中的Na^+因濃度差擴散入細胞中，得以再吸收。此外，在遠曲小管和集尿管中，Na^+的再吸收會受到醛固酮（留Na^+排K^+）的調控。

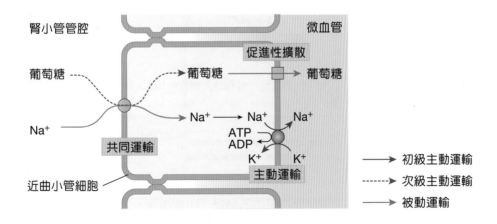

圖 10-12　葡萄糖的再吸收途徑

4. **氯離子**：在亨利氏環上行枝粗段上皮細胞膜上，有氯幫浦(Cl⁻ pump or Na⁺-K⁺-2Cl⁻ pump)把1Na⁺、1K⁺、2Cl⁻再吸收回到腎小管管腔，主動將2Cl⁻主動運輸再吸收，Na⁺ 被動再吸收（圖10-13）。

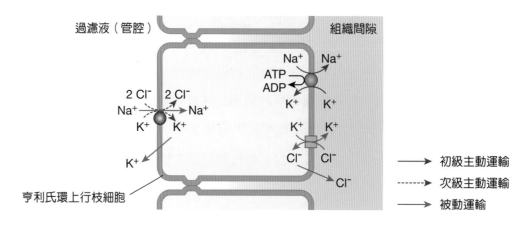

圖 10-13 亨利氏環上行枝粗段氯離子的再吸收途徑

5. **碳酸根離子**：HCO_3^-在近曲小管及遠曲小管100%主動運輸再吸收（圖10-14）。

6. **鈣與磷酸根離子**：鈣與HPO_4^{2-}在近曲小管主動吸收進血液中，受到副甲狀腺激素 (parathyroid hormone, PTH)的作用，增加近曲小管對Ca^{2+}再吸收，同時抑制HPO_4^{2-}的 再吸收。

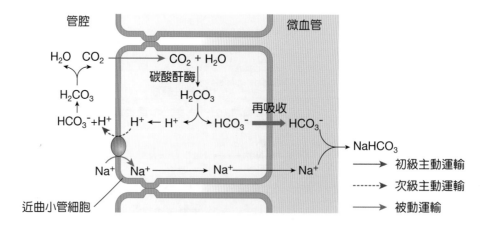

圖 10-14 重碳酸鹽再吸收的機制。由此機制，近曲小管細 胞可以行重碳酸鹽之再吸收及 H^+ 之排出

7. **水**：主要經由滲透作用（被動運輸）再吸收。近曲小管對水有高度通透性，所以水在近曲小管中被動吸收75%，水分、Na^+、胺基酸、葡萄糖皆會在近曲小管被吸收。當血液中水分缺少時，可刺激儲存在腦下垂體後葉的抗利尿激素(anti-diuretic hormone, ADH)分泌量增加，增加遠曲小管和集尿管對水的通透性，同時醛固酮也作用在此，增加Na^+和水的再吸收，約20%水由此再吸收。在亨利氏環下行枝，水經由逆流機轉被動再吸收，亨利氏環上行枝對水沒有通透性。

8. **尿素**：尿素的再吸收，因水經由滲透作用再吸收，相對的尿素的濃度上升，尿素依著濃度差而擴散到腎小管中，約有50%尿素以此種方式再吸收。亨利氏環上行枝及集尿管對尿素有通透性，尿素在集尿管和亨利氏環上行枝間重複循環，以維持髓質組織的高滲透壓。

三、腎小管分泌作用

　　將血液內某些物質分泌到腎小管內，稱之為腎小管分泌作用，此作用與再吸收作用相反，被分泌的物質包括：H^+、K^+、銨根離子(NH_4^+)、Cl^-、肌酸酐、盤尼西林、對位胺基馬尿酸(PAH)等。因為分泌的作用可加速藥物在體內排出的速率，所以醫師在用藥時也要考慮病人的腎臟功能。管腔分泌作用主要在遠曲小管和集尿管，腎小管分泌的作用在人體酸鹼平衡上扮演了很重要的角色。

（一）氫離子

　　在遠曲小管、集尿管進行分泌，遠曲小管的上皮細胞，能主動分泌H^+進入到腎小管管腔中，在遠曲小管中，細胞代謝出的CO_2和H_2O結合，經由碳酸酐酶(carbonic anhydrase)形成H_2CO_3，H_2CO_3分解為H^+與HCO_3^-，當血液過酸時(pH＜7.35)會使腎小管上皮細胞分泌H^+，每分泌一個H^+，Na^+再吸收，Na^+-H^+反向運輸(antiport)進入的Na^+又和先前的HCO_3^-運送到血液，形成碳酸氫鈉($NaHCO_3$)（圖10-15）。分泌到腎小管腔中的H^+，可以和HCO_3^-結合成H_2CO_3，在管腔內分解成H_2O及CO_2，管腔中過多的CO_2可經由擴散進入到腎小管上皮細胞，以產生更多的H^+來調節酸鹼值。

（二）氨

在遠曲小管及集尿管，腎小管上皮細胞形成的氨(NH_3)，會與H^+結合形成銨根離子（NH_4^+，不具毒性），NH_4^+與濾液中的Cl^-形成NH_4Cl排到尿中。再吸收的Na^+可和HCO_3^-結合成$NaHCO_3$，然後再吸收回血液。除此之外，H^+也會和$NaHPO_4^-$結合以NaH_2PO_4的形式排出（圖10-15）。

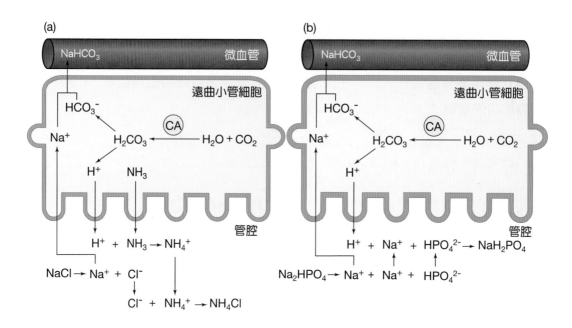

圖 10-15 遠曲小管（或集尿管）分泌氫離子的機制（CA ＝碳酸酐酶）

（三）鉀離子

鉀離子(K^+)可以在遠曲小管和集尿管主動分泌，因醛固酮作用在遠曲小管與集尿管，在遠曲小管上有Na^+/K^+交換，所以Na^+留下，K^+排出，故K^+被分泌出來的量增加。此外，遠曲小管上有H^+-K^+ pump同向運輸(symport)，血漿中K^+濃度會影響腎小管H^+分泌，H^+分泌量增加，K^+分泌量被抑制，所以酸中毒時，遠曲小管分泌H^+增加，K^+分泌量降低，而在高血鉀情況下，K^+分泌增加，H^+分泌減少，血鉀過高，對人體會造成心律不整，若不改善，血鉀濃度一直上升，會造成心跳停止而死亡。

10-4　尿液的濃縮機轉

　　尿液濃縮主要經由二個機轉形成：(1)腎小管的再吸收，(2)直血管的逆流作用，兩者濃縮尿液的機轉稱為逆流機轉，由前面所述，99%水會被再吸收，其中75%在近曲小管，其餘在遠曲小管和集尿管被吸收，造成髓質集尿管外面的組織間液有高滲透壓，水分從髓質集尿管流出，造成尿液濃縮，組織間液高滲透。

一、腎小管的再吸收

1. 近曲小管管腔內過濾液滲透濃度約300 mOsm/L，為等張溶液（圖10-16a）。

2. 亨利氏環下降枝對水通透性佳，但對溶質不具通透性，因此水流入組織間液，越接近髓質管腔內尿素及其他溶質濃度越來越高，使滲透度增加為1,200 mOsm/L，形成高張溶液。

3. 亨利氏環上升枝對水分及溶質完全不通透，但對尿素通透性好。有Cl⁻ pump主動將2Cl⁻打入到髓質，Na⁺、K⁺被動進入髓質，造成髓質的高滲透性，當亨利氏環上升枝接近皮質時，管腔內滲透度降到100 mOms/L，此時則為低張溶液。

4. 遠曲小管、集尿管受到ADH作用，對水分的通透性增加，增加再吸收量，水滲透入髓質組織間液，集尿管中尿素的濃度提高，因濃度差的關係，部分尿素擴散到亨利氏環，又增加了亨利氏環的尿素濃度，如此重複循環，使尿液更濃縮。

二、直血管的逆流作用

　　腎元出球小動脈可分為腎小管周圍微血管和直血管，直血管的血液流向和亨利氏環內過濾液流向相反，所以稱為「逆流」(countercurrent mechanism)（圖10-16b）。逆流作用是靠亨利氏環作為逆流放大器，直血管為逆流交換器共同作用。其過程如下：

1. 近曲小管過濾液流入時約300m Osm/L滲透度，為等張溶液，皮質區直血管下降枝溶質濃度亦為300 mOsm/L。

2. 亨利氏環上升枝對水不通透，但2Cl⁻、Na⁺-K⁺ pump主動將Na⁺、Cl⁻打到組織間液，造成髓質的組織間液有很多NaCl，高滲透度約1,200 mOsm/L。

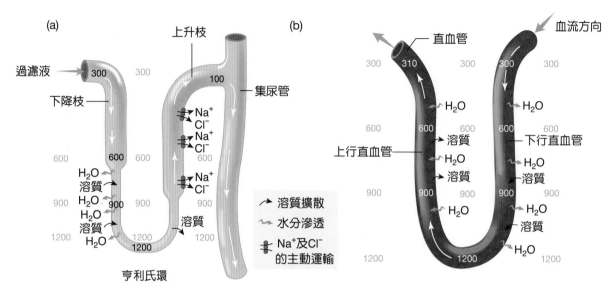

圖 10-16　尿液濃縮的機制

3. 亨利氏環下降枝對水通透度高，水由滲透流出腎小管，造成髓質有高滲透度。

4. 直血管下行進入到髓質，亨利氏環上升枝將NaCl打入髓質，造成髓質高滲透度，NaCl擴散入直血管，造成水分由直血管排出，維持了髓質的高滲透度。

5. 直血管上行，組織間液變得較稀，NaCl又擴散回髓質組織間液，皮質的直血管滲透度降為300 mOsm/L。

　　真正的尿液濃縮機制是抗利尿激素(ADH)的作用，主要作用在集尿管、遠曲小管，使水能因髓質的高滲透度而快速的吸收，濃縮尿液的濃度比血漿及腎絲球過濾液濃度高4倍之多。

10-5　尿液的排出

一、尿液的組成

　　一般健康的人每天排尿量是1~2公升，每小時約60 ml。排尿量、pH值和溶質的濃度改變，都會受到飲食、血壓、體溫、藥物的改變，所以臨床上會分析尿液中的物理及化學性質，來推斷身體的健康狀況（表10-3及表10-4）。

表 10-3　正常尿液物理特性

特 性	描 述
容積	1~2 L/day，受液體攝入量、出汗量而有所改變
顏色	黃色或琥珀色，依其濃度及所吃的食物而有變化
混濁度	剛排出時為透明，靜置後變為混濁
氣味	芳香味，靜置後產生氨的氣味
比重	1.010~1.030
pH 值	4.8~7.5（平均約 6.0）；隨所吃的食物而改變

表 10-4　成人尿液中的主要物質

水分 (95%)
溶質 (5%)
含氮廢物（尿素、尿酸、肌酸酐和氨）
電解質（Na^+、K^+、Mg^{2+}、Ca^{2+}、NH_4^+、Cl^-、SO_4^{2-}、PO_4^{2-}）
毒素（由細菌分泌入尿中）
色素
激素
異常成分（白蛋白、葡萄糖、血液、結石、尿柱）

◎ 蛋白尿

　　若出現尿中有大量蛋白尿，表示腎臟出現問題，常見為腎絲球發炎。因腎絲球基底膜受損，造成血漿蛋白由尿液中流失。目前認為是一種自體免疫疾病，即自身的抗體去對抗腎絲球基底膜，或是因鏈球菌感染所造成。腎絲球腎炎病人因血漿蛋白流失，所以血漿中的膠體滲透壓降低，而有水腫的情形發生。有關尿液異常成分與相關疾病的關係詳見表10-5。

◎ 人工腎臟

　　一般尿毒症的病人利用血液透析來分離血中的廢物，利用半透膜將大分子的蛋白質和血球留在身體中，把小分子的尿素及廢物經由半透膜的過濾孔進入到透析液中。對於腎臟完全衰竭的病人而言，一週必須接受2~3次血液透析的治療。

表 10-5　尿液的異常成分

成 分	病 症
蛋白尿 (Albuminuria)	腎絲球發炎、腎細胞損傷
糖尿 (Glycosuria)	糖尿病
血尿 (Hematuria)	腎結石、腎疾病、腫瘤
膿尿 (Pyuria)	泌尿器官感染，出現白血球或膿
酮症 (Ketosis)	糖尿病、飢餓等造成尿中出現過多酮體
膽紅素尿症 (Bilirubinuria)	肝功能不良、膽系統阻塞
腎結石 (Renal calculi)	攝取過量礦物鹽、水分攝取太少、副甲狀腺功能亢進（血鈣過高）
圓柱體 (Casts)	腎絲球發炎
微生物 (Microbes)	尿道感染，例如白色念珠菌、陰道滴蟲引起的尿道炎或陰道炎

二、尿液的排出

　　腎臟製造尿液，由集尿管→腎乳頭→小腎盞→大腎盞→腎盂→輸尿管→膀胱排出，膀胱主要功能為儲存尿液，膀胱的平均儲存量約700~800 ml，當尿液容量達300~400 ml才會有感覺壓力，150 ml左右會有尿意，350 ml才會去排尿，當膀胱壁被伸張，神經衝動會傳到薦神經(S_2~S_4)，產生排尿反射(micturition reflex)（表10-6）。

　　排尿反射是經由副交感神經傳到膀胱壁和尿道內括約肌，造成迫尿肌收縮、內括約肌鬆弛，同時隨腦的意識傳到陰部神經再傳至尿道外括肌鬆弛，才引起排尿（圖10-17）。排尿雖然是反射的動作，但大腦意識可以控制外括約肌，所以排尿的動作可靠意識引發或停止。膀胱的交感神經和排尿無關，主要引發膀胱肌肉收縮，防止射精時精液逆流。

　　如果喪失隨意控制排尿動作能力，稱為尿失禁。2歲以下的幼兒尿失禁是因為控制膀胱外括約肌的神經元尚未發育完全所致，出現反射性排尿。而成人的尿失禁則通常是因排尿中樞受損、腦出血、意識不清及膀胱疾病等因素造成。

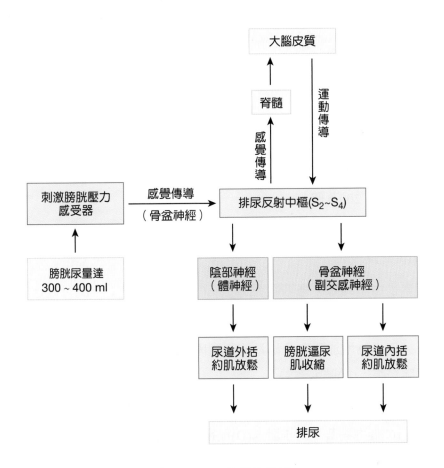

圖 10-17　排尿的機轉

表 10-6　排尿的肌肉控制

神經 ＼ 作用	肌 肉		
	迫尿肌	尿道內括約肌	尿道外括約肌
副交感神經 S_2~S_4（骨盆神經）	收 縮	放 鬆	不支配
交感神經 L_1~L_2（腹下神經）	放 鬆	收 縮	不支配
體運動神經 S_2~S_4（陰部神經）	不支配	不支配	隨意控制收縮

【　】1. 下列諸多器官中，哪一個不屬於泌尿系統？　(A)腎臟　(B)腎上腺　(C)輸尿管　(D)膀胱

【　】2. 腎臟的最小功能單位是：　(A)腎小管　(B)腎小體　(C)腎元　(D)腎盂

【　】3. 每一個腎臟內，含有腎元數是多少個？　(A) 80萬個　(B) 100萬個　(C) 150萬個　(D) 200萬個

【　】4. 下列何者是由鮑氏囊與腎絲球構成？　(A)腎小管　(B)腎元　(C)腎小體　(D)腎錐體

【　】5. 腎素是由下列哪一種細胞製造？　(A)腎皮質細胞　(B)腎髓質細胞　(C)近腎絲球器細胞　(D)亨利氏環細胞

【　】6. 下列何者為增加腎素分泌量的刺激因素？　(A)鈉充足　(B)低血壓　(C)主動脈舒張　(D)躺臥姿勢

【　】7. 醛固酮的主要功能是什麼？　(A)促進鈉離子的排泄　(B)促進鈉離子的再吸收　(C)促進鈣離子的排泄　(D)促進鈣離子的再吸收

【　】8. 腎臟中近腎絲球器的緻密斑位在下列何處？　(A)集尿管　(B)遠曲小管　(C)亨利氏環　(D)近曲小管

【　】9. 人體腎臟血液流量，約占心輸出量的多少？　(A) 1/4　(B) 1/5　(C) 1/6　(D) 3/4

【　】10. 製造尿液最先發生的步驟是：　(A)過濾作用　(B)再吸收作用　(C)分泌作用　(D)胞飲作用

【　】11. 尿液形成過程中腎絲球擔任何種作用？　(A)過濾　(B)再吸收　(C)分泌　(D)集尿

【　】12. 正常人的腎小球過濾液中不包含：　(A)葡萄糖　(B)尿素　(C)碳酸氫鹽　(D)大分子蛋白質

【　】13. 正常成年男性的腎絲球過濾率(GFR)，每天約為：　(A) 7,000公升　(B) 1,700公升　(C) 180公升　(D) 1公升

【　】14. 測定腎絲球過濾率常用的物質是：　(A)球蛋白　(B)葡萄糖　(C)菊糖　(D)胺基酸

【　】15. 腎絲球的有效過濾壓＝（腎絲球血液靜水壓＋鮑氏囊膠體滲透壓）－（腎絲球血液膠體滲透壓＋鮑氏囊靜水壓），於正常情況下，鮑氏囊膠體滲透壓大約為多少mmHg？　(A) 0 mmHg　(B) 20 mmHg　(C) 30 mmHg　(D) 60 mmHg

【　】16. 近側腎小管細胞能主動地再吸收下列何種物質？　(A)水　(B)尿素　(C)葡萄糖　(D)肌酸酐

【　】17. 抗利尿激素(ADH)可以增加何處對水的回收？　(A)腎小管近側曲管　(B)亨利氏環下行枝　(C)亨利氏環上行枝　(D)集尿管

【　】18. 尿液的形成過程中，濾液的水分大部分是在何處被再吸收？　(A)近曲小管　(B)亨利氏環　(C)遠曲小環　(D)集尿環

【　】19. 尿液濃縮的逆流機轉發生於：　(A)近髓質腎元與直血管　(B)皮質腎元與直血管　(C)近髓質腎元與腎小管周圍微血管　(D)皮質腎元與腎小管周圍微血管

【　】20. 腎臟逆流機轉的功能是：　(A)增加血中鈉量　(B)保留大量水分　(C)促進尿素排泄　(D)供給腎小管足夠的血液

【　】21. 鈉與水皆能在近曲小管被再吸收，主要是靠下列何種運送來完成？　(A)前者與後者皆是被動的運送　(B)前者與後者皆是主動的運送　(C)前者為主動的運送，後者是被動的運送　(D)前者是被動的運送，後者為主動的運送

【　】22. 腎素(renin)是由哪一類細胞分泌？　(A)腎臟的足細胞(podocytes)　(B)輸入小動脈的近腎絲球細胞(juxtaglomerular cells)　(C)上升枝的緻密斑(macula densa)　(D)亨利氏環(loop of Henle) 的上皮細胞

【　】23. 正常情況下，何種物質會出現在腎小球過濾液，但不會出現於排出的尿液中？　(A)白蛋白　(B)葡萄糖　(C)紅血球　(D)鈉離子

【　】24. 若腎臟之水分過濾體積為X，水分分泌體積為Y，水分重吸收體積為Z，則水分排除體積為何？　(A) X+Y－Z　(B) 2X－Y+Z　(C) X/Y+X/Z　(D) X/Y－X/Z

【 】25. 下列構造何者可以進行腎臟之逆流交換？ (A)入球小動脈 (B)腎絲球 (C)出球小動脈 (D)直血管

【 】26. 正常生理狀態下，下列何種物質之尿液與血漿濃度比值(U/P ratio)最小？ (A)葡萄糖 (B)鈉離子 (C)肌酸酐 (D)尿素

【 】27. 有關腎素－血管張力素系統之敘述，下列何者正確？ (A)腎素可作用於血管平滑肌細胞，使血壓升高 (B)血管張力素原分泌自肝臟 (C)失血可造成醛固酮分泌減少 (D)缺水可造成血管張力素II生成減少

【 】28. 下列何者會導致腎絲球過濾率下降？ (A)入球小動脈擴張 (B)出球小動脈收縮 (C)血中白蛋白濃度增加 (D)超過濾膜通透性增加

【 】29. 下列何者的血漿清除率(clearance)最接近腎絲球過濾率(glomerular filtration rate)？ (A)菊糖 (B)代糖 (C)肝醣 (D)葡萄糖

【 】30. 腎臟中的何種酵素可活化維他命D？ (A) 1－羥化酶 (B) 1,25－雙氫氧膽固鈣三醇 (C)血管張力素轉化酶 (D)單胺氧化酶B

【 】31. 哪一段腎小管對水的滲透性最低？ (A)近曲小管 (B)亨式彎管上行支 (C)遠曲小管 (D)集尿管

【 】32. 高鉀食物會造成下列哪一段腎小管增加鉀的分泌？ (A)近曲小管 (B)亨式彎管上行支 (C)亨式彎管下行支 (D)集尿管

········· ★★ 解答 ★★ ·········

1.B	2.C	3.B	4.C	5.C	6.B	7.B	8.B	9.A	10.A
11.A	12.D	13.C	14.C	15.A	16.C	17.D	18.A	19.A	20.B
21.C	22.B	23.B	24.A	25.D	26.A	27.B	28.C	29.A	30.A
31.B	32.D								

CHAPTER

第 *11* 章

體液平衡
與調節

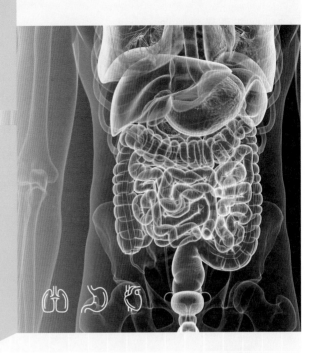

巴奈・比比 編著

大綱

Physiology

體液(body fluid)是指存在於人體內的液體，其主要成分是水以及溶解於體液內的電解質、營養物質與代謝廢物。人體有許多生理機制用以維持體液平衡，所謂的體液平衡是體內生理機制維持體液總容量與溶質量在一個穩定狀況的結果。本章的內容將介紹體液與電解質的分布、組成及各種調節平衡的生理機制；同時，也將論及失衡所導致的臨床問題，如水腫與酸鹼不平衡。

11-1　體　液

一、體液的分布

人體內有大約占體重60%的液體，我們稱這些液體為體液(body fluid)。體液在人體內的分布區域主要劃分為**細胞外液**(extracellular fluid, ECF)與**細胞內液**(intracellular fluid, ICF)，二者是以細胞膜為界，分布在細胞內的是細胞內液，位於細胞以外的液體則稱細胞外液。細胞外液在成人體內約占體重的20%，這個比例會因年齡、性別以及肥胖程度而有所變化（表11-1）。細胞外液由組織間液(interstitial fluid)與血漿(plasma)構成，組織間液約占細胞外液的3/4（或約占體重的15%），血漿約占細胞外液的1/4（或約占體重的5%）。細胞內液含量較多，約占體重的40%（圖11-1）。

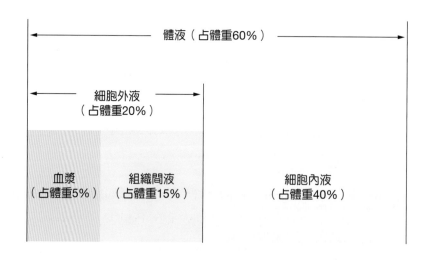

圖 11-1　體液的分布

表 11-1　不同年齡、性別個體之體液總體積百分比

年齡（歲）	男性	女性
10~18	59%	57%
18~40	61%	51%
40~60	55%	47%
60 以上	52%	46%

二、體液的組成

　　體液內含有許多溶質，細胞外液與細胞內液所含有的溶質種類相似，但彼此之間濃度的差異卻很大（圖11-2）。比較細胞外液與細胞內液所含電解質的濃度後，可得知前者含較多的Na^+、Cl^-及HCO_3^-，但只有少量的K^+、Ca^{2+}、Mg^{2+}、PO_4^{3-}與有機酸根離子；而後者只含有少量的Na^+、Cl^-，且幾乎不含Ca^{2+}，但卻含有大量的K^+、PO_4^{3-}及適量的Mg^{2+}、SO_4^{2-}。除此之外，細胞內液還含有大量的蛋白質。血漿與組織間液所含成分大致相同，最大的差異在於血漿含有較多的蛋白質，這是由於微血管壁對蛋白質不具通透性，因而使蛋白質被保留在血漿內，這項差異正是促使組織間液滲透回微血管內的主要力量。

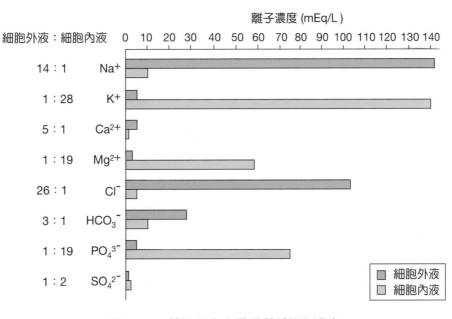

圖 11-2　體液所含之電解質種類與濃度

三、體液的攝取與排出

人體攝取水分的途徑有二：(1)經由消化、吸收食物中所含的水分，一天可由此途徑吸收2,300 ml；(2)經由代謝碳水化合物而產生的水分，一天約200 ml。攝取的水分量並非固定不變，而是會隨個體不同、氣候變化或活動量大小而有所不同。

液體可藉由流汗或呼氣排出體外，這兩種方式稱為無感的水分流失(insensible water loss)，因人體無法察覺。活動量與環境的溫度會影響流汗量，正常狀態下，一天排汗量約100 ml，但當人體處於高溫環境或正在運動時，排汗量可增加至每小時1~2 L。此時若沒有適當補充水分，很容易造成脫水的情況。除了以上兩種方式外，人體還可經由糞便與尿液將水分排出。成人每天攝取水分與排出水分量的平均值見表11-2，由此表可看出人體對於水分的攝取與排出是維持在一種平衡狀態之下。

表 11-2　成人每天攝取與排出水分量之平均值

攝取水分量		排出水分量	
喝水	1,600 ml	無感的水分流失	900 ml
食物	700 ml	糞便	100 ml
代謝所得	200 ml	尿液	1,500 ml
總量	2,500 ml	總量	2,500 ml

11-2　電解質

體液內含有許多溶質，可將它們分類成非電解質(nonelectrolytes)與電解質(electrolytes)。非電解質是以共價鍵方式結合形成的化合物，在體液內大部分的有機化合物都屬於此類，如葡萄糖、尿素。電解質則是含有離子鍵的化合物，如酸、鹼及鹽類。電解質具有三個主要功能：(1)調節體液的滲透壓；(2)調節並維持體液酸鹼值平衡；(3)人體的必需礦物質，可參與代謝活動與神經傳導等重要功能。

一、電解質的分布

細胞內液含有豐富的K^+、HPO_4^{2-}、Mg^{2+}及蛋白質，其中K^+為含量最多的陽離子，而最豐富的陰離子為HPO_4^{2-}。Na^+是細胞外液裡含量最多的陽離子，Cl^-是最豐富的陰離子。血漿與組織間液所含的離子種類大致相同，最大的不同是血漿內的蛋白質較多，而組織間液相對地較少，這是因為微血管壁無法讓蛋白質通過，所以血漿可保有蛋白質而不會流到組織間液。

二、電解質的功能與調節

（一）鈉離子

鈉離子(Na^+)是細胞外液裡含量最多的陽離子，血清中Na^+濃度在136~148 mEq/L。Na^+在人體內的功能包括：(1) Na^+為神經與肌肉細胞引發動作電位時不可缺少的離子；(2) Na^+的移動會影響液體與電解質的平衡。

Na^+的濃度平衡需藉由腎小球過濾率(GFR)、醛固酮(aldosterone)以及其他因子調控。當Na^+的攝取量增加時，會讓血漿滲透壓上升而引起口渴的感覺與促進ADH分泌，這將使得血漿容積增加進而造成下面的效應：

1. 血漿容積增加可引起腎小管周圍微血管壓力(peritubular capillary pressure)上升，而抑制Na^+的再吸收作用。

2. 血漿容積增加能抑制交感神經，結果會：(1)減少腎素分泌而使醛固酮分泌量下降，導致Na^+的再吸收作用變少；(2)增加腎臟血流量與增加腎小球微血管壓力，進而使GFR上升。GFR增加有助於Na^+的排出。

3. 血漿容積增加會導致心房擴張增加而引起心房利鈉激素(atrial natriuretic peptide, ANP)的分泌，ANP可增加腎臟排出Na^+的量。

當人體因流汗過多、嘔吐、腹瀉、燒傷等情形而造成大量流失Na^+時，就會形成低血鈉症(hyponatremia)。臨床上在低血鈉症病人可能會表現出肌肉無力、頭痛、低血壓、眩暈、心跳過快與循環性休克。嚴重的甚至可以使人精神混亂、木僵及昏迷。若是人處於脫水狀態或攝取過多Na^+時，就會造成高血鈉症(hypernatremia)。細胞外液的

Na⁺濃度過高，會使水分由細胞內移至細胞外，而造成細胞脫水，這個時候可以觀察到的症狀有口渴、不安、精神亢奮與昏迷。

（二）氯離子

氯離子(Cl^-)是細胞外液裡最多的陰離子。正常血清內濃度介於95~105 mEq/L，Cl^-濃度同樣是受到醛固酮的調節，但其作用方式與調節Na^+的方式不同，Cl^-是伴隨著Na^+的再吸收而被間接吸收進入血液中。臨床上可見到某些病人因為使用利尿劑或是嚴重嘔吐、脫水，而導致低血氯症(hypochloremia)。這類病人會有痙攣、鹼中毒、呼吸衰竭及昏迷的症狀。

（三）鉀離子

鉀離子(K^+)是細胞內液中含量最多的陽離子。正常血清濃度是3.5~5.0 mEq/L。K^+除了可以維持細胞內液體的容積外，K^+也有助於靜止膜電位的產生，並與神經細胞與肌肉細胞動作電位的再極化期有關。當K^+由細胞內移出時，可以與Na^+、H^+進行交換，其中的K^+、H^+交換對於pH值的調節非常重要。K^+濃度也受到醛固酮調節，當血漿內K^+濃度太高時，會刺激腎上腺皮質釋出醛固酮，進而使集尿管將K^+排入尿液中。相反的，若K^+濃度太低時，則會使醛固酮分泌量減少，藉此防止K^+的流失。

嘔吐、痢疾、腎臟病或攝取過多的Na^+都會引起低血鉀症(hyperkalemia)，表現症狀包括疲乏、痙攣、鬆弛性麻痺、精神錯亂、排尿量增加、呼吸變淺等。高血鉀症(hyperkalemia)多由於醛固酮分泌不足引起，症狀有不安、焦慮、腹瀉、腹部痙攣、感覺異常、下肢無力、心臟毒性，甚至引起心臟收縮力減弱、心律不整、心跳停止。

（四）鈣離子

鈣離子(Ca^{2+})主要存在於細胞外液，其98%是與HPO_4^{2-}結合形成鹽類後，儲存於骨頭及牙齒中。正常血清中Ca^{2+}濃度介於4.6~5.5 mEq/L。

Ca^{2+}具有許多種功能：(1)構成骨頭及牙齒；(2)血液凝固所需；(3)可促使神經傳導物質釋放；(4)與神經、肌肉之衝動傳導、肌肉張力之維持以及神經、肌肉興奮性之產生有關；(5)為重要之第二傳訊物質。

　　Ca^{2+}濃度的調控主要受到副甲狀腺素(parathyroid hormone, PTH)與calcitriol的影響。血漿中Ca^{2+}濃度過低會促使PTH釋放，PTH能刺激蝕骨細胞(osteoclasts)的作用而讓Ca^{2+}由骨頭中釋放。PTH也能促進Ca^{2+}由腎小管再吸收而回到血液中，此外，PTH能增加calcitriol的製造，calcitriol能促使消化道由食物中吸收Ca^{2+}。

　　當鈣流失、鈣攝取不足、磷過多、副甲狀腺功能低下時，會引發低血鈣症(hypocalcemia)，症狀有手指麻木、神經肌肉興奮性增加，造成手腳搐弱及強直性痙攣；高血鈣症(hypercakemia)則會產生抑制性神經傳導、嗜睡、無力、厭食、噁心、嘔吐、骨質疏鬆、軟骨症、意識混亂、感覺異常、木僵及昏迷。

（五）磷酸根離子

　　磷酸根離子(HPO_4^{2-})主要分布在細胞內液，正常血清中濃度為1.7~2.6 mEq/L。HPO_4^{2-}是構成細胞膜、核酸、ATP及緩衝溶液的必須成分。其濃度高低亦是受到PTH及calcitriol的調控。PTH刺激蝕骨細胞的作用而造成Ca^{2+}與磷由骨頭中釋放到血液，但在腎臟，PTH的作用卻是抑制磷的再吸收作用與促進Ca^{2+}的再吸收。因此整體而言，PTH的功能是增加磷由尿液排出進而降低血漿中磷的濃度。Calcitriol作用在消化道，主要功能為促進磷的再吸收作用。

（六）鎂離子

　　鎂離子(Mg^{2+})主要存在於細胞內液，正常血清中濃度1.3~2.1 mEq/L。Mg^{2+}具有以下的功能：(1)與神經訊息的傳導有關；(2)與心肌收縮功能有關；(3)透過ATP分解成ADP的能量，Mg^{2+}可以活化與能量產生有關的酶系統。

　　Mg^{2+}濃度會受到許多因子調控，當發生高血鈣症、高血鎂症、細胞外液容積過多、PTH分泌量下降或是酸血症(acidosis)時，腎臟會加速由尿液排出Mg^{2+}。腎衰竭病人需服用含Mg^{2+}的藥物，因此常會發生高血鎂症(hypermagnesemia)。高血鎂症會抑制中樞神經系統的功能，並出現低血壓、心智功能改變、昏迷、肌肉弛緩、麻痺等現象。會引起低血鎂症(hypomagnesemia)的情形很多，例如人體吸收不良、腹瀉、鼻胃管的抽吸、酒精中毒、營養不良、糖尿病等，當產生低血鎂症時，病人會出現肌肉無力、肌肉神經系統的興奮性增加、顫抖、強直、痙攣、心律不整。

11-3　體液的移動

　　體液在血漿與組織間液兩間區的移動過程發生在微血管壁。影響液體移出或進入微血管的力量共有四種，被稱為「史達林作用力」(Starling forces)，分別為：

1. 微血管靜水壓(capillary pressure, P_c)：可使液體由微血管進入組織間液。

2. 組織間液靜水壓(interstitial fluid pressure, P_{if})：可使液體由組織間液回到微血管。

3. 血漿膠體滲透壓(plasma colloid osmotic pressure, π_p)：由於血漿中富含蛋白質，因而產生一股促使液體由組織間液回到微血管的主要力量。

4. 組織間液膠體滲透壓(interstitial fluid colloid osmotic pressure, π_{if})：可使液體離開微血管而進入組織間液的力量。

　　有效過濾壓(effective filtration pressure, P_{eff})是趨使液體移動的淨壓力值，此數值可經由以下方程式計算：

$$有效過濾壓(P_{eff}) = (P_c + \pi_{if}) - (P_{if} + \pi_p)$$

式中的$(P_c + \pi_{if})$表示促使液體移出微血管的力量總和，$(P_{if} + \pi_p)$則是趨使液體移入微血管的力量總和。經由測量並計算得出在微血管動脈端的P_{eff}為8 mmHg，而靜脈端為–7 mmHg。因此液體會在8 mmHg的有效過濾壓下由微血管的動脈端移出至組織內，並在–7 mmHg的壓力下由靜脈端再吸收回微血管中（圖11-3）。

　　大部分由微血管動脈端過濾出的液體，可以直接返回微血管靜脈端，但仍有約1/10的液體必須藉由淋巴系統返回到循環系統內。正常狀況下，由微血管濾出的液體量幾乎等於微血管再吸收回循環系統的液體量，再加上少量由淋巴系統回收的液體量，就達成一個平衡的狀態，此狀態稱之為微血管的史達林定律(Starling's law of the capillaries)。

　　若是過多的組織間液無法有效排除時，就會累積在組織內而形成水腫(edema)。造成水腫的主要因素有三個：(1)微血管的靜水壓增加；(2)血漿膠體滲透壓減少；(3)微血管的通透性增加。

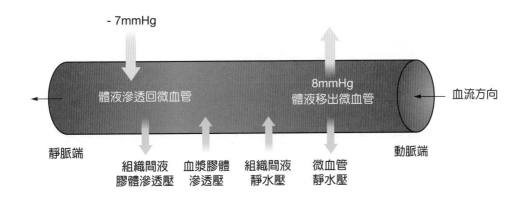

圖 11-3　作用在微血管壁的力量

11-4　調節體液平衡的生理機制

一、口渴感覺與水分攝取的調節

　　當我們感覺口渴時，增加水分的攝取是維持體液容積穩定的方法。脫水會造成血漿滲透壓增加，這會興奮下視丘的滲透接受器(osmoreceptors)，並且將訊息沿著腦下腺徑傳到腦下腺後葉，隨後造成ADH由腦下腺後葉釋出。ADH經由血液流到腎臟，ADH能增加腎臟遠曲小管、集尿管之上皮細胞對水分的通透性，讓水分的再吸收作用增加而排泄少量的濃縮尿液。同時還可興奮口渴中樞(thirst center)產生口渴的感覺，因而增加飲水行為以維持體液容積（圖11-4）。

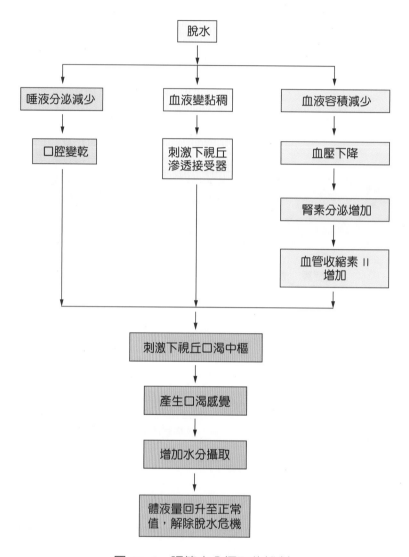

圖 11-4　調節水分攝取的機制

二、體液容積的調節

　　體液容積決定於 Na^+ 的濃度，要維持體液的恆定，必須由管制 Na^+ 濃度與水分的平衡開始。體內負責調節體液平衡的器官是腎臟，經由數種激素的影響下，腎臟可以改變水分的再吸收量與尿液排泄量，進而達到調節的效果。醛固酮 (aldosterone)、血管收縮素 II (angiotensin II) 與心房利鈉激素 (atrial natriuretic peptide, ANP) 是主要調節腎臟吸收 Na^+ 與 Cl^- 的激素。

　　當我們攝取過多鹽分時，血漿中Na^+與Cl^-的濃度增加，導致水分由細胞移入細胞間隙，使血液容積增加，此時，一方面會減少腎素(renin)分泌，進而減少血管收縮素II與醛固酮分泌，另一方面會使心房肌肉受到牽張，促使心房的特殊細胞釋放ANP。這些變化會減少腎臟再吸收Na^+、Cl^-，並增加Na^+、Cl^-由尿液排出，水分隨著滲透壓的改變而排出體外，最後血液容積將逐漸減少至正常容積（圖11-5）。

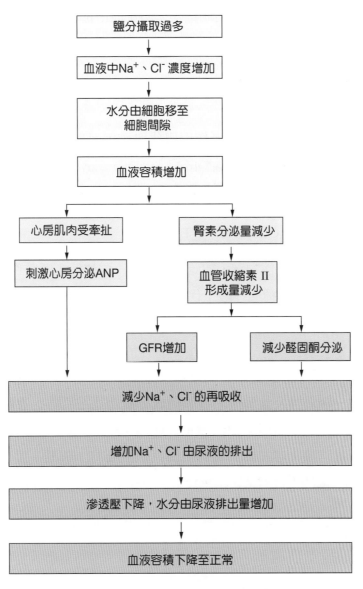

圖 11-5 　激素對體液容積的調節

11-5　酸鹼平衡

　　人體內幾乎所有的酵素活性都受到H^+濃度的影響，因此體液的pH值必須維持恆定，以免干擾到細胞正常生理功能與代謝活動的運作。細胞外液的pH值在正常狀況下介於7.35~7.45之間，若低於7.35則形成酸中毒(acidosis)，反之，若高過7.45則是鹼中毒(alkalosis)。人體內有三個主要的控制機轉來防止酸中毒或鹼中毒，分別為**緩衝系統**(buffer system)、**呼吸作用**及**腎臟的排泄作用**。

一、酸性物質產生的途徑

　　人體內的酸性物質乃是經由呼吸作用與代謝作用而形成的。體內進行呼吸作用時，會形成CO_2與H_2O，CO_2與H_2O經碳酸酐酶(carbonic anhydrase)作用後結合為H_2CO_3，H_2CO_3會部分解離成H^+與HCO_3^-，因而生成酸性物質。以上反應的化學方程式如下：

$$CO_2 + H_2O \rightarrow H_2CO_3 \rightarrow H^+ + HCO_3^-$$

　　代謝作用會形成許多酸性物質，如硫酸、磷酸、酮酸等。呼吸作用產生的酸性物質由呼氣排出，因而被稱為揮發性酸；代謝作用產生的酸性物質由尿液排泄，故又被稱為非揮發性酸或固定酸。

二、緩衝系統

　　緩衝系統由一個弱酸及該弱酸的鹽類構成，其功能在於防止液體的pH值因強酸或強鹼突然加入的情形下而產生劇烈變化。緩衝系統的反應極快，因此是人體預防酸鹼失衡的第一道防線。存在於人體的緩衝系統主要有：碳酸－重碳酸鹽緩衝系統(H_2CO_3 / HCO_3^-)、磷酸鹽緩衝系統(HPO_4^{2-})、血紅素－氧合血紅素緩衝系統及蛋白質緩衝系統。

（一）碳酸－碳酸氫鹽緩衝系統

　　此緩衝系統主要在調節細胞外液（血液）的pH值，其組成包括H_2CO_3與$NaHCO_3$。下面以化學方程式簡單表示其運作方式：

$$\text{HCl} \quad + \quad \text{NaHCO}_3 \quad \rightarrow \quad \text{NaCl} \quad + \quad \text{H}_2\text{CO}_3$$

鹽酸	碳酸氫鈉	氯化鈉	碳酸
（強酸）	（弱鹼）	（鹽）	（弱酸）

$$\text{NaOH} \quad + \quad \text{H}_2\text{CO}_3 \quad \rightarrow \quad \text{H}_2\text{O} \quad + \quad \text{NaHCO}_3$$

氫氧化鈉	碳酸	水	碳酸氫鈉
（強鹼）	（弱酸）		（弱鹼）

（二）磷酸鹽緩衝系統

　　此緩衝系統對於細胞內液、紅血球以及腎小管液體pH值的調節很重要，其在腎小管的作用方式是以Na_2HPO_4與過多的H^+結合形成NaH_2PO_4，隨後並釋出Na^+；Na^+會與HCO_3^-結合形成NaHCO_3進入血液中，而NaH_2PO_4則由尿液排出，以此方式就可以將過多的H^+排至體外。

$$\text{HCl} \quad + \quad \text{Na}_2\text{HPO}_4 \quad \rightarrow \quad \text{NaCl} \quad + \quad \text{NaH}_2\text{PO}_4$$

鹽酸	鹼性磷酸鹽	氯化鈉	酸性磷酸鹽
（強酸）	（弱鹼）	（鹽）	（弱酸）

（三）血紅素－氧合血紅素緩衝系統

　　此反應在紅血球內進行，它可以有效地緩衝血液中的H_2CO_3。細胞經過代謝之後會產生CO_2，這些CO_2會由微血管的靜脈端進入血液中。CO_2一旦進入血液後，會在紅血球內與水結合成H_2CO_3，此時氧合血紅素(HbO)會釋出O_2而還原為帶一個負電的血紅素(Hb^-)，Hb^-隨即與H_2CO_3所釋出的H^+結合，形成弱酸HbH（圖11-6）。

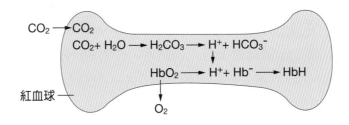

圖 11-6　血紅素－氧合血紅素緩衝系統

（四）蛋白質緩衝系統

　　蛋白質是由胺基酸所構成，胺基酸在結構上具有一個胺基(–NH₂)與一個羧基(–COOH)（圖11-7）。胺基可以接收H⁺，而羧基可釋出H⁺（圖11-8），由於胺基酸具有這種特質，因此蛋白質可以同時作為酸性與鹼性緩衝劑。蛋白質廣泛地存在於細胞內液與血漿中，所以是調節這兩區間液體pH值的重要物質。

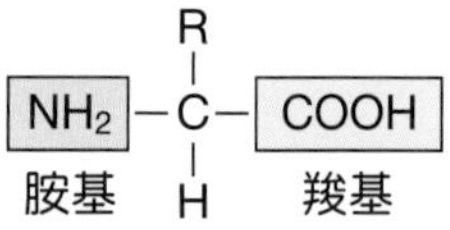

圖 11-7　胺基酸的結構

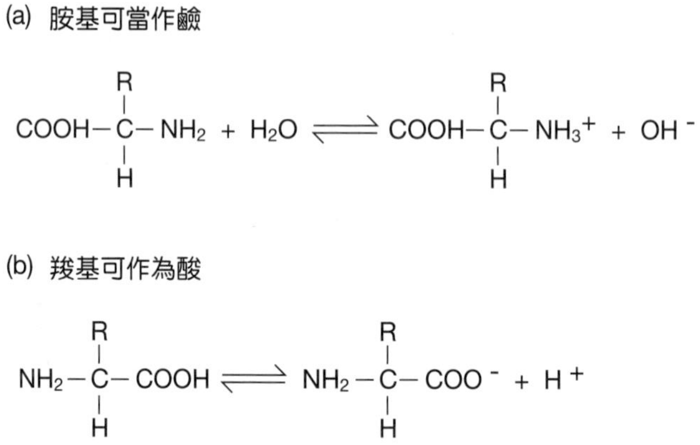

(a) 胺基可當作鹼

$$COOH-\underset{\underset{H}{|}}{\overset{\overset{R}{|}}{C}}-NH_2 + H_2O \rightleftharpoons COOH-\underset{\underset{H}{|}}{\overset{\overset{R}{|}}{C}}-NH_3^+ + OH^-$$

(b) 羧基可作為酸

$$NH_2-\underset{\underset{H}{|}}{\overset{\overset{R}{|}}{C}}-COOH \rightleftharpoons NH_2-\underset{\underset{H}{|}}{\overset{\overset{R}{|}}{C}}-COO^- + H^+$$

圖 11-8　胺基酸的兩性特質

三、呼吸作用

　　呼吸作用是人體預防酸鹼不平衡的第二道防線，它可在數分鐘內將CO_2及H_2CO_3移至體外，並在12~24小時內即達到最大功能，以防止H⁺濃度變動太過劇烈。體液的pH值會影響呼吸速率，當血液偏酸時，過多的H⁺會刺激呼吸中樞而促使呼吸加快，導致CO_2排出量增加，血液的pH值就會上升；相對地，當血液pH值偏鹼時，呼吸中樞會受到抑制而使呼吸變慢，CO_2逐漸在體內累積，血液的pH值就會下降（圖11-9）。

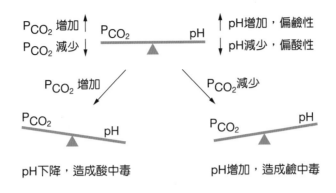

圖 11-9　$PaCO_2$ 與 pH 值的變化

四、腎臟的排泄作用

　　腎臟對體內酸鹼變化的調節作用，在反應時間上較呼吸作用慢，且通常在24~28小時才達到最大功能，由於腎絲球過濾作用可排除H^+、CO_2、HCO_3^-或其他弱酸與弱鹼的成分至過濾液中，腎小管也會主動分泌H^+到過濾液中，同時再吸收重碳酸根離子回血液，這種經由腎臟一方面排出酸，一方面回收鹼的生理機轉，可說是人體對抗酸鹼不平衡最有效的調節作用。以下針對腎臟維持酸鹼平衡的主要機制做進一步的說明。

1. **腎小管（主要發生在近曲小管）主動分泌H^+至過濾液中**：在腎小管管壁的細胞內，CO_2與H_2O會結合形成H_2CO_3，隨後解離成H^+與HCO_3^-，當血液的pH值降低時，腎小管的上皮細胞即可主動地將H^+分泌至過濾液中，其方式是由H^+與腎絲球過濾液中的Na_2HPO_4（鹼性）的Na^+進行Na^+-H^+交換運送(counter transport)的過程，在形成NaH_2PO_4（酸性）後，即被尿液排泄出去。

　　　另一方面，Na^+與H^+交換後，在腎小管細胞中會與HCO_3^-結合形成$NaHCO_3$再吸收回血液中。人體藉由腎小管這種一方面增加H^+的排除，另一方面配合回收碳酸氫鹽的方式，就能有效增加血液pH值，以維持酸鹼平衡的狀態。

2. **腎小管分泌氨(NH_3)至過濾液中**：腎小管排出的NH_3會與過濾液中的H^+結合形成銨離子(NH_4^+)排泄到尿中，此外，某些陰離子，例如Cl^-、SO_4^{2-}等也會與銨離子結合，形成中性的銨鹽後排除。人體在血液H^+濃度上升時，腎小管上皮細胞產生NH_3的能力會增加，並且藉由上述的機轉在數天內排出大量的酸。

11-6　酸鹼不平衡

　　人體利用緩衝系統、呼吸作用及腎臟的代償作用，控制細胞外液的pH值在7.35~7.45之間，當體內酸鹼失去平衡時就會造成鹼中毒或酸中毒的症狀。

　　酸鹼不平衡可依其主要的形成原因而分為兩大類，呼吸性酸鹼中毒與代謝性酸鹼中毒。呼吸性酸鹼中毒通常與肺臟對於二氧化碳的排出率與二氧化碳由組織的產生率失去平衡有關，而代謝性酸鹼中毒則是由於新陳代謝失調造成細胞外液之酸性物質的含量不正常，或因代謝性原因使細胞外液中HCO_3^-的濃度失調所造成（表11-3）。

表 11-3　**酸鹼失調的類型**

類　型	pH 值	定　義	導致原因
呼吸性酸中毒 (Respiratory acidosis)	< 7.35	肺換氣不足造成細胞外液中 PCO_2 上升、H_2CO_3 及 H^+ 的濃度異常升高	呼吸道阻塞、延腦呼吸中樞受損或受抑制、呼吸肌或胸腔活動不足、呼吸系統疾病（如肺氣腫、肺水腫、氣喘、肺炎、慢性支氣管炎）、麻醉或鎮靜類藥物的過度使用及巴比妥酸鹽中毒
呼吸性鹼中毒 (Respiratory alkalosis)	> 7.45	換氣過度造成細胞外液中 PCO_2 降低及 H_2CO_3 濃度下降	呼吸中樞過度興奮、高海拔地區缺乏氧氣引起的反射反應、嚴重焦慮及某些藥物引起過度換氣的結果（如阿斯匹靈服用過量）
代謝性酸中毒 (Metabolic acidosis)	< 7.35	細胞外液中 HCO_3^- 過度流失或由代謝作用所產生的酸性物質不正常增加而造成細胞外液 pH 值下降	腹瀉、腎小管功能不佳、結腸炎、使用利尿劑、酮症、尿毒症、長期飢餓、禁食、糖尿病、過度劇烈運動引起的乳酸中毒
代謝性鹼中毒 (Metabolic alkalosis)	> 7.45	身體非呼吸性的流失酸性物質或由於攝取過量的鹼性物質造成細胞外液 pH 值過高	過度或長期嘔吐造成胃酸流失、新生兒的幽門狹窄症或過量服用鹼性藥物（如制酸劑）

鹼中毒或酸中毒的症狀
Physiology

- 酸中毒：中樞神經系統傳導功能受控制，易造成昏迷及死亡。
- 鹼中毒：神經系統過度興奮，可造成痙攣、過度敏感甚至死亡。

【　】1. 比較細胞內液、血漿及組織間液三者於體內的含量多寡，下列何者正確？
(A)細胞內液＞組織間液＞血漿　(B)細胞內液＞血漿＞組織間液　(C)血漿
＞細胞內液＞組織間液　(D)組織間液＞細胞內液＞血漿

【　】2. 細胞外液中含量最多的電解質是：　(A) K^+　(B) Na^+　(C) Mg^{2+}　(D) Ca^{2+}

【　】3. 血漿與組織間液的成分大致相同，但其最大的不同是血漿內含有較多的？

(A) Cl^-　(B) Ca^{2+}　(C) HPO_4^-　(D)蛋白質

【　】4. 細胞外液的滲透壓主要是靠何者的濃度來維持？　(A) K^+　(B) Na^+　(C) HCO_3^-
(D) Ca^{2+}

【　】5. 下列何者是細胞外液最適切之pH值？　(A) 6.5　(B) 7.0　(C) 7.4　(D) 8.0

【　】6. 細胞內最多的游離陽離子以及細胞外液中最多的游離陰離子各為？(A) K^+、
Cl^-　(B) Ca^{2+}、HCO_3^-　(C) K^+、HCO_3^-　(D) Na^+、Cl^-

【　】7. 正常人體重有多少百分比是水？　(A) 30%　(B) 60%　(C) 75%　(D) 90%

【　】8. 下列何者為造成水腫的可能原因？　(A)血漿蛋白質濃度下降　(B)微血管通
透性增加　(C)淋巴回流受阻　(D)以上皆是

【　】9. 下列何者為組織間液內之重要緩衝劑(buffer)？　(A)血紅素　(B) H_2CO_4
(C)碳酸　(D)其他蛋白質

【　】10. 下列何者並非代謝性酸中毒之原因？　(A)尿毒症　(B)糖尿病　(C)肺換氣
不足　(D)嚴重腹瀉

【　】11. 下列何者為造成呼吸性鹼中毒的原因？　(A)長期嘔吐　(B)肺換氣過度
(C)氣喘　(D)長期飢餓

【　】12. 下列何者為人體維持酸鹼平衡的主要機制？　(A)緩衝系統　(B)呼吸作用
(C)腎臟的排泄作用　(D)以上皆是

【　】13. 呼吸性酸中毒者，血液變化為何？　(A) CO_2分壓增加　(B) pH值增加　(C)
$[HCO_3^-]$減少　(D) HCO_3^-/H_2CO_3值增高

【　】14. 糖尿病致命的原因為何？　(A)呼吸性酸中毒　(B)呼吸性鹼中毒　(C)代謝性酸中毒　(D)代謝性鹼中毒

【　】15. 血中之鉀離子增加時會引起下列何者升高？　(A)腎素(rennin)之釋放　(B)醛固酮(aldosterone)之分泌　(C)抗利尿激素(ADH)之分泌　(D)心房鈉利尿胜肽(ANF)之分泌

【　】16. 一莫耳葡萄糖（即180克）溶解於1公升水中所產生的滲透壓濃度為多少Osmol/L？　(A) 1　(B) 2　(C) 3　(D) 4

········· ★★ 解答 ★★ ·········

| 1.A | 2.B | 3.D | 4.B | 5.C | 6.A | 7.B | 8.D | 9.C | 10.C |
| 11.B | 12.D | 13.A | 14.C | 15.B | 16.A |

CHAPTER

第 *12* 章

消化系統

許家豪 編著

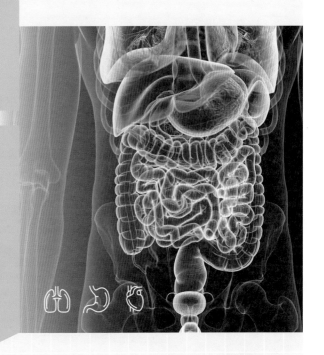

大綱

Physiology

　　人體由外界所攝取的食物包括碳水化合物、蛋白質、脂肪等，這些大分子無法直接由體內吸收，須經由消化作用分解才能被人體所利用。分解後的小分子經由被動運輸或主動運輸的方式，經消化道細胞吸收後由循環系統送到身體各處供細胞使用，而無法被吸收的廢物最後則排出體外。消化器官包括消化道與消化腺，兩者均參與消化作用，故這些器官統稱為消化系統(digestive system)（圖12-1）

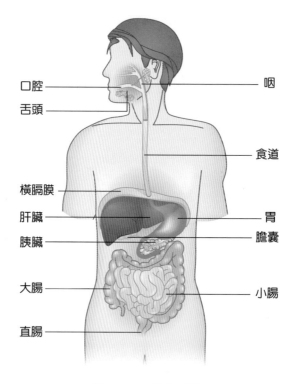

口腔
舌頭
咽
食道
橫膈膜
肝臟
胰臟
胃
膽囊
大腸
小腸
直腸

圖 12-1 消化系統

12-1　消化器官

一、消化道的構造

　　消化道包括口腔、食道、胃、小腸、大腸及肛門。消化道從食道至肛門均有類似的構造，由內到外可分為黏膜層(mucosa)、黏膜下層(submucosa)、肌肉層(musculavrs)及漿膜層(serosa)等四層（圖12-2）。

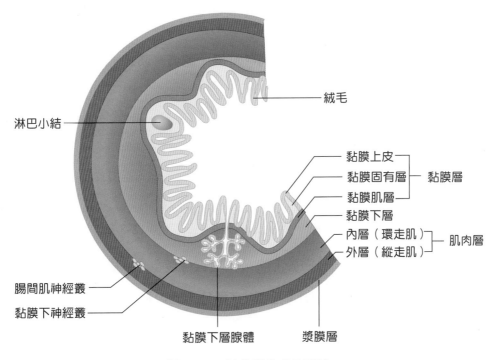

圖 12-2 消化道的典型構造

1. **黏膜層(mucosa)**：為消化道管壁的最內層，由黏膜上皮、黏膜固有層、黏膜肌層三層所組成。黏膜上皮與保護、吸收、分泌有關。黏膜固有層有血管、神經、淋巴管的分布，在防止病菌入侵時相當重要。黏膜肌層則含有平滑肌所構成的黏膜皺摺，同時可增加消化與吸收的表面積。小腸是消化道中黏膜層最發達的地方。

2. **黏膜下層(submucosa)**：也有血管、淋巴管分布，除此之外，還包括腺體與黏膜下神經叢(submucosa plexus)，又稱梅氏神經叢(meissner's plexus)，可以調控腺體的分泌，屬於自主神經。黏膜下層與養分的運送和腺體分泌有關。

3. **肌肉層(muscularis)**：除口腔、咽及食道上段為骨骼肌外，其餘的消化道均由平滑肌所構成。肌肉層可分成內層的環狀平滑肌與外層的縱走平滑肌。肌肉層的收縮與消化道的分節運動及蠕動有關。位於兩層肌肉層的腸肌間神經叢(myenteric plexus)又稱為歐氏神經叢(Auerbach's plexus)，是支配消化道最重要的神經，它包含來自於交感及副交感神經的纖維與神經節，可控制消化道的肌肉運動。

4. **漿膜層(serosa)**：由結締組織與上皮組織所形成，位於消化道的最外層，與腹腔連接，使消化道固定於腹腔，不會因人體的運動而移位。

二、消化道的功能

　　人體的消化器官包括口腔、食道、胃、肝臟、膽囊、胰臟、小腸、大腸等,其構造與功能如下。

(一)口腔

　　口腔是由唇、頰、軟顎、硬顎與舌頭所形成的空腔,口腔和食物的咀嚼與發聲有關。味蕾是味覺的感受器可接受味覺的刺激,大部分位於舌頭上,口腔內舌頭上有舌乳頭,舌乳頭含有味蕾與味覺有關,舌乳頭依外形分成(圖12-3):

1. 絲狀乳頭(filiform papillae):分布於舌前2/3,其數目最多,體積最小但不含味蕾。

2. 輪廓乳頭(circumvallate papillae):呈倒V字型分布於舌根,具有味蕾,數目約8~12個,體積最大。

3. 蕈狀乳頭(fungiform papillae):有味蕾,分布於絲狀乳頭間。

　　人體的基本味覺有酸、甜、苦、鹹。舌頭的兩側對酸味較敏感,甜味在舌尖較敏感,舌頭後方則對苦味最敏感,舌頭兩側外緣則對鹹味較敏感。

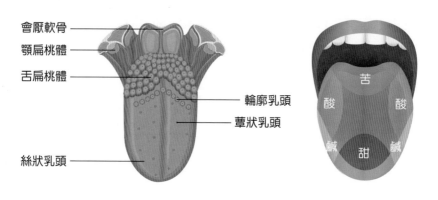

圖 12-3　舌乳頭及四種味覺區

◎ 唾液腺

　　唾液腺(salivary gland)內包含漿液細胞與黏液細胞,漿液細胞能分泌唾液澱粉酶(α-amylase)來分解澱粉。黏液細胞分泌含有黏蛋白的黏液,具有潤滑功能,保護口腔上皮細胞不受食物傷害。

人體的唾液腺有三對，包括耳下腺、舌下腺、下頜下腺，均可分泌唾液。

1. 耳下腺（parotid gland，又稱為腮腺）：耳下腺的分泌受舌咽神經控制，為最大的唾液腺腺體，其分泌物屬漿液性，含唾液澱粉酶，分泌量占整個唾液量的25%。易受病毒感染造成腮腺炎（mumps，俗稱為豬頭皮）。

2. 舌下腺(sublingual gland)：其分泌受顏面神經控制，分泌物為黏液性，含有大量黏液，其唾液分泌量最少，約占唾液總量的5%。

3. 下頜下腺(submandibular gland)：其唾液分泌物為混合性，包含漿液性與黏液性二種，分泌量最多，約占唾液總量的70%，其分泌受顏面神經支配。

　　唾液的成分包含水、氯化鈉、黏液素(mucin)、唾液澱粉酶、溶菌酶、HCO_3^-、HPO_4^{2-}、尿素、尿酸等。

　　唾液的功能包括：(1)潤滑食物，幫助食團吞嚥；(2)唾液可清潔及潤滑口腔；(3)含有溶菌酶可以消滅細菌；(4)唾液澱粉酶被氯鹽活化後能夠分解澱粉。

（二）咽喉及食道

　　咽喉(pharynx)與食道(esophagus)的作用與吞嚥有關。食道連接咽與胃的部分，食道的管壁含有不同的肌肉組織，上段為骨骼肌，中間為骨骼肌及平滑肌，下段為平滑肌。食道末端在接近胃的地方有下食道括約肌（又稱賁門括約肌），可防止胃內的食物逆流回口腔，食道只能分泌黏液幫助食物通過，本身不分泌消化酶，故無消化作用。食道鬆弛不能(achalasia)的原因是由於腸間肌神經叢所釋放的血管活性腸胜肽(vasoactive intestine peptide, VIP)和一氧化氮(nitric oxide, NO)不足，造成下食道括約肌鬆弛不完全的結果。

（三）胃

　　胃(stomach)可吸收的物質有水、電解質、酒精等，食物經由食道而進入胃的賁門(cardiac region)，胃可分成賁門、胃底、胃體及幽門等部分（圖12-4），其末端有幽門括約肌(pyloric sphincter)，胃內部分消化後的食糜可經由幽門括約肌進入小腸。胃的肌肉層可分為三層，由外到內分別為縱肌層、環肌層與斜肌層。

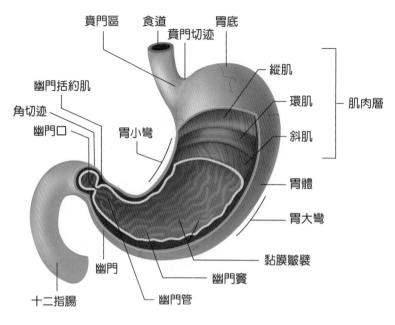

賁門區　食道　胃底
賁門切迹
幽門括約肌
角切迹
幽門口
胃小彎
幽門
十二指腸
幽門竇
幽門管
縱肌
環肌
斜肌
胃體
胃大彎
黏膜皺襞
肌肉層

圖 12-4　胃及其各部位名稱

◎ 胃腺

胃內有胃腺，包括幾種主要的細胞（圖12-5），可分泌不同的物質。

1. **主細胞(chief cells)**：分泌胃蛋白酶原(pepsinogen)，是胃蛋白酶的非活化型。

2. **壁細胞(parietal cells)**：分泌鹽酸(HCl)及內在因子(intrinsic factor)。鹽酸可殺菌，並可將胃蛋白酶原活化成胃蛋白酶，同時使胃液呈酸性（pH值2.0）。維生素B_{12}在小腸的吸收與內在因子有關，亦可協助紅血球的生成。如果胃無法分泌內在因子，體內會因缺乏維生素B_{12}而導致惡性貧血。

3. **黏液細胞(mucous cells)**：可分泌黏液和含HCO_3^-的液體，HCO_3^-和黏液共同作用下保護胃壁不受胃酸的傷害。

4. **類腸嗜鉻細胞(enterochromaffin-like cell, ECL cell)**：分泌組織胺、血清胺，以作為調控消化道的旁分泌調節因子。

5. **嗜鉻細胞(enterochromaffin cells)**，又稱**G細胞(G cells)**：分泌胃泌素(gastrin)，可刺激鹽酸及胃蛋白酶原的分泌。

6. **D細胞(D cells)**：分泌體制素(somatostatin)。

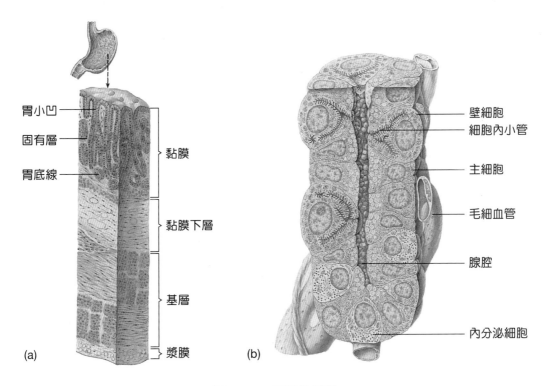

圖 12-5　胃腺的構造

◎ 胃酸

胃酸形成的機制如下（圖12-6）：

1. 二氧化碳與水在碳酸酐酶的作用下形成碳酸(H_2CO_3)，然後解離成HCO_3^-和H^+。

2. 壁細胞內高濃度的HCO_3^-分泌到細胞外，同時因電荷平衡的動力作用將氯離子交換到細胞內，此外因細胞內鈉離子濃度低，因為細胞內外鈉離子濃度差的關係可以利用電荷平衡動力將氯離子帶入細胞內。

3. H^+由壁細胞的H^+-K^+幫浦分泌到小管內交換K^+到細胞內，而K^+則可以與氯離子以共同運輸(cotransport)的方式送入小管內，此時小管內的H^+與氯離子結合形成胃酸而分泌出去。

4. 最後壁細胞會利用Na^+-K^+幫浦的作用，將多餘的Na^+送出細胞，交換K^+進入細胞內維持細胞膜電位的平衡。

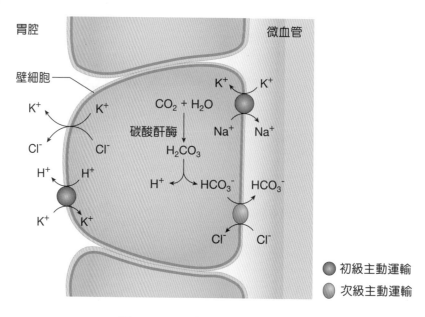

圖 12-6　胃酸形成的機制

（四）小腸

　　小腸(small intestine)可分成十二指腸、空腸及迴腸，小腸上面連接胃的幽門括約肌，下端則透過迴盲瓣(ilececal valve)開口與大腸相連接。人體主要的消化作用發生在十二指腸，而吸收作用則在空腸以及迴腸中進行。與其他消化道一樣，小腸壁也具有四層的構造，但小腸本身具有以下特殊的構造：

1. 小腸黏膜：具環狀皺襞、絨毛與微絨毛等構造，可增加小腸消化與吸收的表面積。

2. 小腸絨毛(villi)：是由黏膜層所形成的指狀突起，內含動脈、靜脈、微血管網及乳糜管（圖12-7）。絨毛上的表皮細胞有微絨毛(microvilli)可增加消化與吸收的表面積。乳糜管可與淋巴管相通，這些淋巴管最後可匯入胸管而進入循環系統。

3. 小腸的腺體：主要為十二指腸腺與小腸腺。

　(1) 十二指腸腺(duodenual gland)又稱為布路納氏線(Brunner's gland)，可分泌含 HCO_3^- 的鹼性黏液中和胃酸，具有保護小腸的作用。此外十二指腸腺會分泌腸激酶(enterokinase)，腸激酶可將胰臟所分泌的胰蛋白酶原活化成胰蛋白酶，促進蛋白質的分解作用。

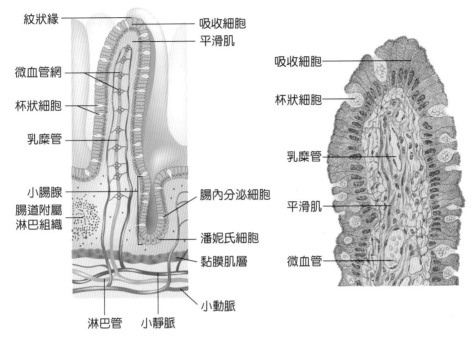

圖 12-7　小腸絨毛

(2) 小腸腺(small intestinal glands)又稱為李培昆氏腺窩(crypts of Lieber Kuhn)，
可分泌大量的消化酶與激素。小腸腺分泌的消化酶包括腸激酶、麥芽糖酶
(maltase)、蔗糖酶(sucrase)、乳糖酶(lactase)、胜肽酶(peptidase)、核糖核酸酶
(ribonuclease)、去氧核糖核酸酶(deoxyribonuclease)及腸脂肪酶。各種消化酶的
作用詳見表12-1。

4. 小腸的肌肉層：由外層縱肌與內層環肌所組成，與小腸的分節運動和蠕動有關。

表 12-1　小腸所分泌的消化酶

消化酶	作用物質	分解產物
麥芽糖酶	麥芽糖	葡萄糖
α－糊精酶	α－糊精	葡萄糖
蔗糖酶	蔗糖	果糖、葡萄糖
乳糖酶	乳糖	半乳糖、葡萄糖
腸脂肪酶	脂肪	甘油、脂肪酸
胺基肽酶	多胜肽、雙胜肽	胺基酸
腸激酶	胰蛋白酶原	胰蛋白酶

表 12-1 小腸所分泌的消化酶（續）

消化酶	作用物質	分解產物
核糖核酸酶	核糖核酸	核苷酸
去氧核糖核酸酶	去氧核糖核酸	核苷酸
多胜肽酶、雙胜肽酶	二、三、四胜肽	胺基酸

（五）大腸

大腸(large intestine)可分為盲腸(cecum)、升結腸(ascending colon)、橫結腸 (transverse colon)、降結腸(descending colon)、乙狀結腸(sigmoid colon)、直腸(rectum) 及肛管(anal canal)等部分（圖12-8）。闌尾位於離迴盲瓣開口不遠處，容易因食物進入 而引起發炎。

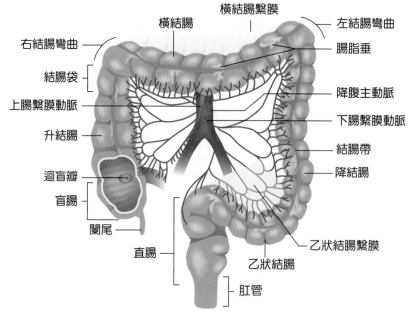

圖 12-8　大腸各部位名稱

大腸與其他消化道構造不同之處：

1. 大腸壁沒有絨毛和環形皺襞，因此大腸不具有吸收養分的作用。大腸僅具有大腸 腺，大腸的杯狀細胞分泌含有HCO_3^-的黏液，可保護大腸腸壁黏膜不會因食物殘渣 和糞便的摩擦而受傷。大腸腺分泌的黏液也不含有消化酶。

2. 大腸的肌肉層由外層縱肌和內層環肌構成，而縱肌會形成三條結腸帶(taenial coli)的
特殊構造，當結腸帶收縮會有結腸袋(haustra)出現，脂肪附著於結腸帶表面稱之腸脂
垂(epiploic appendages)。

　　大腸的功能與水分、維生素B群、電解質的吸收，維生素K的製造，糞便的形成及
排便等作用有關。

三、消化腺的功能

（一）胰臟

　　胰臟(pancreas)同時具有外分泌及內分泌的功能。其外分泌是由腺泡(acini)所分泌
的胰液來執行。而內分泌的功能是由**胰臟小島**(pancreatic islets)或稱**蘭氏小島**(islet of
Langerhans)所分泌的胰島素及升糖素與體制素等激素來作用。

　　胰臟所分泌的胰液因含HCO_3^-故呈弱鹼性(pH 7.1~8.2)，可中和小腸內的酸性食
糜，同時停止胃蛋白酶的作用，胰液中含有幫助分解蛋白質、脂肪、醣類的酵素，例
如胰澱粉酶(amylase)消化澱粉、胰蛋白酶(trypsin)消化蛋白質、胰脂肪酶消化三酸甘油
酯等。胰液所含消化酶的作用請見表12-2。

　　胰液中所含的酵素大部分以非活化的酶原(zymogens)形式存在。其中胰蛋白酶原
受腸激酶活化成胰蛋白酶，此活化的胰蛋白酶可引起其他酵素的活化。

表 12-2　**胰液中所含的消化酶**

消化酶	活化因子	作用物質	分解產物
胰澱粉酶	氯離子	澱粉	麥芽糖、α－糊精
胰脂肪酶	－	脂肪	脂肪酸、單酸甘油酯
胰蛋白酶	腸激酶	蛋白質	胜肽類
胰凝乳蛋白酶	胰蛋白酶	蛋白質	胜肽類
羧肽酶	胰蛋白酶	胜肽類	胺基酸
核糖核酸酶	－	核糖核酸	核苷酸
去氧核糖核酸酶	－	去氧核糖核酸	核苷酸
彈性酶	胰蛋白酶	彈性素蛋白質	多胜肽類

（二）肝臟

　　肝臟(liver)為體內最大臟器，可被鐮狀韌帶(falciform ligament)分為左、右兩葉，右葉又可分為右葉本部(right lobe propen)、肝方葉(quadrate lobe)及肝尾葉(caudate lobe)（圖12-9）。肝的功能單位為肝小葉(liver lobules)，肝小葉周圍含有由肝動脈、肝門靜脈及膽管所構成的肝三合體(hepatic triad)。此外，肝臟內有庫佛氏細胞(Kupffer cell)可吞噬衰老的紅血球、細菌及有毒物質。

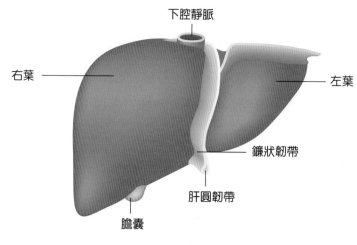

(a) 前面觀

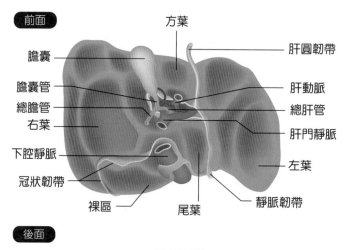

(b) 下面觀

圖 12-9　肝臟的分葉與韌帶

　　肝臟的血流由肝動脈所提供，而消化系統吸收的養分並不會直接進入循環系統，而是由肝門靜脈先送到肝臟，血液流經肝三合體後，進入肝小葉的靜脈竇（圖12-10）。此為肝門系統(hepatic portal system)獨特的循環模式。

　　肝臟的功能如下：

1. 解毒的功能：將胺基酸代謝後所產生的氨轉變成不具毒性的尿素，由尿液中排出。

2. 碳水化合物代謝作用：將血液中的葡萄糖轉化成肝醣及脂肪，或者將胺基酸經糖質新生作用產生葡萄糖。

3. 脂肪的代謝：合成三酸甘油酯及膽固醇，將游離脂肪酸轉化成酮體。

4. 膽汁的製造與分泌。

5. 製造抗凝劑：肝細胞可製造肝素(heparin)，作為對抗凝血酶原的抗凝血劑。

6. 製造蛋白質：例如纖維蛋白原、白蛋白與凝血酶原，但是γ球蛋白不是由肝臟所製造。

7. 製造血漿素(plasmin)。

8. 吞噬作用：庫佛氏細胞吞噬破壞紅血球及細菌。

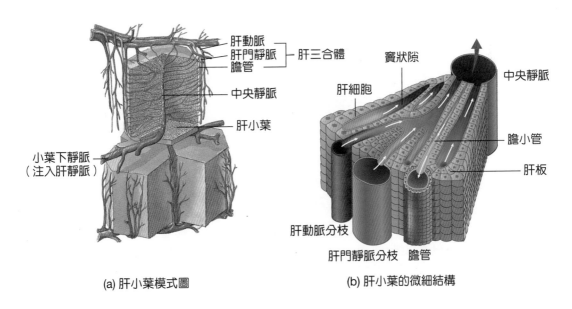

(a) 肝小葉模式圖　　　　　(b) 肝小葉的微細結構

圖 12-10　肝臟的顯微構造

9. 製造及活化維生素A與D：肝臟與腎臟共同合作參與維生素D的活化，胡蘿蔔素在肝臟透過甲狀腺素的作用形成維生素A。

10. 從胚胎發育第8週開始參與造血直到出生後為止。

11. 儲存的作用：儲存肝醣、銅、鐵及維生素A、D、E、K及維生素B_{12}與累積毒素。

◎ 膽汁

　　肝細胞製造的膽汁，其成分包括膽鹽(bile salts)、膽色素〔或稱膽紅素 (bilirubin)〕、磷脂質、膽固醇及無機鹽。膽汁經由微膽管(bile canaliculi)、膽管(bile duct)分別匯流入左、右肝管(hepatic duct)。左、右肝管合併成總肝管(common hepatic duct)，再與膽囊管(cystic duct)合併為總膽管(common bile duct)，最後總膽管與胰管會合後經歐迪氏括約肌(Oddi's sphincter)注入十二指腸乳頭（圖12-11）。

　　膽汁呈黃褐色或橄欖綠，膽汁成分中的膽鹽參與脂肪的消化吸收。膽鹽在幫忙脂肪的消化吸收後，大部分的膽鹽可在迴腸再吸收回到循環系統，透過肝門脈將膽鹽送回到肝臟，回收的膽鹽經肝細胞吸收後，再分泌到膽汁中進行脂肪的乳化作用。膽鹽在肝臟與腸道之間循環再利用的情形稱為**腸肝循環**(enterohepatic circulation)。

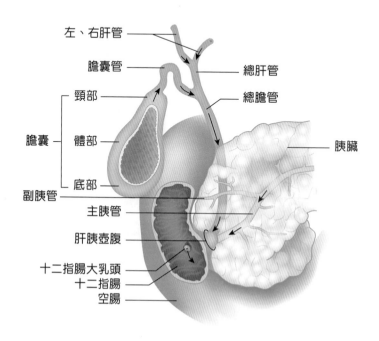

圖 12-11　胰管、總膽管和十二指腸

　　膽紅素為主要的膽色素，從血紅素中的血基質(heme)代謝而來。膽紅素在腸內被轉變為尿膽素原(urobilinogen)，使糞便產生黃棕色。

　　新生兒如果血液中紅血球被破壞過多，會導致血中游離性膽紅素過高，導致黃疸症狀(jaundice)出現，即皮膚及鞏膜呈現黃色。新生兒黃疸的治療，可將新生兒照射波長400~500 nm的藍光，使膽紅素吸收此光後，轉變成具水溶性的光學異構物，由膽汁及尿液排出。

（三）膽囊

　　膽囊(gallbladder)的功能是膽汁的儲存、濃縮、酸化膽汁與釋放膽汁。當膽囊受到膽囊收縮素作用時，膽囊肌肉層會收縮，使肝胰壺腹的括約肌配合鬆弛，造成膽囊排空，膽汁經膽囊管進入總膽管而進入十二指腸。

　　膽固醇需藉膽鹽或卵磷脂才能溶於水中，當膽鹽不足時，會導致膽固醇形成結晶而沉積於膽囊內形成膽結石(gallstones)，膽結石會阻塞膽道引起黃疸。

12-2　食物的消化及吸收

　　食物中的醣類、蛋白質及脂肪須經消化作用後才能為消化道所吸收。醣類、胺基酸、脂肪、鐵和鈣的吸收主要發生在十二指腸和空腸，水、膽鹽、維生素B_{12}及其他電解質如Fe^{2+}、Ca^{2+}、K^+、Mg^{2+}、Na^+、Cl^-則在迴腸吸收。

一、醣　類

　　食物中的醣類(carbohydrates)來源主要為雙醣（例如乳糖與蔗糖）與多醣類的澱粉。醣類的消化從口腔開始，由唾液澱粉酶將澱粉做初步分解，最後由小腸內的胰澱粉酶將澱粉轉化成雙醣（包括麥芽糖、乳糖、蔗糖）。而小腸黏膜細胞含有雙醣酶（蔗糖酶、麥芽糖酶、乳糖酶），可將雙醣分解成單醣。

$$麥芽糖 + H_2O \xrightarrow{麥芽糖酶} 葡萄糖 + 葡萄糖$$
$$乳糖 + H_2O \xrightarrow{乳糖酶} 葡萄糖 + 半乳糖$$
$$蔗糖 + H_2O \xrightarrow{蔗糖酶} 葡萄糖 + 果糖$$

人體小腸腸壁若缺乏某種雙醣酶，進食醣類後會因此類雙醣無法被分解吸收而堆積，產生滲透梯度吸引水分造成腹瀉的情形。例如缺乏乳糖酶的人喝完牛奶後引發的乳糖不耐症(lactose intolerance)。

醣類是以單醣的形式被吸收，單醣的吸收方式有二種：

1. 葡萄糖與半乳糖利用**主動運輸**的方式進入小腸上皮細胞；利用載體蛋白將葡萄糖或半乳糖與Na^+以共同運輸(cotransport)的方式進行吸收作用（圖12-12）。鈉鉀幫浦(Na^+-K^+ pump)所形成的鈉離子濃度梯度，使葡萄糖與半乳糖隨Na^+進入小腸上皮細胞，再由小腸上皮細胞靠促進性擴散而進入微血管中。

2. 果糖以**促進擴散**方式進入小腸上皮細胞，不需要消耗能量的方式被吸收，吸收後的單醣由微血管送至肝門靜脈。

二、蛋白質

食物中所含的蛋白質(protein)由胃開始進行消化作用，蛋白質可被胃蛋白酶分解成多胜肽類，而胃蛋白酶則是由胃酸活化胃蛋白酶原而來的。

大部分的蛋白質在十二指腸及空腸被消化，胰液中所含的蛋白質消化酵素其作用方式可分成：

1. 內胜肽酶(endopeptidases)：將多胜肽從內部切斷胜肽鏈，例如胰蛋白酶(trypsin)、胰凝乳蛋白酶(chymotrypsin)。

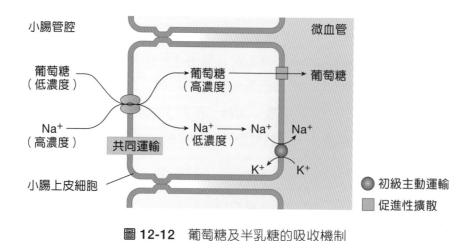

圖 12-12 葡萄糖及半乳糖的吸收機制

2. 外胜肽酶(exopeptidase)：從多胜肽的兩端移去胺基酸，例如胰酵素羧基胜肽酶(carboxypeptidase)，可從羧基端移去胺基酸。又如胺基胜肽酶(aminopeptidase)從多胜肽胺基端移去胺基酸。

　　參與蛋白質消化的消化酶主要包括：

1. 胃蛋白酶：由壁細胞所分泌的胃蛋白酶原經HCl活化後，可將蛋白質分解成蛋白腙、蛋白腖及多胜肽類。

2. 胰蛋白酶：小腸黏膜細胞所分泌的腸激酶可將胰蛋白酶原活化成胰蛋白酶，胰蛋白酶與胰凝乳蛋白酶及羧基胜肽酶，將蛋白質進一步分解成胺基酸、雙胜肽及三胜肽。

3. 胺基胜肽酶：水解多胜肽成胺基酸。

4. 多胜肽酶：將進入細胞的多胜肽分解成胺基酸。

　　由於以上酵素的作用，蛋白質的多胜肽鏈可被分解成游離的胺基酸、雙胜肽及三胜肽。胺基酸的吸收位置在十二指腸及空腸中，胺基酸與Na^+藉由主動運輸方式被吸收到小腸絨毛上皮細胞，然後擴散到血液中。雙胜肽及三胜肽則利用次級主動運輸，利用載體藉由H^+梯度的作用運送到小腸絨毛上皮細胞內，然後再被分解成胺基酸。

三、脂　肪

　　食物中常見的脂肪(lipids)為三酸甘油酯，由甘油和脂肪酸所組成。參與脂肪消化的消化酶包括舌脂肪酶、胃脂肪酶、胰脂肪酶、腸脂肪酶等。而胰脂肪酶為脂肪的主要消化酶，脂肪的消化主要靠膽鹽的乳化(emulsification)與胰脂肪酶的作用。脂肪進入十二指腸後可刺激膽汁的分泌，脂肪經由膽鹽的乳化作用變成三酸甘油酯的乳化顆粒(emulsification droplets)。經由胰脂肪酶的作用，將三酸甘油酯分解成游離脂肪酸和單酸甘油酯。游離的短鏈脂肪酸可經由擴散作用進入小腸絨毛上皮細胞。而長鏈的脂肪酸與單酸甘油酯與膽鹽形成微膠粒，藉由微膠粒運送到小腸絨毛上皮細胞（圖12-13）。這些脂肪分解物在上皮細胞內進行酯化作用重新合成三酸甘油酯。三酸甘油酯與蛋白質、磷脂質與膽固醇形成乳糜微粒(chylomicrons)，乳糜微粒經乳糜管進入淋巴系統，再經由胸管進入循環系統（圖12-13）。小腸中以十二指腸、空腸為主要吸收脂肪的地方。

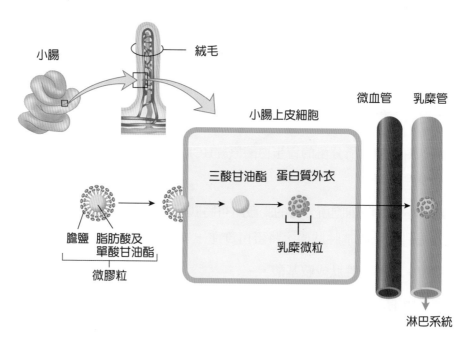

圖 12-13　脂肪的吸收。脂肪分解物通過小腸絨毛的上皮細胞，再進入心臟血管與淋巴系統內

四、核酸

　　核酸（DNA及RNA）經由胰臟所分泌的核酸酶所分解，核酸分解的產物（如含氮鹼基、核苷酸及核苷），最後以擴散的方式被小腸絨毛所吸收。

五、維生素

　　水溶性維生素中，維生素B_{12}需要內在因子幫忙才能由迴腸所吸收，其餘水溶性維生素（B、C）則利用擴散方式被吸收。而脂溶性維生素A、D、E、K則利用微膠粒的方式被吸收。

六、水分及電解質

　　水分的吸收是以滲透的方式進行，大約90%的水分在小腸被吸收，剩餘的水分則由大腸吸收。其他的物質如電解質—鈉、鉀、鎂、磷酸鹽利用主動運輸加以吸收。鈣離子在十二指腸主動的吸收，而鈣離子的吸收則受到副甲狀腺素與維生素D的作用影響。氯離子透過被動的擴散作用，隨著鈉離子被吸收進入小腸上皮細胞。鐵離子主要以Fe^{2+}的型態被主動吸收。

12-3 消化道的運動作用 (The Movements of Alimentary Tract)

　　消化道的運動方式可分成兩類：推進式運動及混合式運動。消化道的推進式運動主要以蠕動(peristalsis)方式進行，可以使食團慢慢的前進，有利於消化與吸收。混合式運動發生在胃與小腸，胃的混合式運動可使食物在胃內不停的混合攪動並與胃液充分混合，小腸的混合式運動就是分節運動，使食糜與腸液及胰液充分混合。

一、口腔及食道

　　咀嚼肌是由三叉神經所支配，咀嚼的過程是由咀嚼反射所引起，透過牙齒的咀嚼運動，使食物與唾液做充分混合，幫助食物的初步分解。利用吞嚥的動作將食物由食道送到胃部。吞嚥分成三期：口腔期、咽期、食道期（圖12-14）。整個吞嚥過程的進行其神經控制是由吞嚥中樞(swallowing center)所負責，吞嚥中樞位於下橋腦與延腦段的網狀組織。

1. **口腔期**：開始吞嚥過程的時期，屬於吞嚥隨意期，可由意識控制。一旦吞嚥的隨意期被啟動，後續的吞嚥過程就會自動下去。

2. **咽期**：當食物由口腔進入咽部時，軟顎上提蓋住後鼻孔。會厭軟骨蓋住口喉門，以避免食物進入鼻腔和氣管。

3. **食道期**：食道產生蠕動將食物快速送入胃內，平時食道下括約肌則緊閉防止胃內的食物逆流，當食物由食道進入胃時，食道下括約肌放鬆，使食物順利進入胃部。食道的蠕動可分成兩種，初級的蠕動延續咽期來自咽頭傳至食道的蠕動波，此外食道因食物通過時產生的擴張作用引發次級蠕動，次級蠕動的產生由食道的腸道神經系統和迷走神經的反射作用所調控。

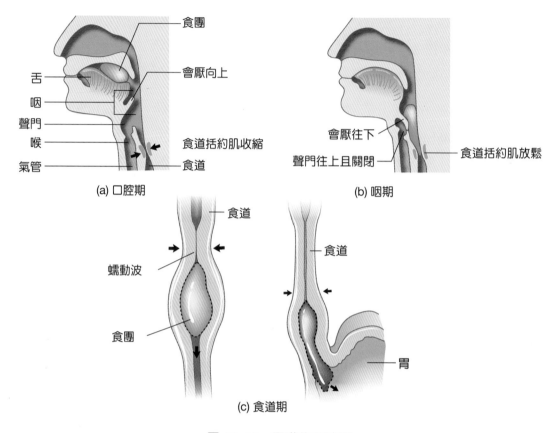

圖 12-14　吞嚥的各時期

二、胃

胃可分成三區包括胃底部、胃體部與胃竇部。胃體部與胃竇部是胃產生蠕動波的部分，而胃的排空與胃竇部有關。食物到達胃後，會產生微弱收縮的混合波，促使食物與胃液混合變成食糜，經過一段時間後，則會產生強烈的蠕動波，將食糜排入十二指腸內，胃在食物排空後仍會引發一種強烈收縮波稱為飢餓收縮，使人產生飢餓感。食物由胃移向十二指腸的排空作用主要與胃竇部蠕動收縮的強度有關。

影響胃排空的調節因素：

1. 胃受食物膨脹所引起的神經衝動與胃泌素分泌均會促進胃的排空。

2. 食糜進入十二指腸後會抑制胃的排空，而膽囊收縮素、胃抑素及胰泌素等激素亦會抑制胃的排空速率。

3. 食糜中的脂肪含量、酸度或濃度增加時會降低胃的排空速率。

4. 食物中的成分其排空速率依序為醣類＞蛋白質＞脂肪。

三、小腸的運動方式

　　小腸的運動方式有蠕動與分節運動兩種。蠕動是一種前進方式的收縮，當小腸受到食糜刺激後，可加快蠕動的速度，通常於飯後小腸蠕動會加快。

　　分節運動則是小腸特有的運動方式，可增加食糜與小腸黏膜上皮接觸的機會，同時使食糜與消化液充分混合，但分節運動無法使小腸內的食糜往前推進，必須靠蠕動才能讓食糜前進（圖12-15）。分節運動的快慢受到腸肌神經系統的控制，所以十二指腸的頻率最快，空腸次之，迴腸的頻率最慢。

　　掃蕩排空波(migrating myoelectric complex)是由胃的底部經小腸往大腸方向移動，可使腸道產生強烈的收縮作用。掃蕩排空波可將消化道內不被消化或平時無法排出的物質加以清除，在胃排空75~90分鐘後，會產生一次掃蕩排空波，當食糜由胃進入十二指腸時此種蠕動立即停止。掃蕩排空波主要是由腸道分泌的胃動素(motilin)所引起。

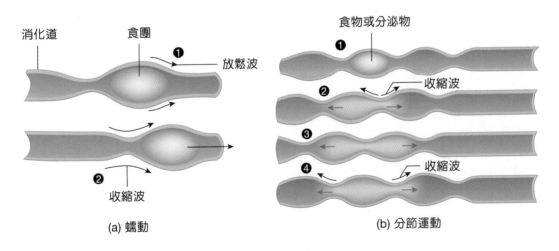

(a) 蠕動　　　　　　　　　　(b) 分節運動

圖 12-15　小腸的蠕動與分節運動

迴腸排空的調節：

1. 迴盲段的調節作用：流質性的食糜以及迴腸中的壓力與化學性物質的刺激，可增加迴腸的蠕動，有利於排空。而盲腸受食糜的牽張壓力與化學性物質刺激，可抑制迴腸的蠕動，同時使迴盲括約肌收縮，抑制迴腸排空。

2. 胃迴腸反射作用(gastroileal reflex)：食物在胃內蠕動增加胃的分泌和運動能力，可促進迴腸末段的蠕動加快，加速食糜通過迴盲括約肌。

3. 激素的作用：胃泌素、膽囊收縮素、胰島素及血清胺可促進小腸的運動與分泌，但是胰泌素和升糖素則會抑制小腸的運動。

四、大腸的運動方式

大腸沒有蠕動波，所以食糜與糞便的推動主要靠結腸袋收縮作用與團塊運動(mass movement)（又稱整體運動）。胃內的食糜進入小腸後，此時迴腸受到神經的反射作用產生蠕動波，將食糜經由迴盲瓣送入到盲腸，迴盲瓣平時關閉可防止盲腸內容物回流到迴腸。食糜進入結腸袋後，其內容物由結腸袋往前推向另一個結腸袋稱為腸袋攪拌運動。

團塊運動通常於飯後發生，主要是胃或結腸受到膨脹刺激將結腸內容物送入直腸。當大腸之團塊運動將食物殘渣送到直腸後，會造成直腸膨脹，使其內壓上升，而產生排便的感覺，此時如果肛門內、外括約肌均放鬆，則會引起排便。

團塊運動產生的原因：

1. 胃結腸反射和十二指腸結腸反射作用：飯後胃和十二指腸因食物進入而膨脹，經由自主神經的作用而產生團塊運動，有時候會引起排便的衝動。

2. 結腸的過度擴張與刺激作用：結腸本身因食物殘渣或糞塊造成擴張時，引起結腸－結腸反射作用造成團塊運動。結腸本身受到刺激時，如潰瘍性結腸炎，也會造成團塊運動。

3. 胃泌素：抑制迴盲瓣的作用，可加強結腸的活動力。

4. 刺激副交感神經可增強結腸的活動力。

◎ 排便作用(Defecation)

　　肛門的開關由肛門內括約肌(internal anal sphincter)與肛門外括約肌(external anal sphincter)所控制。肛門內括約肌為平滑肌（不隨意肌），肛門外括約肌為骨骼肌（隨意肌）。直腸壁的感覺神經纖維受到牽扯而興奮，將訊息傳向薦部脊髓同時由此段脊髓發出命令，經由骨盆神經(pelvic nerve)的副交感運動神經傳向乙狀結腸、直腸及肛門加強這些區域的結腸蠕動，同時造成肛門內括約肌鬆弛，此時配合肛門外括約肌的放鬆，即可順利排便（圖12-16）。

　　新生兒常常在攝食後進行排便，原因在於胃因食物的進入而擴張，引起胃結腸反射作用造成直腸的收縮，產生排便的感覺。

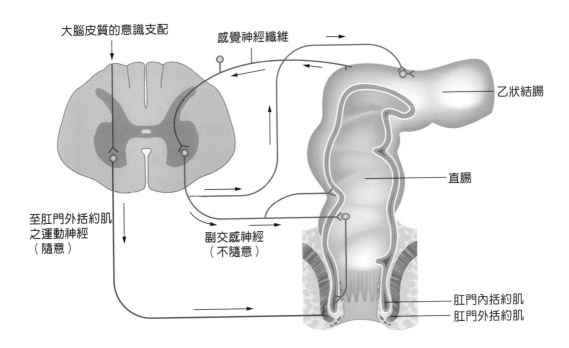

圖 12-16　排便反射

12-4　消化系統的神經及內分泌調控

消化系統對食物的消化與吸收可受神經與內分泌的影響。

一、神經的調節

消化道的神經系統分成：

1. 由**黏膜下神經叢與腸間肌神經叢**所形成的內在神經系統：接受由腸黏膜與腸道外的神經衝動，來調節消化系統的分泌與運動。

2. 由交感及副交感神經所組成的**自主神經系統**：交感神經藉由分泌正腎上腺素會抑制消化道平滑肌的收縮與腺體分泌，而副交感神經的作用剛好相反，刺激消化道蠕動與腺體的分泌作用。

消化系統的神經調控主要透過反射作用，而非意識的控制。反射的途徑可分為兩種方式：

1. 透過消化道管壁的接受器，將刺激的訊息經由迷走神經和內臟神經(splanchnic nerve)傳入中樞神經系統，再由交感與副交感的傳出纖維傳至動作器（如肌肉層的腺體細胞），對消化道的收縮和分泌作用加以調節，稱為中樞性反射作用。

2. 當消化道受到化學性或物理性的刺激時，可將訊息傳入到腸內神經叢並作用在消化道的肌肉層與腺體細胞及內分泌細胞，來調節消化道的收縮和分泌，稱為局部反射作用。

二、內分泌的調節

消化道本身會分泌以下幾種激素來調節消化作用：

1. 胃泌素：會刺激胃酸、胃蛋白酶原的分泌，增加腸胃蠕動同時促使賁門及幽門括約肌鬆弛，加速胃的排空速度。胃泌素會促進胃迴腸反射作用，使迴腸內的食糜加速進入盲腸。當胃酸增多則經由負回饋的作用抑制胃泌素分泌。

2. 胰泌素：刺激膽汁、胰液及小腸液分泌，降低胃酸分泌和胃的排空速度。酸性食糜也會促進胰泌素分泌，使胰泌素抑制胃酸分泌及促進胰臟分泌重碳酸根離子。

3. 膽囊收縮素：刺激膽囊收縮排出膽汁，增加小腸液與富含消化酶之胰液分泌。與胰泌素的作用相同，膽囊收縮素也會降低胃酸和減慢胃的排空。

4. 胃抑素：小腸中的葡萄糖和脂肪促使胃抑素分泌，抑制胃酸分泌和胃的蠕動。

5. 血管活性腸胜肽(vasoactive intestinal peptide VIP)：能抑制胃酸分泌與胃的蠕動，但能促進小腸分泌電解質及水。

6. 腸抑胃激素(enterogastrone)：抑制胃的排空作用與蠕動，但會刺激十二指腸腺分泌。

三、消化液分泌的控制

（一）唾液

　　可由口腔中的食物引起唾液的分泌。此外當人體看到或聞到食物時也會引起唾液大量分泌。引起唾液分泌的感覺訊息是經由舌咽神經(CN IX)與顏面神經(CN VII)傳入腦幹的上、下唾液核(superior and inferior salivary nucleus)，再分別透過副交感神經促進唾液腺的分泌，經由傳出神經纖維—顏面神經，刺激下頜下腺與舌下腺分泌唾液，腮腺則是由舌咽神經刺激分泌（圖12-17）。

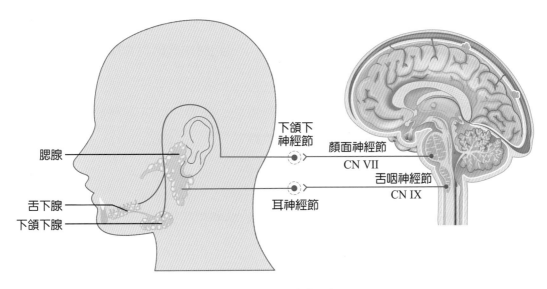

圖 12-17　唾液的分泌

（二）胃液

胃液的分泌受到三個時期的影響，分別為頭期、胃期、腸期。

◎ 頭期(Cephalic Phase)

食物尚未到達胃時，腦部接受到來自視覺、味覺、嗅覺或情緒所引起的神經衝動，經由迷走神經直接刺激胃酸、胃蛋白酶、胃泌素的分泌。

迷走神經促使胃酸分泌的機制如下：迷走神經會分泌乙醯膽鹼刺激壁細胞分泌胃酸。迷走神經藉由刺激嗜鉻細胞（G細胞）分泌胃泌素，胃泌素再刺激壁細胞分泌胃酸。迷走神經可刺激胃組織的肥大細胞(mast cell)分泌組織胺促進胃酸分泌。胃內的酸性物質若增多使pH低於3.0時，胃竇區會抑制G細胞產生胃泌素，以減少胃酸的分泌來保護胃壁。

◎ 胃期(Gastric Phase)

食物進到胃，使胃壁擴張，會促進胃酸、胃蛋白酶及胃泌素的分泌。但是食物中的脂肪有抑制胃酸分泌的作用。胃部受到膨脹的壓力引起迷走神經興奮，促使壁細胞分泌胃酸及G細胞分泌胃泌素。

◎ 腸期(Intestinal Phase)

食糜進入十二指腸，使迷走神經的衝動降低，而抑制胃液的分泌，食糜中的脂肪會刺激小腸分泌胃抑素激素抑制胃的活動。十二指腸內的酸性食糜會引起胰泌素分泌，或經由神經的反射作用抑制胃酸的分泌。

高張性溶液的食糜分泌腸抑胃激素抑制胃酸的分泌。含脂肪物質的食糜會促使十二指腸分泌抑胃胜肽及促使空腸分泌膽囊收縮素，以抑制胃酸的分泌。

（三）小腸液

小腸的腸液包括十二指腸和小腸腺所分泌的黏液和消化液，還有肝臟與胰臟所分泌的消化液，小腸液分泌的調節因素如下：

1. 小腸的食糜越多，腸道因牽張作用，可刺激小腸液的分泌。

2. 酸性食糜和脂肪類會刺激小腸液的分泌。

3. 食糜接觸到腸壁引發局部神經反射，促使小腸液的分泌。

4. 副交感神經可促進十二指腸的分泌，但對小腸腺則無作用；交感神經則會同時抑制十二指腸及小腸腺的分泌。

5. 乙醯膽鹼可促進十二指腸和小腸腺的分泌。

6. 腎上腺素及正腎上腺素會抑制十二指腸和小腸腺的分泌。

7. 小腸的嗜鉻細胞所分泌的激素如：胰泌素、胃泌素、膽囊收縮素、抑胃胜肽、腸抑胃激素及血管活性腸胜肽等，可調節促進腸液的分泌。

（四）胰液

　　胰液的分泌受到乙醯膽鹼、胰泌素與膽囊收縮素的調節。當十二指腸pH值低於4.5時，受食糜的低酸鹼度刺激使胰泌素分泌。胰泌素則刺激胰臟分泌產生重碳酸根離子的胰液來中和酸性食糜。而十二指腸食糜中的蛋白質及脂肪會刺激膽囊收縮素分泌，膽囊收縮素會刺激含消化酶的胰液分泌。乙醯膽鹼經由副交感神經及腸肌層的膽鹼性神經末梢所分泌，促使胰臟分泌大量的消化酶及少量的鹼性胰液。

（五）膽汁

　　迷走神經與胰泌素可促進膽汁分泌，其中膽囊收縮素可使膽囊收縮排出膽汁。交感神經興奮則會抑制膽汁的分泌。

【 　】 1. 胃腺的主細胞(chief cell)分泌的物質是： (A)黏液 (B)胃酸 (C)胃泌素 (D)胃蛋白酶原

【 　】 2. 下列何者與蛋白質的消化無關？ (A)唾液 (B)胰液 (C)小腸液 (D)胃液

【 　】 3. 分節運動常發生於消化系統的哪一部位？ (A)食道 (B)胃 (C)小腸 (D)大腸

【 　】 4. 下列何者可將脂肪乳化？ (A)鹽酸 (B)磷脂質 (C)膽固醇 (D)膽鹽

【 　】 5. 腸肝循環是指何種物質在迴腸內被再吸收？ (A)膽鹽 (B)葡萄糖 (C)膽紅素 (D)長鏈脂肪酸

【 　】 6. 醣類食物的消化首先發生在： (A)口腔 (B)胃 (C)小腸 (D)大腸

【 　】 7. 膽囊收縮素是下列何者所分泌？ (A)肝 (B)膽囊 (C)大腸 (D)小腸

【 　】 8. 三種營養素的消化酶都具備的是： (A)小腸液 (B)胃液 (C)胰液 (D)膽汁

【 　】 9. 腸激酶(euterokinase)的作用是： (A)促進小腸分泌黏液 (B)促進小腸平滑肌收縮 (C)活化胰澱粉酶 (D)活化胰蛋白酶原

【 　】10. 鹽酸及內在因子係由胃壁之何種細胞所分泌？ (A)壁細胞 (B)主細胞 (C)黏液細胞 (D)嗜銀細胞

【 　】11. 分泌膽汁的主要器官： (A)肝臟 (B)膽囊 (C)胰臟 (D)十二指腸

【 　】12. 消化道中具有微絨毛的部分是： (A)食道 (B)胃 (C)小腸 (D)大腸

【 　】13. 下列何者可以促進胰臟分泌富含消化酶的胰液？ (A)胰泌素 (B)升醣激素 (C)胃抑素 (D)膽囊收縮素

【 　】14. 胃的排空速度受下列何者影響最大？ (A)脂肪 (B)蛋白質 (C)碳水化合物 (D)礦物質

【 　】15. 胃泌素的作用不包括： (A)抑制下食道括約肌收縮 (B)抑制幽門括約肌收縮 (C)促進胃平滑肌收縮 (D)促進胃酸分泌

【　】16. 下列何血管將消化道含養分的血液直接送往肝臟？　(A)肝靜脈　(B)肝動脈　(C)肝門靜脈　(D)腹主動脈

【　】17. 胃泌素(gastrin)之作用是：　(A)刺激胃液之分泌　(B)刺激小腸液之分泌　(C)刺激肝細胞分泌膽汁　(D)刺激膽囊釋放膽汁

【　】18. 蛋白質的消化開始哪一部位？　(A)口腔　(B)食道　(C)胃　(D)小腸

【　】19. 維生素B$_{12}$在消化道哪一部位被吸收？　(A)胃　(B)空腸　(C)十二指腸　(D)迴腸

【　】20. 下列激素何者與消化作用無關？　(A)胰島素　(B)胃泌素　(C)胰泌素　(D)膽囊收縮素

【　】21. 下列消化酵素中，何者是以活化的狀態被分泌？　(A)胃蛋白酶(pepsin)　(B)胰凝乳蛋白酶(chymotrypsin)　(C)彈性蛋白酶(elastase)　(D)澱粉酶(amylase)

【　】22. 下列關於膽囊收縮素(cholecystokinin, CCK)的敘述，何者正確？　(A)由膽囊黏膜細胞分泌產生　(B)促進胰臟分泌富含消化酶之胰液　(C)促進胃排空　(D)促進胃酸分泌

【　】23. 看到食物引發胃液分泌的原因是：　(A)腸胃反射　(B)迷走神經興奮　(C)胃泌素分泌　(D)胃壁擴張

【　】24. 下列有關膽汁分泌及功能的敘述，何者正確？　(A)膽汁是酸性物質(B)膽鹽為膽汁的主要成分，其作用為乳化脂肪　(C)膽色素可以幫助消化　(D)膽汁中含有高量的維生素K

【　】25. 下列何者藉由輔助擴散(facilitated diffusion)的方式，通過小腸上皮細胞之頂膜被吸收？　(A)葡萄糖(glucose)　(B)半乳糖(galactose)　(C)麥芽糖(maltose)　(D)果糖(fructose)

【　】26. 下列哪個維生素(vitamin)會出現在乳糜微粒(chylomicron)中？　(A)維生素A　(B)維生素B$_6$　(C)維生素B$_{12}$　(D)維生素C

【　】27. 下列何者為刺激胃泌素(gastrin)分泌之直接且重要的因子？　(A)膨脹的胃　(B)胃腔內[H$^+$]增加　(C)胰泌素(secretin)分泌　(D)食道的蠕動(peristalsis)

【　】28. 下列何者為胰臟內分泌細胞與胃壁的細胞皆可分泌的物質？　(A)胰蛋白酶原(trypsinogen)　(B)澱粉酶(amylase)　(C)胃蛋白酶原(pepsinogen)　(D)體抑素(somatostatin)

‥‥‥‥ ★★ 解答 ★★ ‥‥‥‥‥‥‥‥‥‥‥‥‥‥‥‥‥‥‥‥‥‥‥‥‥‥‥‥‥‥‥‥

1.D	2.A	3.C	4.D	5.A	6.A	7.D	8.C	9.D	10.A
11.A	12.C	13.D	14.A	15.A	16.C	17.A	18.C	19.D	20.A
21.D	22.B	23.B	24.B	25.D	26.A	27.A	28.D		

CHAPTER

第 *13* 章

內分泌系統

張媛綺 編著

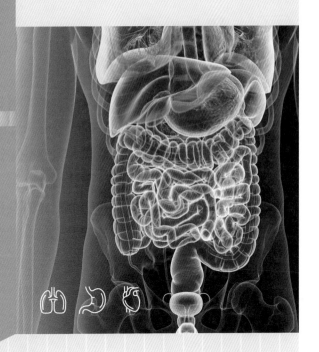

Physiology

　　內分泌系統及神經系統，為調節身體功能、維持身體恆定重要的調節系統，神經系統可影響內分泌的活動，內分泌系統也可由回饋(feedback)來調節神經的分泌。內分泌系統是由內分泌腺所組成，內分泌腺分泌的物質稱為激素(hormone)或荷爾蒙，內分泌系統是藉著釋放化學物質（激素）進入血液中，以控制體內活動的變化。有些激素作用速率很快，在數秒中有變化，有些則較緩慢，長達數小時或數天。所以激素用量少，就有很大的效果。激素還有另一個特性，激素必須和專一性接受器蛋白質結合才能發揮效果，這就是接受器的專一性(specificity)，所以如果沒有接受器，激素就找不到目標作用位置。

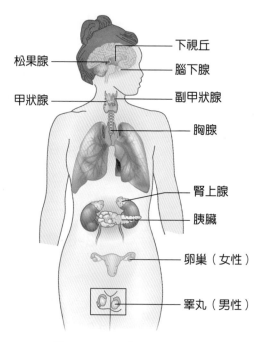

松果腺
甲狀腺

下視丘
腦下腺
副甲狀腺
胸腺
腎上腺
胰臟
卵巢（女性）
睪丸（男性）

圖 13-1　人體的內分泌腺體

　　人體腺體可分為外分泌腺(exocrine gland)與內分泌腺(endocrine gland)。外分泌腺指有管腺(duct gland)，其分泌物質可經由導管進入到特定目標，例如：汗腺、皮脂腺、乳腺；內分泌腺指無管腺(ductless gland)，其分泌物質是經由血液運送到特定目標，包括：下視丘(hypothalamus)、腦下腺(pituitary gland)、甲狀腺(thyroid gland)、副甲狀腺(parathyroid gland)、腎上腺(adrenal gland)、性腺(gonads)、松果腺(pineal gland)、胰臟(pancreas)、胸腺(thymus)（圖13-1），以及其他非主要腺體如：心臟、肺、腎、小腸、胎盤等構造。

有關於激素作用在細胞的方式有下列幾種：

1. 自分泌(autocrine)：細胞分泌作用到本身，例如腫瘤細胞自己分泌生長因子，讓腫瘤細胞無限制一直長大。

2. 旁分泌(paracrine)：細胞分泌作用到鄰近的細胞，例如體制素由胰臟蘭氏小島δ細胞分泌，控制β細胞分泌胰島素、α細胞分泌升糖素。

3. 內分泌(endocrine)：內分泌腺分泌一些化學物質經由血液的運送，送到目標細胞作用聯繫。

4. 神經內分泌(neuroedocrine)：由神經分泌後，經由血液運送到目標細胞，例如下視丘分泌抗利尿激素和催產素。

13-1　激素

一、激素的分類

依照化學結構不同，分為胺類、蛋白質與胜肽類及類固醇三類（表13-1）。

1. **胺類(amines)**：為構造上最簡單的激素分子，由酪胺酸(tyrosine)分子衍生而來，如：水溶性的腎上腺素(epinephrine)、正腎上腺素(norepinephrine)，以及脂溶性的甲狀腺素T_3、T_4等。

2. **蛋白質與胜肽類(proteins and peptides)**：由胺基酸分子連結成水溶性的物質，如：生長激素(growth hormone, GH)、甲狀腺刺激素(thyroid-stimulating hormone, TSH)、催產素(oxytocin, OT)、胰島素(insulin)、抗利尿激素(antidiuretic hormone, ADH)等。

3. **類固醇類(steroids)**：由膽固醇衍生而來的脂溶性物質，如：睪固酮(testosterone)、動情素(estrogen)、黃體素(progesterone)、醛固酮(aldosterone)、皮質醇(cortisol)等。

表 13-1 激素的種類及特性

種 類	胺 類		蛋白質及胜肽類	類固醇
製造器官	腎上腺髓質	甲狀腺	腦下腺、副甲狀腺、胰臟及其他內分泌腺	睪丸、卵巢、腎上腺皮質、胎盤
溶解特性	水溶性	脂溶性	水溶性	脂溶性
激素名稱	Norepinephrine Epinephrine	T_3、T_4	GH、TSH、PTH、FSH、LH、Insulin、MSH、ACTH、TRH、GnRH、GHRH	Estrogen、Progesterone、Aldosterone、Testosterone、Corticosteroid
作用機轉	傳訊作用	基因作用	傳訊作用	基因作用
作用位置	細胞膜	細胞核	細胞膜	細胞質

二、激素作用的機轉

激素會與專一性接受器(receptor)結合才能發揮作用，接受器幾乎是由蛋白質組成，分布在細胞膜、細胞質、細胞核上，依照接受器位置不同、激素作用的機轉也不同，胺類激素接受器位於細胞膜，胜肽類及蛋白質類激素的接受器也位在細胞膜上，類固醇類激素的接受器位於細胞質及細胞核上。

某些激素可以調節接受器的數目，如果激素量太多，接受器數目變少稱之為下降調節作用(down regulation)；當激素量太少，接受器數目變多稱之為上升調節作用(up regulation)。

（一）水溶性激素的傳訊作用

水溶性激素的傳訊作用，為水溶性激素與細胞表面的細胞膜上的接受器結合，此激素稱為第一傳訊物質(first messenger)，之後會在細胞質中產生更多的訊號物質，稱之為第二傳訊物質(second messenger)，目前已知的第二傳訊物質有：(1)環腺苷單磷酸(cyclic adenosine monophosphate, cAMP)；(2)環鳥糞苷單磷酸(cyclic guanosine monophosphate, cGMP)；(3)肌醇三磷酸(inositol triphosphate, IP_3)；(4)二酸甘油酯(diacylglycerol, DAG)；(5)鈣離子(calcium ion; Ca^{2+})（圖13-2）。

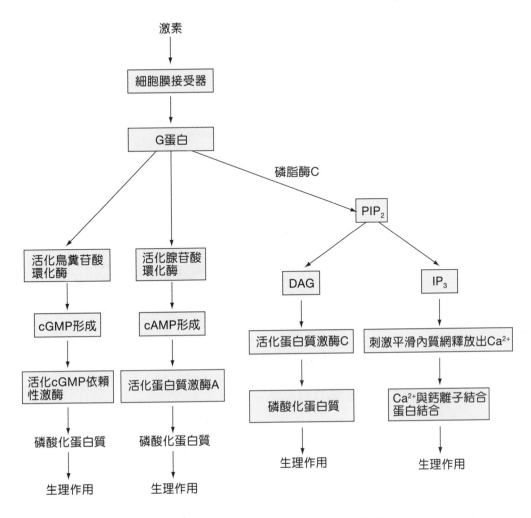

圖 13-2　第二傳訊物質種類及作用機制

　　水溶性激素的例子為抗利尿激素(ADH)、催產素(OT)、濾泡刺激素(FSH)、黃體刺激素(LH)、甲狀腺刺激素(TSH)、促腎上腺皮質激素(ACTH)、降鈣素、副甲狀腺素、升糖素、腎上腺素、正腎上腺素及下視丘釋放激素（表13-1）等。

◎ 環腺苷單磷酸(cAMP)

　　水溶性激素和細胞膜上的接受器結合後，則會使細胞膜上的腺苷酸環化酶(adenylate cyclase)活化，使得細胞質內的ATP轉化成cAMP，以cAMP作為第二傳訊物質，來調控蛋白質激酶A (protein kinase A, PKA)而改變細胞的功能（圖13-3）。

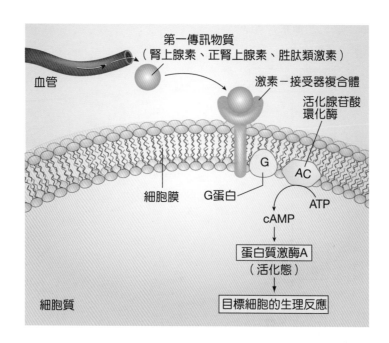

圖 13-3　水溶性激素的作用機轉

◎ 肌醇三磷酸(IP₃)及二酸甘油酯(DAG)

　　當激素與細胞膜上的接受器結合後，藉由G蛋白(G-protein)活化細胞膜上的磷脂酶C (phospholipase C, PLC)，水解磷脂纖維醇(phosphatidylinositol bisphosphate, PIP₂)，形成肌醇三磷酸(IP₃)及二酸甘油酯(DAG)，IP₃可增加Ca^{2+}通透性，促使內質網中Ca^{2+}大量釋放；Ca^{2+}與調鈣素(calmodulin)結合，活化依鈣蛋白質激酶(calcium dependent protein kinase)而引發一連串生理反應。

　　二酸甘油酯(DAG)在細胞膜上活化蛋白質激酶C (protein kinase C, PKC)，產生生理的變化（圖13-4）。

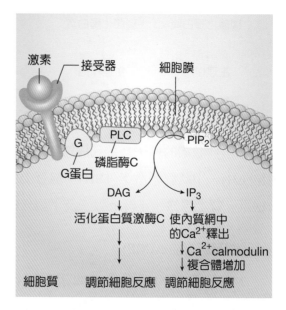

圖 13-4　肌醇三磷酸 (IP₃) 和二酸甘油酯 (DAG) 作為第二傳訊物質的機轉

◎ 鈣離子

當激素與細胞膜上的接受器結合，會使得鈣離子通道打開，大量鈣離子(Ca^{2+})流入細胞內，Ca^{2+}與調鈣素(calmodulin)結合，活化蛋白激酶而引發生理反應。

（二）脂溶性激素的基因作用

類固醇激素為脂溶性激素，甲狀腺素雖為水溶性激素，但作用類似脂溶性激素，很容易通過細胞膜，直接進入到細胞核，活化細胞內的基因，使細胞產生各種反應，此類激素進入細胞後，與細胞質中的蛋白質接受器結合，形成激素－接受器複合物，再進入細胞核中誘發特定的基因表現，引發出生理反應（圖13-5）。

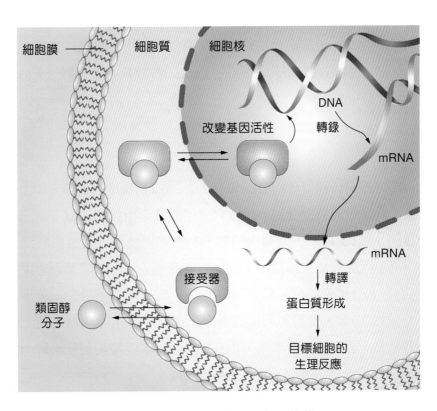

圖 13-5　脂溶性激素的作用機轉

三、激素分泌的調節

為了維持體內環境的恆定，激素的分泌量調節有正回饋及負回饋兩種。

（一）正回饋

此種作用在體內的例子較少，當下游激素濃度增加時，藉由血液到上游器官正向刺激器官分泌更多的激素，稱之為正回饋(positive feedback)。例如：催產素(OT)、黃體刺激素(LH)等。

分娩時，因為胎兒牽扯子宮壁，造成子宮頸擴張，神經衝動傳至下視丘的視旁核，製造更多催產素送到腦下垂體後葉，釋出更多催產素，引發正回饋作用加強，造成子宮的收縮力不斷增加而分娩（圖13-13）。

另一個例子：在排卵前，第12天時動情素分泌高峰，正回饋作用下造成性腺刺激素釋放激素(gonadotropin releasing hormone, GnRH)釋放量增加，第13天分泌更多黃體刺激素(LH)，造成第14天排卵。

（二）負回饋

身體內大部分激素皆利用負回饋(negative feedback)作用來調節，即上游器官（下視丘與腦下腺）分泌的激素會受到下游器官分泌的激素所控制。以下視丘－腦下腺－甲狀腺軸線為例（圖13-17），當體內的T_3、T_4分泌過多時，藉由血液到上游器官，抑制下視丘分泌甲狀腺刺激素釋放激素(TRH)及抑制腦下垂體前葉分泌甲狀腺刺激素(TSH)，使得T_3、T_4分泌量減少，稱之為負回饋。又或者以下視丘－腦下垂體－腎上腺軸線為例（圖13-10），當體內糖皮質素分泌過多，經由血液運送到上游器官，抑制下視丘分泌促腎上腺皮質釋放激素(CRH)及抑制腦下垂體前葉分泌腎上腺皮質激素(ACTH)，造成糖皮質素分泌減少，為負回饋的調控。

13-2　下視丘

　　下視丘(hypothalamus)位於視丘的下方，第三腦室的兩側。下視丘在腦下腺的上方，由神經細胞所組成，與內臟器官活動、飲水、食物的攝入、體溫的調節、情緒皆有關係，是自主神經的整合中樞。在內分泌系統所扮演的角色，下視丘有特殊的神經元，會合成及分泌釋放因子和抑制因子（經由垂體門脈循環）來調控腦下垂體的分泌（表13-2）。下視丘的內分泌神經元可以依功能分為兩種，一種是神經內分泌大細胞(magnocellular neuroendocrine, Mgc)，起源於室上核、室旁核。另一種是神經內分泌小細胞(parvocellular neuroendocrine, Pvc)，起源於弓形核、視前區。神經內分泌小細胞終止於正中隆起(median eminence)，沒有進入腦下垂體。

　　下視丘製造兩種激素，視上核(supraoptic nucleus)及室旁核(paraventricular nucleus)製造抗利尿激素(ADH)、催產激素(OT)經由垂體門脈循環，運送到腦下腺後葉儲存，經過刺激時才被釋放在血液中，運送到組織細胞。

　　下視丘的功能為調控腦下腺的合成及分泌，下視丘所分泌的激素大部分為胜肽或蛋白質類，且其分泌的激素是依據對腦下垂體激素的調控功能來命名（表13-2）。

1. 刺激釋放激素：

(1) 生長激素釋放激素(GHRH)。

(2) 甲狀腺激素釋放激素(TRH)。

(3) 促腎上腺皮質激素釋放激素(CRH)。

(4) 性腺激素釋放激素(GnRH)。

(5) 黑色素細胞刺激釋放因子(MRF)。

2. 抑制釋放激素：

(1) 生長激素抑制激素(GHIH)，亦稱為體制素(somatostatin)。

(2) 泌乳激素抑制激素(PIH)。

(3) 黑色素細胞刺激素抑制因子(MIF)。

表 13-2　下視丘釋放之調節激素及其作用

名　稱	作　用
生長激素釋放激素 (GHRH)	刺激腦下垂體前葉，造成生長激素 (GH) 分泌量增加
生長激素抑制激素 (GHIH) ／體制素 (Somatostatin)	抑制腦下垂體前葉，造成生長激素分泌量減少，也會抑制升糖素和胰島素
泌乳激素抑制激素 (PIH)	抑制腦下腺前葉，造成泌乳激素分泌量減少
促腎上腺皮質激素釋放激素 (CRH)	刺激腦下垂體前葉，造成腎上腺皮質激素 (ACTH) 分泌量增加
甲狀腺刺激素釋放激素 (TRH)	刺激腦下垂體前葉，造成甲狀腺刺激素 (TSH) 分泌量增加及泌乳素分泌
性腺激素釋放激素 (GnRH)	刺激腦下垂體前葉，造成濾泡刺激素 (FSH) 與黃體刺激素 (LH) 分泌量增加
黑色素細胞激素釋放因子 (MRF)	刺激腦下垂體中葉，造成黑色素刺激素 (MSH) 分泌量增加
黑色素細胞激素抑制因子 (MIF)	抑制腦下垂體中葉，造成黑色素刺激素分泌量減少

13-3　腦下腺

　　腦下腺(pituitary gland)又稱為腦下垂體(hypophysis)，位在蝶骨的腦下垂體窩中，腦下垂體柄又以漏斗部(infundibulum)與下視丘相連，腦下垂體柄內血管為垂體門脈系統，下視丘藉以將激素送到腦下垂體作用（圖13-6）。

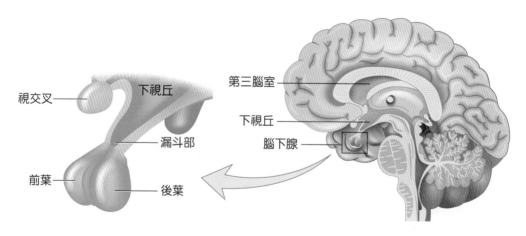

圖 13-6　腦下腺的構造

　　腦下腺由構造上來分，可分為前葉（占75%）及後葉（占25%），在前葉及後葉之間極少部分為中葉(pars intermedia)。前葉分泌的激素是腦下腺前葉製造，後葉釋放的激素是由下視丘所製造的催產素(OT)和抗利尿激素(ADH)，中葉則分泌黑色素細胞刺激素(melanocyte stimulating hormone, MSH)（圖13-7）。

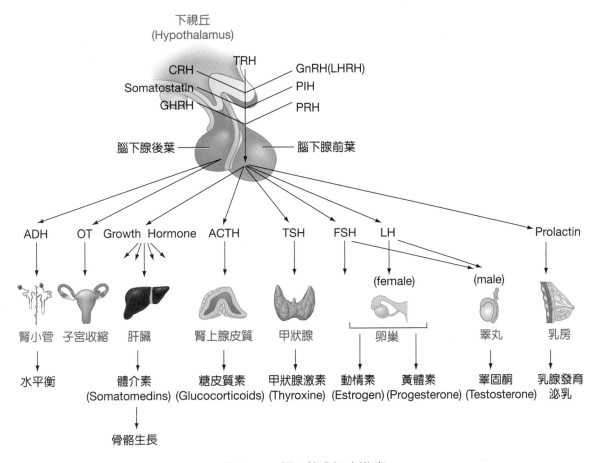

圖 13-7　腦下腺分泌之激素

一、腦下腺前葉分泌的激素

　　以染色特性來分類：

1. 顆粒性嗜染細胞（占50%），又可分為：

　　(1) 嗜鹼性細胞(basophils)（占10%）：甲狀腺刺激素(TSH)、促性腺激素、濾泡刺激素(FSH)、黃體刺激素(LH)。

(2) 嗜酸性細胞(acidophils)（占40%）：生長激素(GH)、泌乳激素(PRL)。

2. 無顆粒性難染細胞（占50%）：分泌促腎上腺皮質激素(adrenocorticotropic hormone, ACTH)。

（一）生長激素

生長激素(growth hormone, GH)是由191個胺基酸所組成的蛋白質激素，功能為促進細胞生長的激素，主要作用在骨骼肌及骨骼上，可以加速其生長速率，並且使二者之間成長速率能達到一致性。

◎ 生長激素的作用功能（圖13-8）

1. 刺激骨骼及軟骨生成：生長激素會刺激肝臟分泌類胰島素生長因子(insulin-like growth factor 1, IGF-1)，或稱為體介素(somatomedin)，與生長激素一起作用，促進骨骼生長、軟骨的生成及增加長骨的長度。

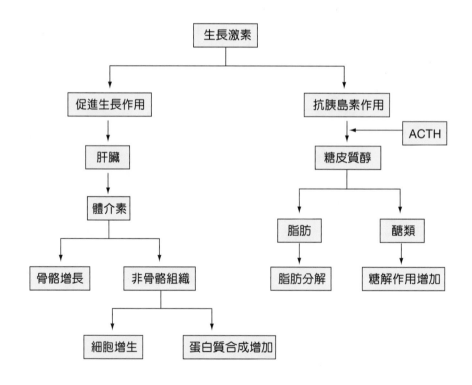

圖 13-8　生長激素的作用

2. 細胞的生長及分裂：人類的生長主要在嬰兒期和青春期，生長激素可以促進細胞數目變多，細胞體積變大。

3. 加強蛋白質的同化作用：生長激素促進細胞攝取胺基酸增加、合成蛋白質，抑制蛋白質異化作用。

4. 促進脂肪代謝：促進脂肪分解，降低膽固醇，增加脂肪酸的釋出、當作能量利用。

5. 促進肝醣轉變為葡萄糖：生長激素具有抗胰島素的作用，可促進肝醣分解，使血糖上升。

6. 促進腸吸收鈣、腎吸收磷。

7. 刺激乳腺發育。

◎ 生長激素的分泌與調節

　　生長激素的分泌受到來自下視丘所分泌的生長激素釋放激素(GHRH)及生長激素抑制激素(GHIH)調節，而促進或抑制生長激素的分泌量。生長激素分泌量的多寡受負回饋調控，上述提及的生長激素抑制激素(GHIH)，又稱為體制素(somatostain)，除了由下視丘分泌外，胰臟蘭氏小島的δ細胞也會分泌，除了抑制生長激素外，也會抑制胰島素及升糖素。

　　生長激素除了受到GHRH、GHIH調控之外，其他外在環境也會有所影響（表13-3），光照多時分泌量較黑暗時少，剛出生時及青春期時期，分泌量到達最高峰。

表 13-3　**影響生長激素分泌之因素**

刺激分泌	抑制分泌
(1) 低血糖時	(1) 高血糖
(2) 胺基酸濃度上升時	(2) 胺基酸濃度減少時
(3) 升糖素	(3) 脂肪酸上升
(4) 壓力過多	(4) 生長激素分泌過量
(5) 動情素分泌上升	(5) 體制素 (GHIH) 分泌上升
(6) 多巴胺 (dopamine)	(6) 糖皮質固酮
(7) 乙醯膽鹼 (ACh)	

◎ 生長激素分泌異常

在孩童發育時期，生長激素分泌過量或注射過多生長激素，會造成巨人症(gigantism)；成年期生長激素過量分泌，會造成肢端肥大症(acromegaly)（圖13-9）。孩童時期，生長激素過少或骨骺板閉合過早，造成骨骼無法生長，形成身高較矮的侏儒症(dwarfism)。

肢端肥大症 (Acromegaly)   Physiology

在成年期，若GH分泌太多，此時骨骺板早已被硬骨取代，無法讓長骨增加長度，反而使肢體末端，如手、腳、額骨、顴骨、下頜骨變得較厚，皮膚變粗糙，體毛增多，男性女乳化現象，有些病人沒有懷孕卻有泌乳，因為生長激素過多而刺激泌乳素的分泌。

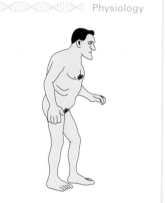

圖 13-9　肢端肥大症

（二）甲狀腺刺激素

甲狀腺刺激素(thyroid-stimulating hormone, TSH)為211個胺基酸組成的蛋白質激素，結構中含有α與β次單位，其中α次單位和LH、FSH的α次單位相同，而TSH的功能有所不同的原因在於β次單位的作用不同。TSH的分泌量受到下視丘分泌的甲狀腺激素釋放激素(thyrotropin releasing hormone, TRH)的調控，除此之外也會受到下視丘分泌的體制素來抑制TSH分泌量，TSH、TRH的作用均受到負回饋作用來調節。甲狀腺刺激素(TSH)在懷孕第13週時就開始發育，也就是在胎兒時期就開始分泌甲狀腺素。甲狀腺刺激素的生理功能包括：

1. 增加碘的攝取量。

2. 促進甲狀腺的生長與發育。

3. 促進T_3、T_4、甲狀腺素的生成及分泌。

（三）促腎上腺皮質素

促腎上腺皮質素(adrenocorticotropic hormone, ACTH)由39種胺基酸組成，是由腦下腺促皮質細胞所分泌的多胜肽類激素，調控促腎上腺皮質素的分泌，主要是以下視丘－腦下腺－腎上腺為主軸。

◎ 促腎上腺皮質素的生理功能

1. 作用在腎上腺皮質，由外而內會刺激絲球帶分泌及製造礦物性皮質固酮(mineral corticoid)；刺激束狀帶分泌製造糖皮質固酮(glucorticoid)；刺激網狀帶製造分泌睪固酮（男性激素）。

2. 作用在脂肪上，增加脂肪分解。

3. 作用在皮膚上，ACTH與MSH一樣能刺激皮膚變黑。

◎ 分泌調節

1. 受到下視丘分泌的促腎上腺皮質激素釋放激素(corticotrophin releasing hormone, CRH)的調控。

2. 當遇到壓力(stress)或緊張時，可刺激ACTH釋放量增加。

3. 當糖皮質固酮分泌量改變，經由負回饋來調節ACTH分泌量（圖13-10）。

當促腎上腺皮質素(ACTH)由腦下垂體前葉分泌出來後，其他相似化學結構的激素也同時分泌，皆屬於POMC (proopiomelanocortin)基因產物的激素；α黑色素細胞刺激素(α-MSH)、β腦內啡(β-endorphin)這些胜肽激素會刺激黑色素的形成、皮膚變黑，黑色素細胞刺激素(MSH)是由腦下垂體中葉所分泌的激素，當ACTH分泌過多時，皮膚就會變黑，例如愛迪生氏症病人。

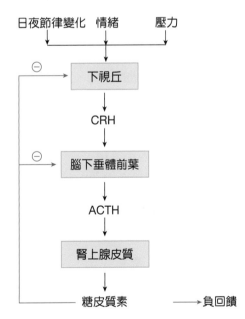

圖 13-10　促腎上腺皮質素分泌的調節

（四）泌乳素

泌乳素(prolactin, PRL)又稱為催乳激素，由199個胺基酸組成，為蛋白質類激素，是由腦下腺泌乳素細胞所分泌，主要功能為促進乳腺發育及泌乳。

◎ 泌乳素的生理功能

1. 懷孕期間，泌乳素和動情素共同作用，會刺激乳房的發育。

2. 製造乳汁。

3. 泌乳素可促進黃體生成，故又稱為促黃體素(leteotropin)。

4. 泌乳素增高，在女性會抑制排卵，在男性會阻礙精子生成、降低性慾。

◎ 分泌調節

泌乳素在夜晚分泌量增加，壓力或情緒激動也會刺激其分泌。調控泌乳素是來自下視丘分泌的泌乳素釋放激素(prolactin releasing hormone, PRH)及泌乳素抑制激素(prolactin inhibiting hormone, PIH)，體制素及多巴胺(dopamine)也會抑制泌乳素的分泌。懷孕時期PRL會上升，會抑制GnRH的分泌，分娩後下降；當嬰兒吸吮乳房，也會造成PRL上升。當PRL上升時，會抑制GnRH的分泌，會抑制排卵，所以有哺乳的母親，生產完後會有無月經現象。泌乳素製造乳汁，如果產後不繼續哺乳，乳房在數天內便失去製造乳汁的能力。

影響泌乳素生成的原因：

1. **刺激分泌：**
   (1) 泌乳素釋放激素(PRH)：甲狀腺激素釋放激素(TRH)、促腎上腺皮質素(ACTH)、血清張力素。
   (2) 情緒緊張、壓力大。
   (3) 懷孕、生產。
   (4) 哺乳。

2. **抑制分泌：**泌乳素抑制激素(PIF)、多巴胺(dopamine)。

（五）性腺刺激素釋放激素

性腺刺激素釋放激素(gonadotropin releasing hormone, GnRH)可調控二種激素：濾泡刺激素(FSH)及黃體刺激素(LH)，這兩種激素都是醣蛋白激素，由α及β次單位所組成，表現出的生理反應來自β次單位的特異性，此二種激素的功能與調節生長發育、性成熟、生殖、性激素之分泌有關。

◎ 濾泡刺激素(FSH)

1. FSH的生理功能：

作用在女性：(1) 刺激卵巢濾泡發育及成熟。

(2) 刺激卵泡分泌動情素(estrogen)。

作用在男性：(1) 刺激睪丸曲細精管中，精子的製造及成熟。

(2) 刺激男性塞托利細胞(Sertoli cell)分泌抑制素。

2. FSH的分泌調節： FSH分泌受到下視丘GnRH調控，也會受到女性動情激素、黃體激素及男性睪固酮的負回饋調控。

◎ 黃體刺激素(LH)

1. LH的生理作用：

作用在女性：(1) LH與動情素作用刺激排卵，LH又稱為排卵激素(ovulating hormone)。

(2) 刺激子宮內壁增厚，以備受精卵著床。

(3) FSH與LH共同作用，刺激濾泡成熟。

(4) 排卵後黃體的生成與維持。

作用在男性：(1) LH又稱間質細胞刺激素(interstitial cell stimulating hormone, ICSH)，刺激睪丸間質細胞大量分泌睪固酮。

(2) 刺激睪丸曲細精管之間質細胞生長。

(3) 促進精子成熟。

(4) 促進男性第二性徵的表現。

2. **分泌調節**：LH也受GnRH的控制，GnRH的釋放多寡，又受動情素、黃體素及睪固酮的負回饋調控（圖13-11）。

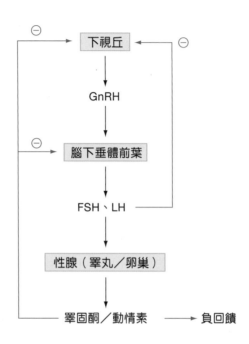

圖 13-11 GnRH、FSH、LH 的負回饋控制

表 13-4 腦下垂體前葉激素的生理作用

激 素	作用器官	作 用	調節因子
生長激素 (GH)	骨骼、肌肉	(1) 加速蛋白質同化 (2) 促進骨骼、軟骨生長 (3) 加速脂肪異化 (4) 加速肝醣轉為葡萄糖 (5) 具有抗胰島素作用 (anti-insulin action) (6) 刺激骨骼生長 (7) RBC 生成量增加	GHRH 刺激激素 GHIH 抑制激素
甲狀腺刺激素 (TSH)	甲狀腺	(1) 促進甲狀腺生長與發育 (2) 促進甲狀腺激素的合成與分泌	TRH 刺激激素

表 13-4　腦下垂體前葉激素的生理作用（續）

激素	作用器官	作用	調節因子
促腎上腺皮質激素 (ACTH)	腎上腺皮質 黑色素細胞 脂肪組織	(1) 促進絲狀帶分泌醛固酮 (2) 促進束狀帶分泌糖皮質固酮 (3) 促進網狀帶分泌性激素 (4) ACTH 和 MSH 一樣能刺激黑色素細胞、使皮膚變黑 (5) ACTH、GH、Estrogen、NE、EP、TSH 均可引起脂肪分解的作用	CRH 刺激激素
泌乳素 (PRL)	乳房	(1) 懷孕期間輔助乳房發育 (2) 與 GH、TSH、ACTH 一起作用可維持乳汁分泌量	PRH 刺激激素 PIH 抑制激素
	黃體	(1) 可促使黃體生成，又稱為促黃體素 (leteotropin) (2) 抑制排卵；阻礙精子生成	
濾泡刺激素 (FSH)	卵巢	女性 (1) 刺激濾泡發育及成熟 (2) 刺激卵泡分泌動情素	GnRH 刺激激素
	睪丸	男性 (1) 刺激曲細精管發育 (2) 刺激精子的製造及成熟	
黃體刺激素 (LH)	卵巢	女性 (1) 和 FSH 一起作用，促進濾泡成熟 (2) 促進排卵 (3) 促進黃體素及動情素分泌	GnRH 刺激激素
	睪丸	男性 (1) 又稱為間質細胞刺激素 (ICSH) 促進睪丸內的間質細胞發育 (2) 促進睪固酮的分泌	
腦下垂體中葉分泌的激素：黑色素細胞激刺素 (MSH)	皮膚	刺激皮膚變黑	MRF 刺激因子 MIF 抑制因子

表 13-5　腦下垂體前葉激素的異常分泌

激　素	病　症
生長激素 (GH)	過少 → 侏儒症 過多 → 巨人症（孩童時期）、肢端肥大症（成年期）
甲狀腺刺激素 (TSH)	過少 → 呆小症（孩童時期）、黏液性水腫（成年期） 過多 → 凸眼性甲狀腺腫（格雷氏病）、突眼症
促腎上腺皮質激素 (ACTH)	醛固酮過多 → 醛固酮過多症 糖皮質固酮過少 → 愛迪生氏症 糖皮質固酮過多 → 庫欣氏症候群 雄性激素過多 → 腎上腺性生殖器症候群、女性男性化
性腺刺激素釋放激素 (GnRH)	過少 → 第二性徵不明顯、生長受阻、骨骼發展慢、生殖力差
泌乳素 (PRL)	過少 → 造成無泌乳現象 過多 → 婦女不孕、無月經

二、腦下腺中葉分泌的激素

黑色素細胞刺激素(melanocyte-stimulating hormone, MSH)可分為α-MSH、β-MSH、γ-MSH三種型態。

1. 主要生理功能：

    (1) 刺激皮膚內黑色素細胞形成黑色素，造成皮膚變黑。

    (2) 頭髮的髮色呈現。

2. 分泌調節：MSH分泌多寡由下視丘分泌的黑色素細胞刺激釋放因子(melanocyte stimulating hormone releasing factor, MRF)和黑色素細胞刺激抑制因子(melanocyte stimulating hormone inhibiting factor, MIF)來調控，MSH也會受到光照的刺激而增加分泌。當MSH降低，黑色素形成變少，造成白化症(albinism)。

三、腦下腺後葉分泌的激素

主要為下視丘的視上核(supraoptic nucleus)及室旁核(paraventricular hucles)神經末端所分泌的抗利尿激素(antidinretic hormone, ADH)及催產素(oxytocin, OT)；由下視丘神經細胞製造，經由下視丘－垂體徑送到腦下垂體後葉，儲存於後葉釋放出來。

（一）抗利尿激素

抗利尿激素(ADH)主要生理功能為影響尿量排放，作用在腎臟的遠曲小管和集尿管，再吸收水分而濃縮尿液，若ADH缺乏會引起尿崩症。另外，ADH可作用在小動脈上使小動脈收縮，血壓得以上升，故又稱為血管加壓素(vasopressin)；當血漿滲透壓上升，細胞外液減少，或大量失血時，會刺激下視丘視上核，促使ADH釋放量增加（圖13-12）。

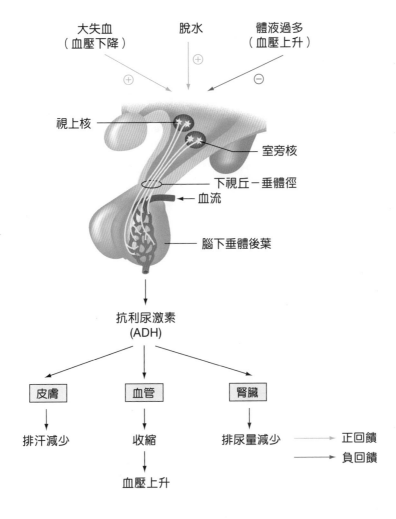

圖 13-12　抗利尿激素的作用

（二）催產素

催產素(OT)主要的作用為生產時子宮頸受到胎兒牽扯而擴張，神經衝動傳至下視丘的室旁核製造更多的催產素，送到腦下垂體後葉分泌釋放出更多催產素，引發正回饋，造成子宮的收縮力不斷增加而分娩。此外，催產素可促進乳腺平滑肌收縮，射出乳汁，所以哺乳時，嬰兒吸吮母親乳頭，會使得催產素分泌量上升，乳汁大量排出（圖13-13）。

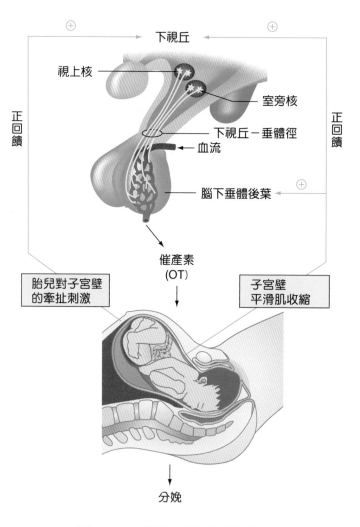

圖 13-13 催產素分泌的調節作用

13-4　胰　臟

　　胰臟位於第一腰椎的高度，胃後下方，十二指腸旁。胰臟有內分泌與外分泌，在腺體中是僅次於肝臟的第二大腺體，其外分泌腺體功能為分泌消化液，內分泌腺體是由蘭氏小島(islets of Langerhans)內細胞群組成，這些細胞群可分出三類（圖13-14）：

1. α細胞：分泌升糖素(glucagon)，占20~25%，刺激血糖增加。

2. β細胞：分泌胰島素(insulin)，占60~70%，降低血糖。

3. δ細胞：分泌體制素(somatostain)，占10%，抑制升糖素、胰島素及生長激素的分泌。

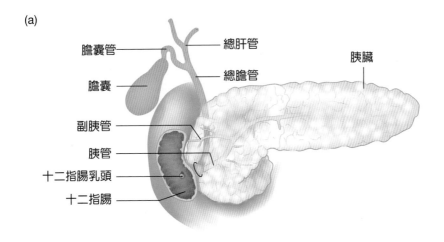

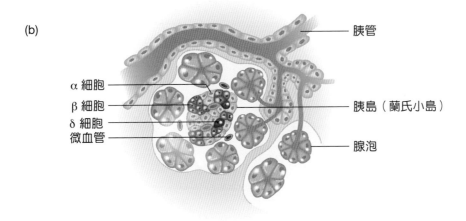

圖 13-14　(a) 胰臟；(b) 蘭氏小島

一、升糖素

（一）升糖素的生理功能

1. 促進肝醣分解作用：增加血中葡萄糖含量，促進肝醣分解，使肝醣轉化成葡萄糖。

2. 促進糖質新生作用(gluconegenesis)：把體內胺基酸、甘油、脂肪轉變成葡萄糖。

3. 脂肪的分解與肝內酮體生成量增加：將脂肪分解，作為能量的來源，促使脂肪快速分解，而產生酮體。

4. 蛋白質的異化：以利糖質新生作用。

5. 提高代謝率。

（二）升糖素的分泌調節

升糖素直接受到血糖濃度的負回饋調控，當體內血糖過低、禁食、運動時，升糖素分泌增加（表13-6）。升糖素的分泌量會受到來自蘭氏小島δ細胞分泌的體制素抑制，升糖素與胰島素之作用是互相拮抗的（圖13-15）。

表 13-6　**影響升糖素分泌的因素**

刺激分泌	抑制分泌
(1) 低血糖、禁食 (2) 運動、壓力、感染 (3) 胺基酸食物 (4) 迷走神經刺激 (5) 激素：膽囊收縮素(CCK)、胃泌素(gastrin)、腎上腺素、乙醯膽鹼(ACh)	(1) 高血糖 (2) 葡萄糖 (3) 游離脂肪酸 (4) 酮體 (5) 激素：胰島素、體制素

二、胰島素

（一）胰島素的生理功能

1. 降低血糖濃度：胰島素對抗升糖素，促進葡萄糖由血液中運送到骨骼肌細胞內。

2. 肝醣新生(glucogenesis)：將葡萄糖轉變成肝醣，減少肝醣分解，抑制糖質新生。

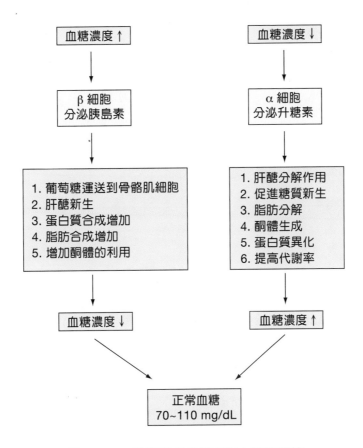

圖 13-15 胰島素與升糖素對血糖的調節

3. 增加蛋白質合成：加速胺基酸進入細胞，合成蛋白質速率增加。

4. 增加脂肪合成：刺激葡萄糖和其他營養物質變成脂肪。

5. 抑制脂肪分解，增加周邊組織對酮體的利用。

（二）胰島素的分泌調節

　　胰島素的分泌同樣受到血糖濃度負回饋的調控，當體內血糖量過高，GH刺激血糖上升，ACTH促使糖皮質固酮上升，增高血糖，皆會刺激胰島素分泌；體制素則會抑制胰島素分泌（表13-7）。

表 13-7 影響胰島素分泌的因素

刺激分泌	抑制分泌
(1) 高血糖 (2) 胺基酸 (3) 酮酸 (4) 促腎上腺皮質激素 (ACTH) (5) 腸胃激素：胃抑素 (GIP)、膽囊收縮素 (CCK) (6) 生長激素	(1) 體制素 (2) 胰島素 (3) 腎上腺素、正腎上腺素

三、體制素

（一）體制素的生理功能

體制素(somatostatin)相當於生長激素釋放抑制因子(GHIF)，由蘭氏小島δ細胞及下視丘分泌，生理功能為：抑制生長激素(GH)、甲狀腺刺激素(TSH)、胰島素、升糖素、泌乳素、膽囊收縮素(CCK)的分泌，並抑制胃排空及胃酸分泌。

（二）體制素的分泌調節

刺激體制素的分泌因素包括：葡萄糖、膽囊收縮素、升糖素和胺基酸（特別是精胺酸）。

四、糖尿病

胰島素分泌不足，或可能胰島素無法將血液中的葡萄糖降低，都會造成病人有高血糖或糖尿病的特徵，糖尿病(diabetes mellitus)主要可分為兩型：

1. **第一型糖尿病**：舊稱為胰島素依賴型糖尿病(insulin dependent diabetes mellitus, IDDM)，這型占糖尿病10%，因為β細胞被破壞，無法分泌胰島素，所以此型的病人必須終生施打胰島素，好發在20歲以下年輕人。

2. **第二型糖尿病**：舊稱為非胰島素依賴型糖尿病(non-insulin dependent diabetes mellitus, NIDDM)，此型占90%，因為細胞上β接受器數目減少，造成胰島素分泌量不足。治療方式是給予藥物刺激胰島素分泌，不必依賴注射胰島素；好發在40歲以上中年人，多為體重過重或家族遺傳（表13-8）。

表 13-8　第一型及第二型糖尿病之比較

比較項目	第一型	第二型
好發年齡	20 歲以前	40 歲以後
血中胰島素濃度	減少	正常或上升
致病機轉	與遺傳相關之自體免疫反應，破壞 β 細胞	目標細胞的胰島素接受器減少 (down regulation)
酮體形成	時常發生	不常發生

糖尿病症狀的特徵為**三多：多吃**(polyphagia)、**多喝**(polydipsia)、**多尿**(polyuria)。其他特徵包括血糖過高、尿糖、粥狀動脈硬化、傷口不易癒合，以及酮體生成量過高導致酸中毒，甚至昏迷。

13-5　甲狀腺

甲狀腺分為二葉，位於喉的正下方、氣管兩旁，峽部高度相當於第2~4氣管環的高度，重約20~25 g，為體內最大的內分泌腺體，腺體由許多的甲狀腺濾泡(thyroid follicles)所組成，由濾泡細胞(follicular cells)圍成一圈，中間空腔含有黏稠的膠質(colloid)（圖13-16），在甲狀腺濾泡之間，有另一種細胞稱為濾泡旁細胞(parafollicular cells)或稱C細胞。

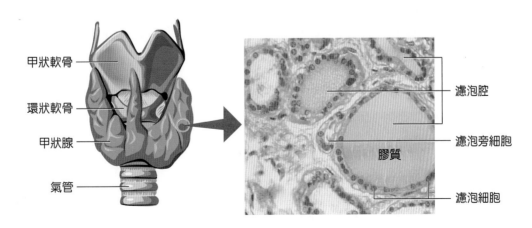

甲狀軟骨
環狀軟骨
甲狀腺
氣管

濾泡腔
濾泡旁細胞
膠質
濾泡細胞

圖 13-16　甲狀腺

甲狀腺濾泡細胞製造並分泌甲狀腺激素，包括：甲狀腺素(thyroxine, T_4)含有4個碘原子及三碘甲狀腺素(triodothyronine, T_3)含有3個碘原子。T_3及T_4功能相似，T_3生理活性比T_4強，而T_4分泌量較T_3多。濾泡旁細胞分泌降鈣素(calcitonin, CT)。

一、甲狀腺激素

（一）甲狀腺激素的合成、儲存及釋放

碘離子由空腸吸收，以主動運輸由血液中運輸到濾泡細胞中，經由過氧化酶的作用將碘離子氧化為碘原子，再與甲狀腺球蛋白(thyroglobulin, TGB)上的酪胺酸(tyrosine)結合成單碘酪胺酸(monoiodotyrosine, MIT)。

MIT再經由碘化作用形成二碘酪胺酸(diiodotyrosine, DIT)，2個DIT結合形成甲狀腺素(T_4)，MIT和DIT結合形成三碘甲狀腺素(T_3)。甲狀腺素合成後會在膠質中儲存2~3個月，是人體可以預先製造而儲存的激素，所以甲狀腺激素合成受阻，要好幾個月才能得知結果。

在血液中，甲狀腺素大多與血漿中的甲狀腺結合球蛋白(thyroxine-binding globulin, TBG)結合，形成蛋白質結合碘(protein-bound iodine, PBI)，PBI常作為甲狀腺機能檢驗標準，正常值為4~8 μg/100 ml。

（二）甲狀腺激素的功能

1. 產熱作用(calorigenic effect)：甲狀腺激素的主要功能為提高代謝速率，當甲狀腺激素分泌增加時，身體中的基礎代謝率(basal metabolic rate, BMR)增加60~100%，若減少或不分泌時，BMR會減少30~50%。甲狀腺激素促進醣類和脂肪的分解，產生的能量以熱的型式釋出，所以有產熱作用，體重減輕。

2. 糖質新生作用增加，同時會使蛋白質合成增加。

3. 可促進腸胃道吸收醣類的速率，也促使肝細胞將胡蘿蔔素轉換為維生素A。

4. 可降低血中膽固醇含量。

5. 增加紅血球(RBC)攜氧量，氧解離曲線向右移，增加氧氣釋放量。

6. 對生長發育的影響：甲狀腺激素與生長激素，在孩童時期一起作用，促進組織及骨骼生長發育，使得身體繼續生長。

7. 對神經系統而言，甲狀腺激素可提高思考力及警覺性；若分泌過多，會造成焦慮和神經質，甚至造成精神異常情形。胎兒或新生兒若缺乏甲狀腺激素，神經細胞則生長受阻，如果沒有補充甲狀腺激素，腦會形成不可逆的傷害。

8. 對肌肉功能的影響：甲狀腺激素會增加心肌和骨骼肌收縮力。

9. 對心臟血管方面的影響：甲狀腺激素可刺激腎上腺素和正腎上腺素接受器，加強交感神經作用，促使心臟收縮力增加，心跳速率加快，使全身血流量增加。

10. 對呼吸的影響：甲狀腺激素增加了呼吸的頻率及深度，因甲狀腺激素造成基礎代謝率的提升，相對而言，對O_2吸收量及CO_2代謝量增加，使呼吸頻率深度增加。

（三）甲狀腺激素分泌的調節機轉

　　當血中甲狀腺激素濃度上升，由負回饋方式抑制下視丘分泌TRH及腦下垂體前葉分泌TSH，使得血中的甲狀腺激素濃度下降。除了負回饋機制調節甲狀腺激素外，當寒冷造成體溫下降，會刺激腦下垂體分泌TSH，使得體內甲狀腺激素濃度上升，造成產熱現象，提高身體溫度；若體溫上升過多，則會抑制TSH分泌。當身體遭受到壓力時，亦會抑制TSH分泌，使情緒較為緩和（圖13-17），多巴胺和體制素也會抑制TSH的分泌。

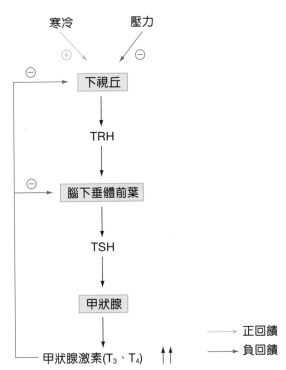

圖 13-17　TRH、TSH 及甲狀腺激素之負回饋控制

（四）甲狀腺功能異常

在臨床上，甲狀腺激素分泌過多稱之為甲狀腺機能亢進症(hyperthyroidism)，分泌過少稱之為甲狀腺機能低下症(hypothyroidism)。

◎ 甲狀腺機能亢進症

甲狀腺機能亢進症為甲狀腺激素分泌過多，可能由於甲狀腺發炎、甲狀腺腫瘤或腦下腺瘤使TSH分泌過量造成。主要症狀有神經質、體重減輕、攝食過度、容易出汗、對熱敏感無耐受性、血壓上升、手指顫動、腹瀉、突眼以及焦慮、妄想、鬱悶等精神官能症。治療方面，嚴重者予甲狀腺切除，較輕微者予抗甲狀腺藥物治療。

最常見的甲狀腺機能亢進症的型式為格雷氏病(Grave's disease)，又稱為突眼甲狀腺腫(exophthalmic goiter)，為一種自體免疫疾病，主要特徵為甲狀腺機能亢進、突眼症、脛前黏液水腫等。

◎ 甲狀腺機能低下症

1. **呆小症(cretinism)**：若母親懷孕時，飲食中攝碘量不足，嬰兒的臨床症狀為智能低下、身材似侏儒、嗜睡、發育緩慢、皮膚黃、新陳代謝慢、心跳慢、體溫降低，外觀可見圓臉、鼻子變厚、舌頭突起、腹部鼓起。嬰兒出生後要立刻給予治療，才能避免心智障礙的發生。

2. **黏液性水腫(myxedema)**：成年人甲狀腺激素分泌低下則造成黏液性水腫，其症狀包括皮膚腫脹、臉圓肥腫、心跳變慢、血量及心輸出量減少、體重增加、便秘、精神不濟、體溫下降、怕冷、每天睡14~16小時仍覺得不夠，基礎代謝率低於正常人40%。

3. **甲狀腺腫(goiter)**：在碘缺乏的地區，食物中碘攝取不足，造成甲狀腺激素無法合成，分泌下降，經由負回饋，造成腦下垂體分泌TSH增加，不斷的刺激甲狀腺濾泡細胞肥大、增生，造成甲狀腺腫。

二、降鈣素

降鈣素(calcitonin, CT)主要由甲狀腺濾泡旁細胞分泌，主要功能為降低血中鈣離子濃度，所以當血鈣濃度升高到一定的程度，降鈣素被分泌出來，不受腦下垂體控制，受到血鈣濃度影響。降鈣素可降低血中的Ca^{2+}及磷酸鹽濃度。降鈣素的生理功能為：

1. 抑制蝕骨細胞(osteoclast)活性，防止蝕骨細胞作用，以避免骨頭分解及鈣由骨骼中釋放到血液，促進成骨的作用，增加骨質的形成。

2. 增加Ca^{2+}及磷酸鹽在腎小管排泄速率。

3. 降鈣素和副甲狀腺素(PTH)共同維持血鈣的恆定。

其他刺激降鈣素分泌的因子有動情素、多巴胺、胃泌素、升糖素、膽囊收縮素、催胰酶素等。

13-6　副甲狀腺

副甲狀腺(parathyroid gland)包埋在甲狀腺兩邊側葉的後葉，左、右各一對，共有4個，似米粒般的大小（圖13-18）。副甲狀腺中有主細胞(chief cells)，主要負責分泌副甲狀腺素(parathyroid hormone, PTH)。

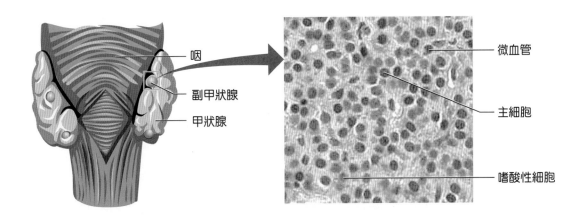

咽
副甲狀腺
甲狀腺
微血管
主細胞
嗜酸性細胞

圖13-18　副甲狀腺（後面觀）

一、副甲狀腺素

副甲狀腺素(PTH)主要的功能為維持血鈣的恆定，可以升高血鈣濃度，和降鈣素一起維持血鈣的恆定，並可排除磷酸鹽(HPO_4^{2-})（圖13-19）。

副甲狀腺素的生理功能為：

1. 骨骼方面：促進蝕骨細胞活性，使骨頭分解，Ca^{2+}與磷酸鹽釋放到血液中。

2. 腸道方面：促進十二指腸吸收Ca^{2+}與磷酸鹽，促進維生素D的活化。

3. 腎臟方面：促進近曲小管再吸收Ca^{2+}，促進大量磷酸鹽的排除。

表 13-9　副甲狀腺素與降鈣素之比較

名　稱	功　能
副甲狀腺素 (PTH)	(1) 活化蝕骨細胞，骨骼分解增加，提高血中 Ca^{2+} 濃度 (2) 增加 Ca^{2+} 在腎小管再吸收，減少腎小管對磷酸鹽 (HPO_4^{2-}) 再吸收 (3) 活化 1,25 －二羥維生素 D_3 的生成，促進血鈣濃度的提升 (4) PTH 為調節血鈣及血磷重要激素，升血鈣、降血磷
降鈣素 (calcitonin)	(1) 抑制蝕骨細胞，骨骼合成增加 (2) 減少 Ca^{2+} 在腎小管再吸收，增加腎小管對 PO_4^{3-} 的再吸收 (3) 由甲狀腺濾泡旁細胞（C 細胞）分泌，主要為升血磷，降血鈣

二、副甲狀腺功能異常

PTH受血鈣濃度的負回饋調節，不受腦下垂體之影響，若長期PTH分泌過多，會造成高血鈣、低血磷、骨骼中脫鈣，病人骨質充滿著纖維組織及蝕骨細胞，極容易有骨折及骨頭變形現象，稱之為囊狀纖維性骨炎(osteitis fibrosa cystica)。在腎臟中若因高血鈣、低血磷而造成腎結石，治療給予降鈣素或外科手術處理。

副甲狀腺功能低下(hypoparathyroidism)因自體免疫或外科手術不慎將副甲狀腺切除所造成，病人體內缺乏維生素D，骨骼及小腸無法吸收鈣質，造成血鈣降低、神經肌肉興奮性增加、肌肉收縮增強、反射動作強、呼吸肌痙攣，導致呼吸受阻，有缺氧之生命危險。治療方式為給予副甲狀腺素、鈣質及維生素D。

　　副甲狀腺素、降鈣素、維生素D三者共同調節血磷、血鈣，作用在骨骼重建、腸胃道吸收及腎臟排除，且皆由負回饋作用來調節（圖13-19）。

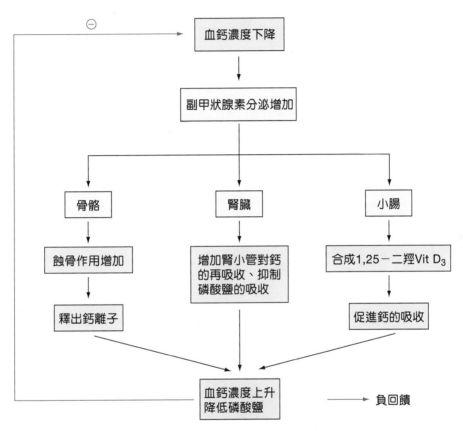

圖 13-19　副甲狀腺－維生素 D_3－血鈣濃度之關係

13-7　腎上腺

　　腎上腺(adrenal gland)位於腎臟上方，左右各一，重約為15~20 g，外層為皮質，來自於胚胎的中胚層，占腎上腺80~90%，主要分泌為皮質類固醇激素(corticosteroid)；內層為髓質，來自於胚胎的外胚層，占腎上腺10~20%，髓質主要分泌兒茶酚胺：腎上腺素(epinephrine, Epi)（占80%）及正腎上腺素(norepinephrine, NE)（占20%）（表13-10）。

一、腎上腺皮質

腎上腺皮質由外而內分為三層（圖13-20）：

1. 絲狀帶(zona glomerulosa)：主要分泌礦物性皮質素(mineralcorticoids)，其中以留鹽激素或稱為醛固酮(aldosterone)為主。

2. 束狀帶(zona fasciculate)：主要分泌糖皮質素(glucocorticoids)，以皮質醇(cortisol)為主。

3. 網狀帶(zona reticularis)：主要分泌性激素(sex hormone)，以雄性素為主。

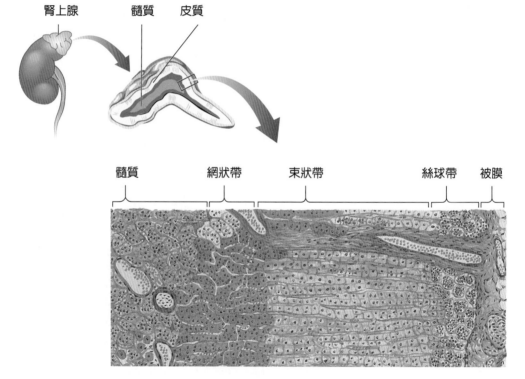

圖 13-20　腎上腺

表 13-10　**腎上腺的分化**

分層	名稱	成分	來源	分泌控制
外層	皮質	80%	中胚層	腦下垂體前葉分泌的 ACTH
內層	髓質	20%	外胚層	交感神經的節前神經纖維

表 13-11　**腎上腺所製造之激素及其主要作用**

激　素	主要作用
醛固酮	作用在遠曲小管和集尿管，促進 Na^+ 及水分的再吸收，排泄 H^+ 和 K^+
糖皮質素	(1) 加速糖質新生 (2) 對抗壓力及緊急情況 (3) 抑制發炎，減低免疫反應 (4) 促進蛋白質及脂肪代謝
性激素	主要為睪固酮，其次為動情素，作用不明顯
腎上腺素、正腎上腺素	擬交感神經作用，有壓力時產生的反應和交感神經系統產生的反應類似，「戰鬥或逃跑」反應

（一）礦物性皮質素

　　礦物性皮質素(mineralcorticoids)有三種：(1)留鹽激素(aldosterone)，又稱醛固酮；(2)去氧皮質固酮(deoxycorticosterone)；(3)皮質固酮(corticosterone)。其中以醛固酮分泌最多且最有效果，醛固酮作用為增加腎臟的遠曲小管和集尿管鈉離子的再吸收，氫離子、鉀離子的排除，水被動再吸收回血液，來增加細胞外液的體積。

◎ 醛固酮的分泌調節

1. 下視丘分泌的CRH及腦下垂體分泌的ACTH：當醛固酮上升，CRH及ACTH被抑制，行負回饋抑制，使得醛固酮濃度下降而保持恆定。

2. 鉀離子：醛固酮有留鈉排鉀的功能，當體內K^+濃度過高，會直接刺激醛固酮分泌量增加，把K^+排除。

3. 鈉離子：當Na^+濃度降低時，腎動脈血流量降低，血壓下降，會刺激腎素－血管收縮素－醛固酮系統(rennin-angiotensin-aldosterone, RAA system)（圖13-21），使醛固酮分泌量增加，促進遠曲小管對Na^+再吸收，使血中Na^+濃度增加。

4. 氫離子：醛固酮會刺激腎小管分泌H^+，當醛固酮分泌過量時，會造成代謝性鹼中毒，醛固酮分泌不足時，造成代謝性酸中毒。

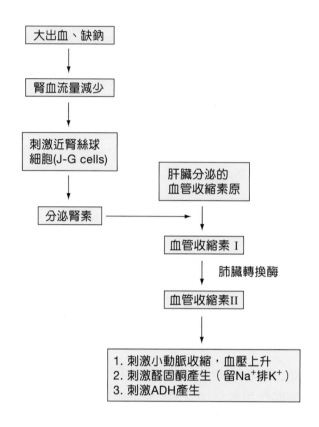

圖 13-21 腎素－血管收縮素－醛固酮系統的調節

◎ 醛固酮分泌異常

1. 醛固酮分泌過多(aldosteronism)會造成Conn氏症候群，症狀包含低血鉀、高血壓、肌肉無力、無水腫現象；而另一種醛固酮分泌過多，則是會有大量水分滯留、水腫現象，為次發性高醛固酮症的病人，由於鬱血性心衰竭所引發的疾病。

2. 醛固酮分泌不足(hypoaldosteronism)：高血鉀、低血鈉、細胞外液容積減少而低血壓的情形。

（二）糖皮質素

　　糖皮質素(glucocorticoids)可以應付危急情況及促進新陳代謝。糖皮質素可包括三種類固醇物質：皮質醇(cortisol)、皮質固酮(corticosterone)、皮質酮(cortisone)。其中以皮質醇占95%，一般臨床上使用的止癢劑，多以合成皮質醇，俗稱美國仙丹。

◎ 糖皮質素的生理功能

1. 促進糖質新生：促進脂肪、蛋白質分解，增加肝細胞中胺基酸、甘油、乳酸轉成葡萄糖，加速糖質新生，增加血糖濃度。

2. 脂肪中央集中：脂肪重新分布集中於腹壁、臉上、手臂等部位。

3. 對抗壓力及緊急情況：糖皮質素促進糖質新生，葡萄糖供應腦及身體利用，使得骨骼收縮力及心肌收縮力增加，繼而增高血壓。

4. 對發炎及免疫反應有明顯之抑制：糖皮質素抑制前列腺素(prostaglandin)、異白烯酸(leukotrienes)及kinin分泌，以上物質在皮膚發炎時，會促進白血球穿透微血管，到達感染部位；糖皮質素可抑制此反應，達到抗發炎、抗過敏的功能，且增加嗜中性球、血小板、紅血球數目，減少嗜酸性球、嗜鹼性球及淋巴球的數目，並阻止淋巴球的分化。

5. 肌肉骨骼方面：糖皮質素可促進心肌和骨骼肌的收縮力，作用在骨骼上，為抑制骨骼合成，減少造骨細胞數目並抑制維生素D生成，使小腸無法吸收鈣離子，易產生骨質疏鬆症(osteoporosis)。

6. 心血管方面：可增加正腎上腺素及腎上腺素反應，使血管收縮、血壓上升。

7. 增加胃酸及胃蛋白酶原的分泌，降低胃黏膜抵抗力，會引起胃潰瘍。

◎ 糖皮質素的分泌及控制

　　糖皮質素分泌主要受腦下垂體的促腎上腺皮質激素(ACTH)控制，ACTH又受到下視丘的腎上腺皮質激素釋放激素(CRH)行負回饋來調控，當血糖濃度下降，會刺激ACTH、CRH的分泌，糖皮質素分泌量增加；當情緒變化、壓力過大、日夜節律變化，會刺激CRH分泌，進而影響糖皮質素的分泌。

◎ 糖皮質素分泌失調

1. 糖皮質素分泌過量造成**庫欣氏症候群**(Cushing's syndrome)，症狀為蛋白質代謝速率高、傷口癒合差、肌肉發育不良、免疫力減弱、脂肪集中在軀幹及臉部、月亮臉(moon face)、水牛肩(buffalo hump)、骨質疏鬆症或易骨折、手足較細、血糖升高、腹部皮膚較薄且有紫紅紋、心智異於常人（圖13-22）。

2. 糖皮質素分泌量過少造成愛迪生氏病(Addison's disease)，由於腎上腺皮質功能不足，血中糖皮質素降低，症狀為低血糖、體重減輕、肌肉無力、血壓下降、脫水，因為負回饋作用，使得ACTH分泌量增加，皮膚呈古銅色、色素沉著。

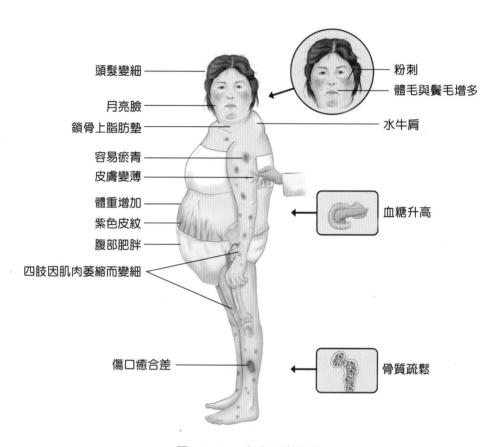

頭髮變細

月亮臉

鎖骨上脂肪墊

容易瘀青

皮膚變薄

體重增加

紫色皮紋

腹部肥胖

四肢因肌肉萎縮而變細

傷口癒合差

粉刺

體毛與鬢毛增多

水牛肩

血糖升高

骨質疏鬆

圖 13-22　庫欣氏症候群

（三）性激素

　　腎上腺皮質分泌的性激素，包括男性的睪固酮（雄性素）及女性的動情素，但以睪固酮為主。睪固酮作用主要和男性第二性徵有關，如長鬍鬚、聲音低沉、肌肉較發達，一般成人腎上腺皮質分泌的性激素並不明顯。若性激素分泌過多，會造成腎上腺生殖症候群(adrengenital syndrome)，使女性發育出男性化的特徵。主要的機轉為缺乏糖皮質合成酶，因代償作用，引起腦下腺分泌ACTH過多，進而促使雄性素的合成。

二、腎上腺髓質

髓質分泌二種激素：腎上腺素(epinephrine)與正腎上腺素(norepinephrine)，這二種激素是由髓質的嗜鉻細胞(chromaffin cells)利用酪胺酸為原料生成的，嗜鉻細胞由節後神經元的軸突退化而來，當交感神經興奮時，髓質會大量分泌腎上腺素及正腎上腺素，經由血液送到全身，腎上腺素的分泌量為總量的80%，作用較強，而正腎上腺素占20%，為了應付壓力，體內產生了「**戰鬥或逃跑**」(fight-or-flight)的反應，參與此反應的有**交感神經**和**腎上腺激素**，尤其是腎上腺素，會引起血糖上升、心輸出量增加、心跳增加、血壓上升緊急狀態、腎上腺素及正腎上腺素使用擬交感神經作用（其生理作用詳見第4章自主神經系統）。

腎上腺髓質激素分泌調節，受到交感神經刺激，嗜鉻細胞瘤、壓力過大、焦慮、血糖過低、疼痛皆會引起腎上腺髓質的分泌增加，嗜鉻細胞瘤(pheochromocytoma)導致正腎上腺素、腎上腺素分泌過量、症狀類似連續刺激交感神經所產生的現象相似，有心悸、焦慮、胸痛、高血壓、基礎代謝率增加、體重下降、高血糖、皮膚蒼白、多透過外科手術切除以改善症狀。

13-8 其他內分泌構造

一、胸 腺

胸腺(thymus)為扁平雙葉構造，位在前縱膈腔，介於胸骨和心包膜之間，在剛出生的嬰兒及幼兒期很發達，到達青春期後萎縮，屬於淋巴組織器官，主要功能為促進T淋巴球成熟，對免疫系統極為重要，胸腺也分泌激素－胸腺素(thymosin)，作用為活化T細胞。

二、松果腺

松果腺(pineal gland)位於第三腦室頂部，由軟腦膜所包圍，青春期開始鈣化，由磷酸鈣、碳酸鈣堆積成腦沙(brain sand)，松果腺分泌褪黑素(melatonin)，可抑制性腺的發育，抑制青春期的到來。

褪黑素合成受到光照抑制，白天分泌量少於夜晚，光照的訊息經由眼睛視網膜神經傳導到松果腺抑制褪黑素的分泌。近年來臨床上利用褪黑素來治療時差所造成的不適。

三、心 臟

心臟除了血液循環外，會分泌心房利鈉激素(atrial natriuretic peptide, ANP)，由心臟的心房細胞分泌；主要生理功能為降血壓，和醛固酮的作用是互相拮抗的。

1. ANP作用如下：
    (1) 促進腎絲球過濾作用，增加過濾作用有效表面積，增快過濾率。
    (2) 作用於腎小管，促進鈉的排泄。
    (3) 降低醛固酮的釋放。
    (4) 抑制腎素(rennin)及血管收縮素II (angiotensin II)的分泌。
    (5) 抑制下視丘分泌抗利尿激素(ADH)。
    (6) 減少血管平滑肌的收縮，降低血壓。
2. 分泌調節：心房壓上升，心房肌肉拉長，Na^+攝取過多皆會刺激ANP的分泌。

四、腎 臟

腎臟為體內泌尿器官，當缺氧時，會刺激腎臟釋放紅血球生成素(erythropoietin, EPO)，作用在骨髓，可刺激紅血球生長。此外，腎絲球小動脈血壓太低，也會引發近腎絲球細胞(J-G cell)分泌腎素，進而引發腎素－血管收縮素－醛固酮調節，使血壓上升，所以腎臟分泌二種激素：腎素和紅血球生成素。有關於其他內分泌激素的來源與作用見表13-12。

表 13-12　各激素之來源及主要作用

激素名稱	來源	主要作用
心房利鈉激素 (ANP)	心臟之心房肌肉	促進 Na^+ 的排泄，抑制腎素、醛固酮、血管收縮素，來降低血壓
紅血球生成素 (EPO)	腎臟	缺氧時，刺激骨髓製造紅血球
胃泌素 (gastrin)	胃	作用於胃的細胞，促進胃酸分泌
胰泌素 (secretin)	小腸	抑制胃酸分泌，促進鹼性 (HCO_3^-) 胰液分泌，膽汁的製造
膽囊收縮素 (CCK)	小腸	抑制胃酸分泌、促進膽囊收縮、刺激胰消化酶的分泌
維生素 D	皮膚	促進 Ca^{2+} 在小腸被吸收
細胞激素 (cytokines)，如干擾素 (IFN)、腫瘤壞死因子 (TNF)、介白素 (IL) 等	免疫細胞之淋巴球、單核球等	調節免疫功能
前列腺素	身體各部器官及細胞	促進發炎、促進血小板的凝集作用、血管或肌肉收縮或擴張

註：EPO = erythropoietin; CCK = cholecystokinin; IFN = interferon; TNF = tumor necrosis factor; IL = interleukins.

【　】 1. 下列何物可供作細胞內第二傳訊物質？　(A)酵素　(B) cAMP　(C) ATP　(D)淋巴液

【　】 2. 下列哪一激素是脂溶性？　(A)腎上腺素　(B)甲狀腺素　(C)胰島素　(D)動情素

【　】 3. 甲狀腺荷爾蒙作用於：　(A)細胞膜　(B)細胞質　(C)細胞核　(D)化學互相中和

【　】 4. 關於腦下垂體後葉激素的敘述，下列何者正確？　(A)催產素及抗利尿激素由腦下垂體後葉製造　(B)催產素可增加乳汁的製造　(C)抗利尿激素的主要生理作用是減少尿量　(D)催產素可以減少子宮平滑肌的收縮

【　】 5. 腦下腺後葉分泌之激素為：　①抗利尿激素　②黃體生成素　③催產素　④卵泡刺激素　⑤動情素。(A) ①②　(B) ①③　(C) ③④　(D) ③⑤

【　】 6. 下列哪一種激素可增加腎小管對於水分的再吸收作用？　(A)生長激素　(B)催產素　(C)糖皮質素　(D)抗利尿激素

【　】 7. 尿崩症是因為什麼原因造成的？　(A)抗利尿激素(ADH)分泌太多　(B)抗利尿激素分泌太少　(C)血糖濃度太高　(D)膀胱病變

【　】 8. 生長激素是由腦下腺前葉何種細胞分泌的？　(A)嗜鹼性細胞　(B)嗜酸性細胞　(C)嗜中性細胞　(D)幹細胞

【　】 9. 可促進乳腺管射乳的激素是：　(A)泌乳素　(B)催產素　(C)黃體素　(D)雌性素

【　】10. 接近排卵時，哪一種荷爾蒙的分泌會大量增加？　(A)促濾泡刺激素　(B)黃體生成激素　(C)雌性素　(D)生長激素

【　】11. 副甲狀腺可增加何種細胞的活性？　(A)造骨細胞　(B)蝕骨細胞　(C)骨細胞　(D)軟骨細胞

【　】12. 突眼症的肇因是：　(A)生長激素分泌過多　(B)生長激素分泌不足　(C)甲狀腺素分泌不足　(D)甲狀腺素分泌過多

【　】13. 下列何種激素可增高基礎代謝率(BMR)？　(A)甲狀腺素　(B)副甲狀腺素　(C)雌性素　(D)泌乳素

【　】14. 甲狀腺機能亢進時，會發生：　(A)動作遲緩　(B)體溫降低　(C)全身性水腫　(D)精神不安

【　】15. 胰臟中，負責分泌升糖素的細胞為：　(A) α細胞　(B) β細胞　(C) γ細胞　(D) C細胞

【　】16. 下列何種激素有促進脂肪合成作用：　(A)胰島素　(B)生長激素　(C)甲狀腺素　(D)腎上腺素

【　】17. 腎上腺皮質可分成三個區帶：①束狀帶　②絲球帶　③網狀帶，請由外而內，順序排出：　(A) ①→②→③　(B) ②→③→①　(C) ②→①→③　(D) ③→②→①

【　】18. 庫欣氏症候群是哪一種內分泌激素分泌過多所引起？　(A)腎上腺素　(B)甲狀腺素　(C)升糖素　(D)糖皮質酮

【　】19. 皮質醇如何促使血糖增高？　(A)促進葡萄糖之分解　(B)促進蛋白質及脂肪轉變成葡萄糖　(C)抑制胰島素之作用　(D)增強升糖素之作用

【　】20. 嗜鉻細胞分泌什麼激素？　(A)促腎上腺皮質釋放激素　(B)促腎上腺皮質激素(ACTH)　(C)腎上腺素　(D)催產素

【　】21. 下列何種器官不釋放內分泌激素？　(A)心臟　(B)腎臟　(C)脾臟　(D)胃

【　】22. 人類絨毛性腺促素(hCG)與下列何者之生理作用及化學組成相似？　(A)胰島素(insulin)　(B)黃體刺激素(LH)　(C)腎上腺皮質刺激素(ACTH)　(D)抗利尿素(ADH)

【　】23. 下列何者不是下視丘的主要功能？　(A)調節體溫　(B)調節晝夜節律(circadian rhythm)　(C)控制腦下垂體(pituitary)荷爾蒙分泌　(D)調節呼吸節律

【　】24. 人體甲狀腺激素(thyroid hormone)分泌不足時，最可能出現下列何種症狀？　(A)對熱耐受性不足　(B)醣類的異化作用提升　(C)蛋白質同化作用提升　(D)心輸出量降低

【 】25. 在排卵後一天，與排卵日相比，下列何種激素在血中的濃度不會下降？
(A)濾泡刺激素(FSH)　(B)黃體刺激素(LH)　(C)動情激素(estrogen)　(D)黃體激素(progesterone)

【 】26. 葛瑞夫氏症(Grave's disease)的病人，血漿中何種物質濃度會下降？　(A)甲狀腺素(T_4)　(B)甲狀腺刺激素(TSH)　(C)雙碘酪胺酸(DIT)　(D)三碘甲狀腺素(T_3)

【 】27. 下列何種類型的病人，會有促腎上腺皮質素(ACTH)大量分泌的情況？
(A)愛迪生氏症(Addison's disease)　(B)接受糖皮質固酮(glucocorticoid)治療　(C)原發性腎上腺皮質增生症　(D)血管張力素II (angiotensin II)分泌過多

【 】28. 下列何種激素的作用，最可能抑制個體生長？　(A)皮質醇(cortisol)　(B)體介素(somatomedins)　(C)甲狀腺素(thyroid hormone)　(D)胰島素(insulin)

······ ★★ 解答 ★★ ······

1.B	2.D	3.C	4.C	5.B	6.D	7.B	8.B	9.B	10.B
11.B	12.D	13.A	14.D	15.A	16.A	17.C	18.D	19.B	20.C
21.C	22.B	23.D	24.D	25.D	26.B	27.A	28.A		

CHAPTER

第 **14** 章

淋巴與免疫系統

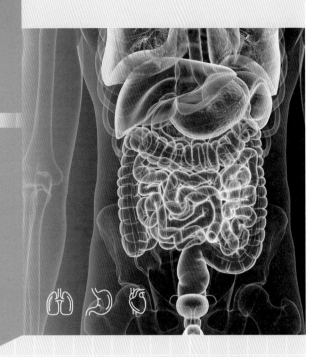

許家豪　編著

大綱

Physiology

淋巴系統(lymphatic system)為體內免疫防禦作用的基礎。淋巴系統是由淋巴、淋巴管、淋巴結及淋巴器官（包括扁桃腺、脾臟和胸腺等）所組成。人體利用免疫系統做為抵抗病原體（如細菌、病毒）入侵的防禦機制。而免疫系統的防禦方式可分成非特異性(innate; nonspecific)（如發炎、發燒、吞噬作用）與特異性(adaptive; specific)（如藉由免疫反應產生的抗體）兩種。此外，免疫系統亦包含淋巴系統中的淋巴液循環與淋巴細胞等的作用。

14-1　淋巴系統及其功能

淋巴系統由淋巴、淋巴管、淋巴結及淋巴器官所構成（圖14-1），其主要的功能如下：

1. 由微血管所滲出的液體，可藉由淋巴系統回收到循環系統，以維持水分在組織與血液中的平衡。
2. 脂肪在小腸經消化、吸收後，經由小腸絨毛的乳糜管送達淋巴系統再運送到心血管系統。
3. 製造淋巴、產生抗體、參與免疫反應。

一、淋巴液

液體由微血管滲出進入到組織間隙稱為組織間液(interstitial fluid)。若此滲出液跑到淋巴管內則稱為淋巴液(lymph)。淋巴液的流動主要受到組織間液的壓力和淋巴幫浦的推動。

血漿、組織間液和淋巴液三者的成分很相近，均不含紅血球及血小板。所不同的是組織間液和淋巴液所含的蛋白質比血漿要少，白血球的數目亦較不固定。

淋巴液循環的路徑如下：

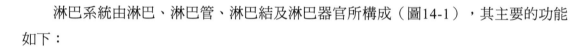

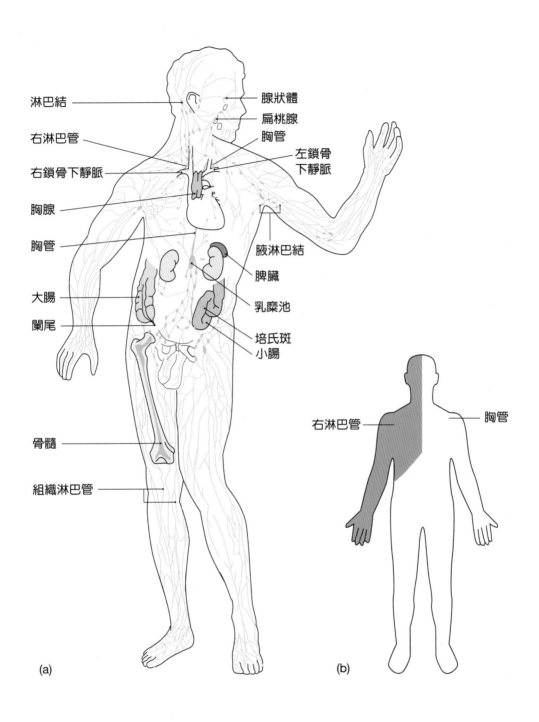

圖 14-1　(a) 淋巴系統的組成；(b) 淋巴液的回流區域，藍色代表注入右淋巴管的區域，其餘
白色部分表示注入胸管的區域

其中，右淋巴管(right lymphatic duct)收集身體右上半部的淋巴回流，而身體其他部位的淋巴回流，包含腹部、下肢左上部及左臂的淋巴液，則由胸管(thoracic duct)收集。胸管是體內最粗大的淋巴管。

淋巴循環的動力有三方面：

1. 組織間液之靜水壓愈高，可增加淋巴液之流速。

2. 淋巴管壁的肌動蛋白及肌凝蛋白收縮，推動淋巴液流向心臟。

3. 骨骼肌的收縮和呼吸作用也會推動淋巴循環。

二、淋巴管

淋巴管(lymphatic vessel)大多隨著微血管分布於身體各處。淋巴管開始於微淋巴管(lymphatic capillaries)，微淋巴管起始於組織細胞間，另一端為盲端，構造類似於微血管但其管壁的通透性較微血管為高。微淋巴管內有瓣膜(flap valves)可以控制液體、白血球的通過（圖14-2）。首先淋巴液由微淋巴管收集後，然後由較大的淋巴管匯集，最後淋巴液經由胸管或右淋巴管收集後分別注入左、右鎖骨下靜脈(subclavian veins)回到循環系統（圖14-3）。淋巴管的構造類似於靜脈，有瓣膜可防止淋巴液逆流。流入靜脈的淋巴液應該和淋巴管收集的組織淋巴液的量是相當的，如果液體停滯於組織間便會形成水腫(edema)。

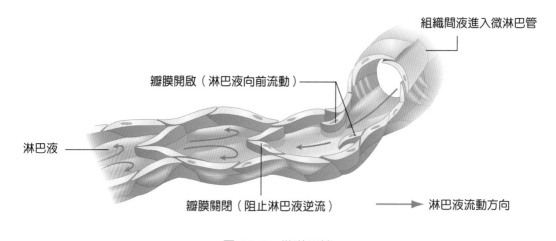

組織間液進入微淋巴管

瓣膜開啟（淋巴液向前流動）

淋巴液

瓣膜關閉（阻止淋巴液逆流）

淋巴液流動方向

圖 14-2 微淋巴管

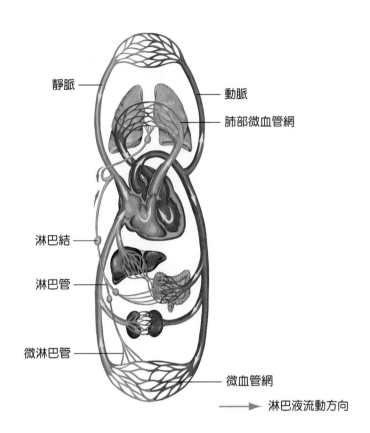

靜脈

動脈

肺部微血管網

淋巴結

淋巴管

微淋巴管

微血管網

淋巴液流動方向

圖 14-3　淋巴系統與循環系統的關係圖

三、淋巴器官

淋巴器官(lymphatic organs)是淋巴細胞增生的地方，淋巴器官包括骨髓、胸腺、脾臟、淋巴結和扁桃體等。其中骨髓和胸腺稱為中央淋巴器官，又稱為初級淋巴器官(primary lymphoid organs)；脾臟、淋巴結和扁桃體則稱為周邊淋巴器官，又稱為次級淋巴器官(secondary lymphatic organs)。

（一）中央淋巴器官

◎ 骨髓

骨骼內的紅骨髓具有造血的功能。骨髓(bone marrow)內所含的多功能幹細胞(pluripotent stem cells)是所有血球的共同來源。兒童時期全身骨骼仍有造血的作用，到了成年人僅存扁平骨和不規則骨（如頭骨、肋骨和脊椎骨等）尚具有造血的功能。

◎ 胸腺

胸腺(thymus)位於胸骨的後面，兒童時期胸腺的發育最發達，到了青春期胸腺的體積最大，青春期之後逐漸萎縮，被結締組織所取代。胸腺的構造亦包含皮質和髓質兩部分，皮質部有網狀內皮細胞，可分泌胸腺素(thymosin)刺激幹細胞之分裂；髓質部有成熟的T細胞聚集。胸腺的功能會增進T細胞的成熟，分泌胸腺素影響T細胞的分化。

（二）周邊淋巴器官

◎ 淋巴結

淋巴結(lymph node)又稱淋巴腺，構造上分為基質與實質（圖14-4），實質部分又區分為外層的皮質及內層的髓質。皮質內的淋巴小結其生發中心(germinal center)能夠製造淋巴球。髓質部的髓索(medullary cord)有巨噬細胞及漿細胞存在。淋巴液經由輸入淋巴管流入淋巴結，最後由輸出淋巴管流出。當淋巴液含有細菌或其他異物時，流經淋巴結時可被巨噬細胞吞噬而引起免疫細胞產生免疫反應。當身體受到外來病菌入侵時，如果病菌數量太多造成淋巴細胞無法吞噬或消滅時會引起淋巴結發炎而腫大。因淋巴管流向固定，根據發炎的位置可以判斷病灶的所在，例如鼠蹊淋巴腺炎顯示來自腹股溝、大腿及生殖器之病灶。

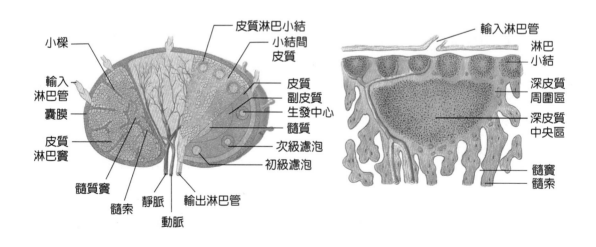

圖 14-4　淋巴結的構造

◎ 脾臟

　　脾臟(spleen)由間質與實質所組成（圖14-5），是體內最大的淋巴組織，脾臟的實質分成紅髓(red pulp)與白髓(white pulp)，其中白髓主要是淋巴組織，而紅髓則由脾索與靜脈竇組成。脾臟沒有輸入淋巴管所以不能過濾淋巴。脾臟的功能包括產生B淋巴球及製造抗體，脾臟的靜脈竇能儲存大量的血液，靜脈竇內有巨噬細胞吞噬衰老的紅血球、血小板等。脾臟容易受到重傷或挫傷而破裂造成內出血，此時需立刻動手術將脾臟摘除，失去脾臟的人容易受病菌的感染。此外脾臟也會因得到白血症、何杰金氏症(Hodgkin's disease)而腫大。脾臟是胚胎時期重要的造血器官。

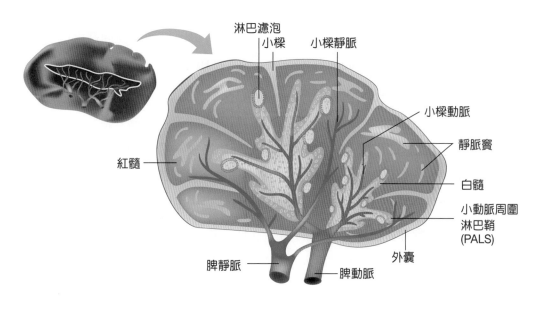

淋巴濾泡
小樑
小樑靜脈
小樑動脈
靜脈竇
白髓
小動脈周圍淋巴鞘(PALS)
外囊
紅髓
脾靜脈
脾動脈

圖 14-5　脾臟的構造

◎ 扁桃體

　　扁桃體(tonsil)就是俗稱的扁桃腺，扁桃體是製造淋巴球與產生抗體的地方，參與身體的防禦與免疫反應。當喉部受到病菌感染時，由於扁桃體內的淋巴球對病菌產生反應，而造成扁桃體腫大。扁桃體沒有輸入淋巴管，由許多淋巴結聚集而形成。扁桃體位於咽喉，常見的有咽扁桃體、顎扁桃體與舌扁桃體。

◎ 培氏斑

培氏斑(Peyer's patches)又稱為腸道附屬淋巴組織(gut-associated lymphoid tissue, GALT)常出現於迴腸和闌尾，是由不具被膜的淋巴小結所組成的組織。在呼吸道也可以發現類似於培氏斑的構造，故合稱為黏膜附屬淋巴組織(mucosa-associated lymphoid tissue, MALT)。這種聚集的淋巴小結能產生分泌IgA參與免疫反應。

四、淋巴細胞

人體的淋巴細胞(lymphocyte)依其免疫上的功能可分為B淋巴球（B細胞）和T淋巴球（T細胞）：

1. **B細胞**：B細胞在骨髓成熟後藉循環系統進入脾臟、淋巴結和其他周邊淋巴器官及組織。B細胞負責**體液性免疫**(humoral immunity)，當B細胞受到外來抗原刺激時會增殖分化成漿細胞(plasma cells)同時分泌抗體。

2. **T細胞**：由骨髓所產生尚未成熟的淋巴球經由循環系統到達胸腺，這些未成熟的淋巴球在胸腺受到胸腺素的作用，經由增殖、分化而成為成熟的T細胞。成熟的T細胞離開胸腺後，可在周邊淋巴器官進行增生，同時在血液、組織間液和淋巴之間遊走巡邏。T細胞則與**細胞性免疫**(cell-mediated immunity)有關，可直接對抗外來的異物入侵。

身體的免疫細胞除淋巴球外，尚有嗜中性球、嗜酸性球、嗜鹼性球、單核球、巨噬細胞、自然殺手細胞及肥大細胞等，其功能詳見第7章血液系統。

14-2 免疫作用─人體的防禦機轉

一、免疫系統的特性

免疫系統主要在幫助人體抵抗細菌、病毒的感染，並且中和外來的毒素及器官移植所形成的排斥現象。免疫系統本身的特性有以下四點：

1. 免疫系統對體內自己的細胞，不會產生免疫反應，因此在正常情形下，不會產生對抗本身細胞的抗體或T細胞出現。

2. 免疫系統會針對某一特定的抗原而產生特定的抗體，具有專一性。

3. 免疫系統有所謂的記憶性，當身體受到相同抗原的第二次刺激時，會馬上引起免疫反應，產生大量的抗體。

4. 免疫系統可針對不同外來的抗原產生不同的抗體，稱為抗體的多樣性。

二、免疫反應的產生方式

免疫反應依照其產生的方式可分為先天免疫與誘導免疫兩種。

（一）先天免疫

先天免疫(innate immunity)為人體天生就具有，不需要由外來抗原而引發，例如非特異性免疫即屬於先天免疫。

（二）誘導免疫

誘導免疫(induced immunity)是透過特定抗原所引發的免疫反應，具有專一性。又可分成二種：主動免疫與被動免疫。

◎ 主動免疫

個體經由抗原的感染後所產生的免疫力稱為主動免疫(active immunity)。在醫療方面為達到預防感染特定疾病的目的，常會施打特定的預防針（疫苗）。預防針的成分可能為少量的活病菌、死病菌或菌素，注射於人體體內引起產生抗體的免疫反應與記憶性B細胞。因此在注射過預防針後，如果再接觸到相同的病菌入侵，記憶性B細胞便能快速產生大量抗體，達到抵抗病菌的目的。

第一次抗原入侵人體時產生抗體的時間較長，抗體的量也較少，稱為初級反應(primary response)（圖14-6）。之後若遇到相同的抗原入侵時，因體內已存在記憶性B細胞，所以抗體產生的速度比第一次快，抗體的產量也明顯大量增加，稱為次級反應(secondary response)。體內對於注射低於致病量的抗原，產生記憶性B細胞來增加身體對抗特殊病原菌的作用稱為主動免疫。

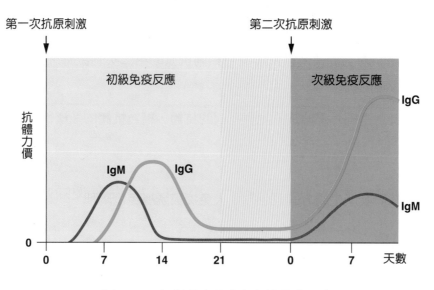

圖 14-6　初級免疫反應與次級免疫反應

◎ 被動免疫

　　個體並未經由感染獲得免疫力，而是經由其他個體所產生的免疫力來執行保護作用。一些感染性的疾病可經由注射動物製備或生物技術所產生的抗體加以治療，利用直接注射免疫球蛋白（抗體）來對抗特殊抗原的方式稱為被動免疫(passive immunity)。被動免疫並不一定要注射抗體才能獲得，例如母親的IgG可由胎盤進入胎兒體內、母乳所含的IgA均能增加胎兒及新生兒的抵抗力。

三、免疫系統的作用方式

　　免疫作用可分為非特異性免疫和特異性免疫兩種。

（一）非特異性免疫

　　人體可利用皮膚或黏膜層建立抵抗病菌入侵的第一道防線，此類防衛反應稱為非特異性免疫(nonspecific immunity)。皮膚的汗腺、油脂腺與淚腺的分泌物含有殺菌的化學成分；消化道、呼吸道、尿道的黏膜層可分泌黏液亦具有殺菌作用。當病菌通過皮膚和黏膜，體內尚有其他吞噬細胞會將這些病菌加以破壞。身體內的非特異性免疫作用尚包括發炎、發燒、干擾素、吞噬作用、自然殺手細胞及補體等。

◎ 發炎

　　身體組織受傷時所產生的局部防衛反應，細菌由傷口進入體內產生發炎反應(inflammation)。白血球受趨化作用的影響往感染部位移動，首先到達的是嗜中性球，接著為單核球，最後是T淋巴球，進行吞噬作用。此外，肥大細胞(mast cells)在發炎時會釋放組織胺(histamine)，使微血管通透性(permeability)增加，讓更多白血球進入發炎區域。肥大細胞也會分泌前列腺素(prostaglandin)及白三烯素(leukotrienes)促進發炎反應。這些作用則造成發炎時紅、腫、熱、痛等現象。尤其是血液中的嗜中性球，經由變形蟲運動由微血管壁進入傷口周遭的組織內，進行吞噬入侵細菌的作用。單核球進入受傷組織後，會分化成巨噬細胞進行吞噬作用（圖14-7）。

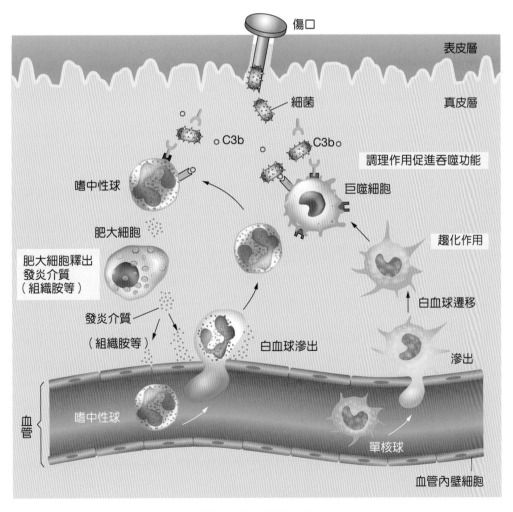

圖 14-7　發炎反應

◎ 發燒

　　人體的體溫調節中樞位於下視丘，可使正常體溫維持在37℃左右。當身體受感染時，會使體內的內生性致熱原，如介白素－1β (interleukin-1β)產生而使體溫升高，體內較高的溫度可抑制病原菌的繁殖。

◎ 干擾素

　　被病毒感染的細胞會製造某種多胜肽物質去影響其他病毒感染細胞的能力，此物質稱為干擾素(interferons, IFN)。干擾素分成α、β、γ三種，其中γ干擾素僅由特定的淋巴球及自然殺手細胞所製造分泌。干擾素的作用與抑制細胞分裂及腫瘤生長有關。此外，干擾素也可以刺激巨噬細胞的吞噬作用與自然殺手細胞的活性。干擾素對於病毒的感染是一種非特異性的防衛作用。

◎ 吞噬作用

　　吞噬細胞藉由吞噬作用(phagocytosis)與去活性的方式，清除外來入侵的病原菌。吞噬細胞可分為三類：

1. 嗜中性球(neutrophils)：可以直接在血液中進行吞噬作用。

2. 單核球(monocytes)：單核球必須在穿越過血管後，分化成巨噬細胞才有吞噬作用。

3. 巨噬細胞(phagocytes)：源自於單核球，可分為兩類，一種為固定性的巨噬細胞，屬於特殊器官才有的吞噬細胞(organ-specific phagocytes)，例如肝臟中的庫佛氏細胞、腦中的神經膠質細胞等。另一類為游離性的巨噬細胞，如肺泡巨噬細胞(alveolar macrophage)。

　　體內有些物質可以增加吞噬細胞的吞噬作用，這些化學物質稱為調理素(opsonin)（例如補體系統中的C3b及抗體）。藉由調理素來增強吞噬作用的現象稱為調理作用(opsonization)（圖14-8）。

◎ 自然殺手細胞

　　自然殺手細胞(natural killer cell, NK cell)會分泌穿孔素(perforin)，可破壞病毒或細菌感染細胞的細胞膜，來消滅這些受到感染的細胞。

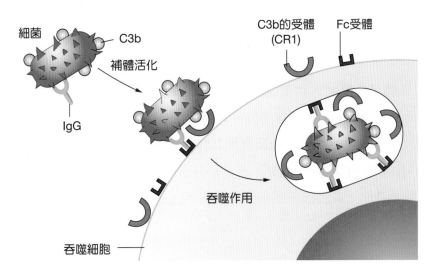

圖 14-8　調理作用

◎ 補體系統(Complement System)

　　補體蛋白為血清中的一種成分，以非活化狀態(inactive state)的形式存在。依照補體蛋白活化的發現順序以C1~C9命名，而C1是由3種蛋白質所構成。補體的活化有兩種途徑分別為古典路徑(classic pathway)與替代路徑(alternative pathway)。古典路徑是由抗體IgG與IgM藉由與抗原結合而啟動。當抗原、抗體結合後可導致補體蛋白的活化，活化的補體可促進吞噬作用、發炎反應，並透過形成攻膜複合物(membrane attack complex, MAC)殺死入侵的病菌。而替代路徑可由細菌表面的特殊多醣類與血漿中的第一因子結合而活化。

　　補體活化後的作用包括：

1. 趨化作用：吸引嗜中性球，增加受傷組織吞噬細胞的作用。

2. 促進吞噬作用：補體與抗原結合後吸引巨噬細胞促進吞噬能力稱為調理作用。

3. 刺激肥大細胞和嗜鹼性球釋放組織胺使微血管擴張。

4. 直接殺死入侵的病原菌。

（二）特異性免疫

◎ 抗原

會引起人體免疫反應的物質稱為抗原(antigen, Ag)，抗原上有許多抗原決定部位(antigenic determinant sites)，這些部位可刺激不同的抗體(antibody, Ab)產生。體內針對特殊的抗原或分子所產生的防禦機轉就稱為特異性免疫(specific immunity)，主要參與的免疫細胞有B細胞和T細胞。此外，許多小分子本身不具有抗原性，假若和其他蛋白質結合則可成為抗原，此情形下該小分子稱為半抗原(haptens)。

◎ 抗體

抗體是身體針對特定的抗原所產生的蛋白質，可以和抗原進行專一性的結合。抗體又稱為**免疫球蛋白**(immunoglobulin)，包括IgG、IgM、IgA、IgD與IgE，所有的抗體由四條多胜肽鏈構成，包括二條長的重鏈(heavy chains)和二條短的輕鏈(light chains)，以Y字型方式排列（圖14-9）。

五種免疫球蛋白的介紹如下：

1. **IgG**：體內含量最多的抗體，IgG也是母親懷孕時可由胎盤提供給胎兒的抗體。IgG可再分成IgG1、IgG2、IgG3、IgG4四種。次級反應中主要產生的抗體為IgG。

2. **IgE**：造成立即型過敏反應症狀的主要抗體。IgE與嗜鹼性球及肥大細胞上的IgE接受器結合後，造成組織胺釋放，促起發炎作用。

3. **IgM**：由五個分子所形成的一個複合物，是分子最大的抗體。IgM是初級免疫反應中主要被分泌的抗體。IgM又稱為凝集素，是血型檢定時不同血型之間產生凝集反應造成的原因。

4. **IgA**：在一些腺體分泌液（如唾液和母乳）中主要的免疫球蛋白，常出現在呼吸道、消化道、生殖道的表皮黏膜所分泌之抗體。

5. **IgD**：其功能尚未清楚，可能與淋巴球分化有關。

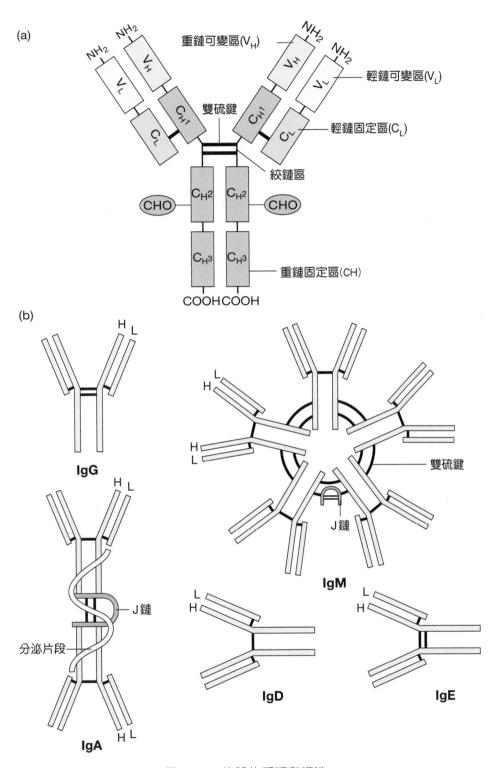

圖 14-9　抗體的種類和構造

◎ 抗原－抗體結合反應

抗體分子其輕鏈與重鏈有一端的胺基酸序列變化很高，該區稱為可變區(variable regions)，抗體的特異性是由可變區決定的。抗體的輕鏈與重鏈的另一端胺基酸序列固定，稱為固定區(constant regions)，與抗體的特異性無關。每一抗體分子有二個抗原結合區可以和二個抗原結合，造成抗原和抗體形成聚合物（圖14-10），將抗原中和掉。

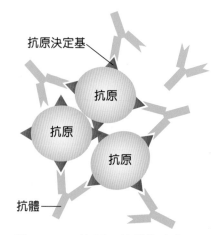

圖 14-10 抗原－抗體複合物

◎ B淋巴球的活化及體液性免疫

B細胞的細胞膜上有抗原接受器，當與抗原結合時，和抗原結合的B細胞需要由輔助性T細胞所釋放的細胞激素作用才能被活化。輔助性T細胞需要與抗原呈現細胞(antigen presenting cell, APC)的MHC II及結合的抗原相結合，活化之後再釋放出細胞激素。細胞激素會活化B細胞，造成B細胞的增生。一部分的B細胞會分化形成漿細胞，可分泌抗體；其餘的B細胞則形成記憶性B細胞(memory B cell)，當以後受到相同抗原刺激時，這些記憶性B細胞可分化成漿細胞並且分泌抗體（圖14-11）。

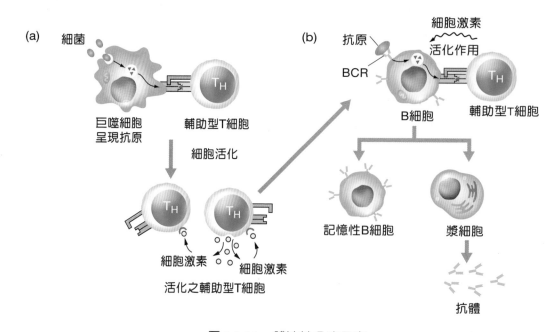

圖 14-11 體液性免疫反應

體液性免疫利用抗體執行防衛作用，抗體之防衛機轉如下：

1. 抗體可中和外來的毒素使其失去作用。

2. 抗體與抗原結合而活化補體系統促進吞噬作用。

3. 抗體促進細菌與NK細胞結合，造成NK細胞分泌毒殺性物質，毒殺外來的病菌，稱為抗體依賴性細胞毒殺作用(antibody-dependent cellular cytotoxity, ADCC)。

4. 抗體可以促進巨噬細胞的吞噬作用能力。

◎ T淋巴球的活化及細胞性免疫

細胞性免疫是體內藉由毒殺性T細胞、NK細胞和巨噬細胞直接摧毀受病毒感染的細胞及癌細胞的防衛作用。T細胞的活化，須先有抗原呈現細胞例如皮膚的蘭氏細胞(Langerhan's cells)、脾臟的樹突細胞(dendritic cells)，藉由胞飲作用將抗原吞入，經分解後，以抗原和組織相容性抗原(histocompatibility antigens)複合物的方式，呈現給T細胞辨識而造成T細胞的活化。

T細胞依照其功能可分成三類：

1. 殺手性（毒殺性）T細胞(cytotoxic T cells, T_C cells)：其細胞表面有CD8標記分子，故又稱為T_8細胞。殺手性T細胞經由細胞表面特殊抗原來辨認並摧毀標的細胞，稱為細胞媒介破壞作用(cell-mediated destruction)。殺手性T細胞可分泌穿孔素(perforins)或顆粒酶(granzymes)導致細胞死亡。

2. 輔助性T細胞(helper T cells, T_H cells)：其細胞表面有CD4分子，故又稱為T_4細胞。輔助性T細胞可分為T_H1和T_H2兩類。

   (1) T_H1細胞：可分泌介白素－2 (interleukin-2, IL-2)和γ干擾素(IFN-γ)來活化殺手性T細胞，並且促進細胞媒介性免疫反應。

   (2) T_H2細胞：可分泌介白素－4 (IL-4)、介白素－5 (IL-5)、介白素－6 (IL-6)來刺激B細胞，促進體液性免疫反應。

3. 抑制性T細胞(suppressor T cells)：抑制免疫反應的發生，減少B細胞和殺手性T細胞的活性。

◎ 主要組織相容性複合物(MHC)

　　T細胞辨識外來抗原時，需借助細胞膜上的蛋白質的幫忙，此類蛋白質稱為主要組織相容性複合物(major histocompatibility complex, MHC)。

　　MHC蛋白質分為兩類：

1. 第一型主要組織相容性複合物(MHC I)：除紅血球以外，體內的細胞均會製造。
2. 第二型主要組織相容性複合物(MHC II)：只有抗原呈現細胞如巨噬細胞、樹突狀細胞和B細胞才會表現。

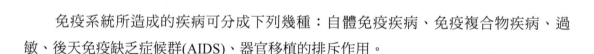

14-3　免疫系統引起的疾病

　　免疫系統所造成的疾病可分成下列幾種：自體免疫疾病、免疫複合物疾病、過敏、後天免疫缺乏症候群(AIDS)、器官移植的排斥作用。

一、自體免疫疾病

　　自體免疫疾病(autoimmune diseases)起因於免疫系統無法辨別自體的抗原而誤認為外來物，造成自身的T淋巴球活化和B淋巴球產生抗體的免疫反應，例如紅斑性狼瘡(systemic lupus erythematosus, SLE)、類風濕性關節炎(rheumatoid arthritis)等，會造成身體內組織或器官受到傷害。

　　紅斑性狼瘡為常見的自體免疫疾病，以女性病人居多，主要的病因為B細胞和T細胞過度反應，產生對抗細胞核蛋白及核酸的自體抗體，進而造成全身病變。臉部常產生蝴蝶狀之紅斑，但其發生的原因仍不清楚。重症病人會給予抑制免疫反應的藥物如糖皮質素(glucocorticoids)以緩解症狀。

二、免疫複合物疾病

　　抗體和抗原結合所形成的免疫複合物，造成活化補體蛋白並促進發炎反應，此種因發炎反應所引起的傷害稱為免疫複合物疾病(immune complex diseases)。例如由免疫複合物的發炎反應所引起的腎絲球腎炎(glomerulorephritis)。主要參與的抗體為IgM和IgG。

三、過敏

　　過敏(allergy; hypersensitivity)主要是身體對某種抗原產生不正常免疫反應的現象，此抗原又稱過敏原(allergens)。過敏可分為兩類：立即型過敏反應及遲發型過敏反應。

1. **立即型過敏反應(immediate hypersensitivity)**：體內對於環境周圍的某些過敏原（如花粉）產生過敏現象，過敏原引發IgE抗體產生，IgE與肥大細胞上之IgE抗體接受器結合後，刺激肥大細胞分泌組織胺引起過敏反應（圖14-12），例如乾草熱、過敏性鼻炎、急性蕁麻疹等。主要參與反應的抗體為IgE。

2. **遲發型過敏反應(delayed hypersensitivity)**：此種過敏反應需要較長的時間，通常約為數小時到數天才會出現症狀。通常由細胞媒介性T淋巴球所釋放的淋巴激素所造成。例如接觸性皮膚炎，可用皮質類固醇治療。

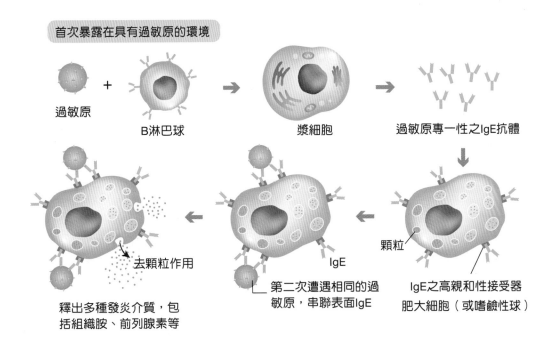

圖 14-12　立即型過敏反應

四、後天免疫缺乏症候群 (AIDS)

　　後天免疫缺乏症候群(acquired immune deficiency syndrome, AIDS)主要是由人類免疫缺乏病毒(human immunodeficiency virus, HIV)感染所造成，HIV感染的方式可藉由性接觸、輸血等方式，HIV會破壞體內的輔助性T細胞，使體內輔助性T細胞數目減少，造成人體免疫力下降。

五、器官移植的排斥作用

　　體內的器官如心臟、肝臟、腎臟等因疾病而喪失功能時，就需要進行器官移植。而器官移植最大的問題在於手術後的排斥現象(graft rejection)。除同卵雙胞胎外，沒有兩個人具有相同的組織相容性蛋白質(MHC)，因此病人所接受移植的器官必定會引起免疫反應，促使毒殺性T細胞進行攻擊，使移植的器官壞死。臨床上抑制移植排斥的方式主要是給予藥物，以殺死快速增殖的T細胞或抑制活化輔助性T細胞產生細胞激素，其副作用容易讓病人遭到感染。

【　】1. 下列何者不屬於淋巴系統？　(A)扁桃體　(B)脾臟　(C)肝臟　(D)胸腺

【　】2. 青春期逐漸退化的腺體為？　(A)胸腺　(B)胰腺　(C)乳腺　(D)腮腺

【　】3. 下列何者不是脾臟的功能？　(A)儲存血液　(B)製造白蛋白　(C)過濾血液　(D)製造淋巴球

【　】4. 會製造分泌抗體的細胞是：　(A)單核球　(B)漿細胞　(C)巨噬細胞　(D)嗜酸性球

【　】5. 後天免疫缺乏症候群(AIDS)病人，其血液循環中何種血球數目明顯減少？　(A)抑制性T細胞　(B)輔助性T細胞　(C)嗜中性球　(D)嗜鹼性球

【　】6. 器官移植後的排斥作用主要是由於：　(A)干擾素的反應　(B)補體結合反應　(C)細胞性免疫反應　(D)體液性免疫反應

【　】7. 下列何者不屬於非特異性免疫反應？　(A)皮膚及黏膜　(B)體液性免疫　(C)補體　(D)發炎

【　】8. 下列何部位其淋巴液不流經胸管收集？　(A)左胸部　(B)右胸部　(C)下肢　(D)腹盆腔

【　】9. 下列何者不是淋巴系統的重要功能？　(A)回收組織間液　(B)免疫系統　(C)防止水腫　(D)運送養分到組織及細胞

【　】10. 下列何者不是淋巴結的功能？　(A)過濾淋巴液　(B)吞噬微生物或其他有害顆粒　(C)儲存血液　(D)形成抗體

【　】11. 下列淋巴器官中何者有皮質(cortex)與髓質(medulla)的組成區分？　(A)脾臟　(B)胸腺　(C)扁桃腺　(D) Peyer氏斑

【　】12. 人體內最大的淋巴組織為：　(A)腋淋巴結　(B)扁桃腺　(C)脾臟　(D)胸腺

【　】13. 下列何者不是抗原呈現細胞？　(A)皮膚內的蘭氏細胞　(B)嗜中性球　(C)漿細胞　(D)單核球

【　】14. 須有胸腺幫助才能形成的淋巴細胞為：　(A) B淋巴細胞　(B) M淋巴細胞　(C) S淋巴細胞　(D) T淋巴細胞

【 】15. 關於T淋巴球，何者有誤？ (A)起源於胸腺 (B)負責體液性免疫 (C)與延遲型過敏反應有關 (D) HIV病毒攻擊輔助性T淋巴球降低病人之免疫力

【 】16. 微淋巴管與微血管不同的地方，在於： ①管徑較小 ②通透性較大 ③一端為盲端，不與動靜脈相連接 ④管腔內有瓣膜。 (A) ①②③ (B) ②③④ (C) ①③④ (D) ①②④

【 】17. 免疫球蛋白中含量最多的是： (A) IgG (B) IgE (C) IgM (D) IgA

【 】18. 匯集淋巴液的血管是： (A)下腔靜脈 (B)上腔靜脈 (C)鎖骨下靜脈 (D)頸內靜脈

【 】19. 立即型過敏反應的病人，體內何種抗體為增加？ (A) IgG (B) IgE (C) IgM (D) IgA

【 】20. 下列何者可分泌至黏膜表面或黏液中，且可保護內臟抵抗病原菌？ (A) IgE (B) IgM (C) IgA (D) IgG

.... ★★ 解答 ★★ ....

| 1.C | 2.A | 3.B | 4.B | 5.B | 6.C | 7.B | 8.B | 9.D | 10.C |
| 11.A | 12.C | 13.C | 14.D | 15.B | 16.B | 17.A | 18.C | 19.B | 20.C |

CHAPTER

第 **15** 章

生殖系統

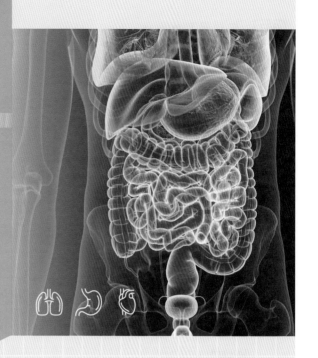

蕭如玲 編著

大綱

Physiology

　　生殖為人類孕育與繁衍後代之主要功能。自受精卵開始分化為男女之不同構造，然而此性別上的差異，可表現在性染色體與外在的構造特徵。本章將帶讀者瞭解男性與女性的生殖系統之構造、特徵與生理上之差異。

15-1 性別的決定、分化及發育

　　人類的發育從受精開始，也就是當一雄性之精子(sperm)與雌性的卵子(ovum)結合所形成之受精卵細胞，經由細胞之分裂(cell division)、遷徙(migration)、生長(growth)與發育(development)而成為一個成熟之個體。這一個成熟個體之性別決定(sex determination)，來自於父方與母方的染色體(chromosomes)與基因(genes)。

一、性別決定

　　精子與卵子，含有正常染色體數目之一半；這是因為其配子發生過程中經由減數分裂(meiosis)所形成之結果。此成熟過程在雄性稱為精子生成(spermatogenesis)，而雌性則稱為卵子生成(oogenesis)。

　　精子與卵子結合為受精卵細胞後，其性別決定於性染色體(sex chromosomes)。對於女性而言，含有22對體染色體與1對之性染色體，即22＋XX；男性而言則為22＋XY。在胚胎發育過程中細胞進行細胞分裂時，女性之X性染色體之一會活化，被稱為功能性X性染色體(functional X chromosome)，而另一X性染色體則濃縮於核膜邊被稱為巴氏體(Barr body)，故巴氏體被界定為個體將發育為女性的重要依據。

二、分化與發育 (Differentiation and Development)

　　男女性的性腺發育在胚胎發育早期（前40天）並沒有多大差異。決定胚胎性腺發育之重要的物質稱為睪丸決定因子(testis-determining-factor, TDF)，TDF之基因位於Y染色體上，是決定胚胎發育為男性或女性之重要因子。

　　胚胎的男性內生殖器由伍氏管(Wolffian ducts)衍生而來，而女性則是由穆勒氏管(Mullerian ducts)衍生而來。男性的內生殖器，受到睪丸分泌的睪固酮(testosterone)及穆

勒氏抑制因子(Mullerian inhibiting factor, MIF)之影響；伍氏管在睪固酮的分泌刺激下分化為副睪(epididymides)、輸精管(ductus deferens)與射精管(ejaculatory ducts)，而睪固酮由睪丸之萊氏細胞(Leydig cells)所分泌。反之，女性因缺乏這些因子，故發育為女性（圖15-1）。

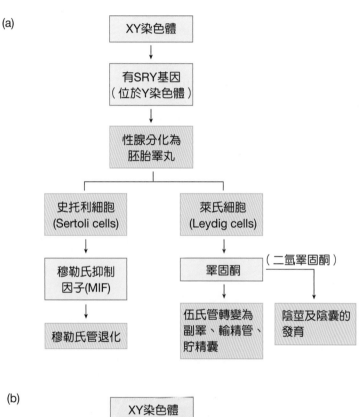

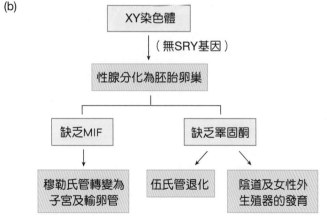

圖 15-1　性別的分化：(a) 男性；(b) 女性

15-2 男性生殖系統

一、男性生殖器官

男性之生殖系統構造，主要分為三類（圖15-2）：

1. 內生殖器：睪丸(testis)、副睪、輸精管。

2. 外生殖器：包括陰莖(penis)、陰囊(scrotum)。

3. 附屬生殖腺：包括精囊(seminal vesicles)、前列腺(prostate gland)及尿道球腺(bulbo-urethral glands)。

（一）睪丸

睪丸一般成對，為卵圓形之腺體，外被鞘膜(tunica voginalis)保護。鞘膜為白色的緻密纖維組成，將睪丸分成許多的睪丸小葉(lobules)（圖15-3）。每一睪丸小葉由

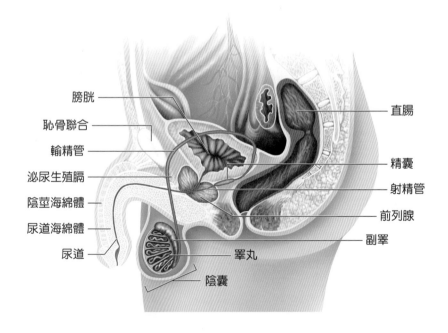

膀胱
恥骨聯合
輸精管
泌尿生殖膈
陰莖海綿體
尿道海綿體
尿道
睪丸
陰囊

直腸
精囊
射精管
前列腺
副睪

圖 15-2 男性生殖構造（矢狀切面）

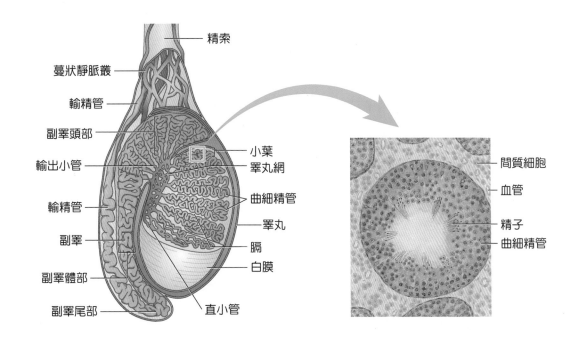

圖 15-3 睪丸構造（矢狀切面）

1~4條的曲細精管(semiferous tubules)彎曲形成，其組織結構包括：(1)位於曲細精管之基底膜；(2)位於中央的生殖細胞－精細胞(germ cell)；(3)支持細胞。

曲細精管為精子製造的主要場所，位於其間的細胞稱為間質細胞(interstitial cell)，又稱為萊氏細胞，此細胞可分泌大量的雄性素(androgen)，其中最重要的是睪固酮。支持細胞又稱史托利細胞(Sertoli cell)，和精細胞最初之發育有關；支持細胞為基底細胞衍生至曲細精管之管腔內，且以緊密接合(tight junction)組成血液睪丸障壁(blood-testis barrier)，可以阻止血液中化學物質之入侵。此外，在精子發育過程中所需之營養亦由其扮演主要之路徑。

支持細胞之功能包括：

1. 形成血液睪丸障壁。

2. 提供精子所需之營養。

3. 分泌曲細精管管腔之液體，其中含有雄性素結合蛋白。

4. 接受睪固酮及濾泡刺激素(follicle-stimulating hormone, FSH)之刺激，促使精子之產生與成熟。

5. 分泌抑制素(inhibin)，進而抑制FSH之分泌。

6. 具有吞噬作用，有缺陷的精子可被其吞噬。

7. 在胚胎發育時分泌MIF以使女性生殖管退化。

精子之製造受到腦下腺前葉所釋放之性促素〔即濾泡刺激素(FSH)與黃體刺激素(LH)〕之調控。性促素具有刺激精子生成、性腺發育及維持性腺的功能。一旦精子製造後，可經由以下路徑被運送至副睪儲存：

曲細精管 → 　直小管　 → 睪丸網 → 　輸出小管　 → 副睪
　　　　　　(Straight tubule)　　　　　　(Efferent ductile)

睪丸的發育，開始於胚胎發育時第8週；在第32週以前睪丸位於腹腔之後上方。大約在出生後，可經由腹股溝管下降至陰囊。倘若於出生後仍不下降至陰囊內，則稱為隱睪症(cryptorchidism)。陰囊的溫度低於體溫2~3℃，在此較低溫度下有利於精子生成。

（二）副睪

副睪位於睪丸之上外側，由排列緊密之彎曲小管組成。通常可透過輸出小管與睪丸互相連接，副睪最重要之功能為儲存精子，並為精子成熟之最佳場所，會受到間質細胞所分泌睪固酮之調控。

（三）輸精管與射精管

輸精管位於副睪和射精管之間（圖15-3），由副睪的尾部彎曲向上形成。輸精管進入骨盆後，經輸尿管上方行經膀胱後方，形成一膨大之輸精管壺腹，於壺腹之下變細與精囊匯集成射精管，並終止於尿道前列腺。

精索起自鼠蹊管內環（圖15-4），並終止於副睪尾部。其外包被三層為精索內膜、中膜和外膜；而這些膜分別源自腹橫肌、腹內斜肌與腹外斜肌之筋膜。精索中膜後衍生為內含輸精管、睪丸動脈與靜脈、淋巴管及自主神經的構造。

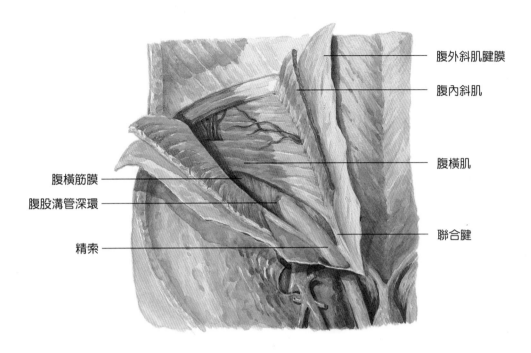

圖 **15-4** 精索與腹股溝管

（四）陰莖

　　陰莖(penis)位於會陰部前方與恥骨弓之下方，可分為龜頭(glans)、體(body)和根(root)三部分。陰莖前方之龜頭之皮膚反折後依附其後頸部，此皮膚為包皮(prepuce)；由其內兩個陰莖海綿體及一個尿道海綿體構成。陰莖海綿體位背側面，其後分開變細的部分稱之為陰莖腳(crura penis)，依附在恥骨下枝內。尿道海綿體位其腹側面，內有尿道通過；為尿液與精液射出的管道。陰莖海綿體內含靜脈竇之勃起組織，當海綿體充血時，即稱之為勃起。其受副交感神經之支配，當精子經由陰莖送抵女性陰道時，交感神經興奮，並產生射精(ejaculation)現象。

（五）陰囊

　　陰囊(scrotum)位於陰莖後下方之一囊袋，為皮膚的衍生物，由內膜及筋膜所組成。一般其溫度較體溫低2~3℃。

二、精子生成 (Spermatogenesis)

男性於青春期後，睪丸開始行減數分裂並製造精子（圖15-5），此時，由曲細精管製造大量之原始精細胞，稱之為精原細胞(spermatogonia)。精原細胞之染色體數目為44＋XY，經由有絲分裂後形成初級精母細胞(primary spermatocytes)，初級精母細胞經第一次減數分裂後，產生2個單套染色體之次級精母細胞(secondary spermatocytes)；再經第二次減數分裂，最後形成了四個帶有單套染色體之精細胞(spermatids)。精細胞成熟後再形成所謂的精子(sperm)。

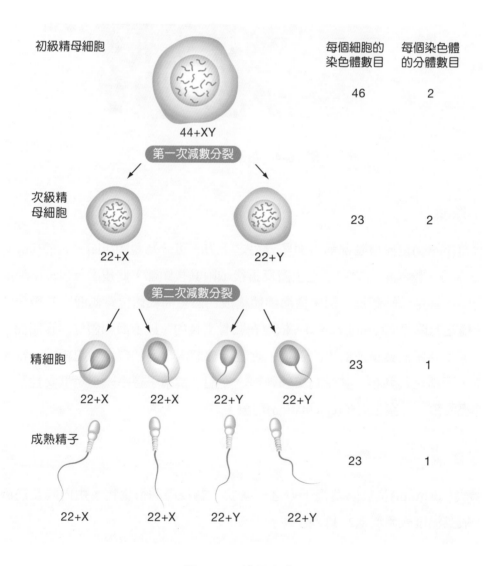

圖 **15-5** 精子生成

（一）精子的構造

精子的構造共可分為四部分（圖15-6）：

1. 頭部(head)：包含尖體(acrosome)及染色體。尖體由高爾基體形成，內含玻尿酸酶 (hyaluronidase)及分解蛋白酶(proteolytic enzyme)；可分解及穿透卵子之卵膜。

2. 頸部(neck)：含有中心粒，其長軸延伸形成鞭毛。

3. 中段(middle piece)：內含粒線體；可提供精子活動所需之能量。

4. 尾部(tail)：為一長鞭毛，可推動精子之移動。

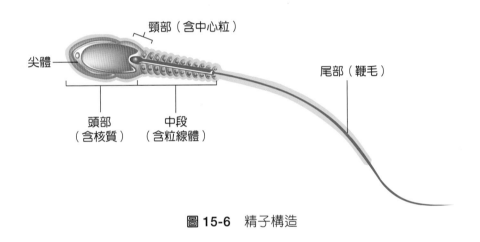

圖 15-6　精子構造

（二）精液

精液(semen)主要含有精子及來自精囊、前列腺及尿道球腺之分泌物，其中以精囊之分泌量最多，約占60%。精液的pH值約為7.5，呈弱鹼性之乳白液體。精子一般可在男性生殖道中存活好幾週，一旦被分泌後僅能存活1~2天，若冰凍於–100℃之溫度，精子則可保存數年。

男性每次性行為後，大約可排出3~5毫升之精液，而每一毫升內平均含有5千萬至1億5千萬個精子，一旦每毫升精液中數目少於2千萬，則可造成不孕的現象。

三、射精與勃起

男性之射精(ejaculation)與勃起(erection)作用，受到自主神經系統之調控。勃起的生理反應，可發生在性刺激或快速動眼期(REM)；一般為副交感神經傳送來自脊髓薦部之神經衝動至陰莖所引發之反射作用。由於副交感神經支配陰莖小動脈使之擴張，一旦血流流入陰莖海綿體，即產生所謂之勃起現象。

當男性在性刺激之情況下達到高潮時，此時由交感神經引起反射性的射精作用。此反射作用經傳導至輸精管、精囊及前列腺，促使精液排出，完成射精作用。男性於射精一至兩分鐘後，勃起停止進入恢復期。

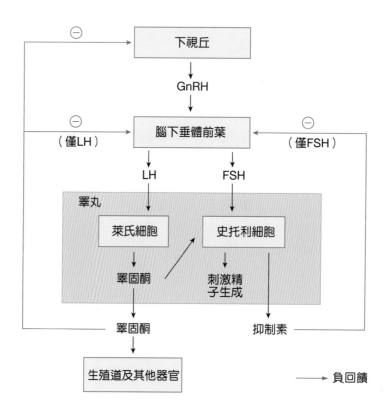

圖 15-7　男性生殖系統受下視丘與腦下腺前葉激素之調控

四、男性生殖系統之激素調控機轉

（一）下視丘－腦下腺之調控

　　如圖15-7綜合睪丸的控制機轉。對一正常之男性而言，性腺刺激素釋放激素(GnRH)為一神經內分泌性細胞以每2小時釋出，並同時刺激腦下腺前葉釋出濾泡刺激素(FSH)及黃體刺激素(LH)。濾泡刺激素可刺激男性精子的生成及刺激支持細胞分泌抑制素。而黃體刺激素(LH)，又可稱為間質細胞刺激素(ICSH)，主要可刺激睪丸之間質細胞（或稱為萊氏細胞）製造睪固酮(testosterone)。睪固酮進入史托利細胞並促使精子成熟。雖未有證據顯示LH對精子的產生有直接的效應，但因其可刺激睪固酮的生成，故對於精子的生成似乎也扮演了重要的角色。有關於下視丘－腦下腺控制男性生殖系統的機轉，主要仍以負回饋機轉來運作。

（二）睪固酮

　　睪固酮(testosterone)為主要之雄性素，次要的為二氫睪固酮(dihydrotestosterone, DHT)。二者皆屬於類固醇類激素。正常男性每日可分泌4~9毫克的量，而女性亦可分泌微量的睪固酮。

　　睪固酮主要之生理功能如下：

1. 胚胎時與睪丸下降至陰囊及生殖器官之發育有關。

2. 青春期男性性器官之發育與生長。

3. 精子的產生與成熟。

4. 刺激蛋白質同化作用及骨骼之生長。

5. 男性第二性徵之表現：如喉結、體毛、鬍鬚之形成、聲音變得低沉、體型上胸部變寬厚、臀部變窄等。

15-3 女性生殖系統

　　女性配子的產生，並不像男性一樣可以不斷地製造精子。其配子的產生是經由卵巢的排卵作用，而排卵為一週期性的過程，稱為**月經週期**(menstrual cycles)。月經週期的長短因人而異，但平均大約28天左右。月經來潮為週期的第一天，若未懷孕則週期可不斷的進行。月經的血流是從子宮開始，故子宮也會隨著卵巢產生週期性的變化。而此變化受到腦下腺前葉與下視丘之影響，為瞭解每一週期配子的產生以及激素如何影響生殖道之週期性的變化，以下將女性生殖系統之解剖構造略作簡介。

一、解剖構造

　　女性生殖系統包括兩個卵巢(ovaries)及生殖道(reproductive tract)。生殖道係指兩邊的輸卵管(uterine tubes)，一個子宮(uterus)與陰道(vagina)。這些稱為女性之內生殖器(female internal genitalia)（圖15-8）。女性不像男性一般，其尿道與生殖道是分開的兩系統。

（一）卵巢

　　卵巢為成對，位於上骨盆腔、子宮的兩邊，卵巢並未直接與子宮管連結，但輸卵管開口於腹腔與卵巢很接近。

（二）子宮

　　子宮位於直腸與膀胱之間，為月經形成(menstruation)、受精卵著床(implantation)及胎兒發育和產出的器官。子宮可分為四部分（圖15-8b）：

1. 子宮體(body)：為主體部分。

2. 子宮底(fundus)：輸卵管水平以上圓頂部。

3. 子宮頸(cervix)：開口於陰道。

4. 峽部(isthmus)：介於子宮體與子宮頸之間的狹窄部分。

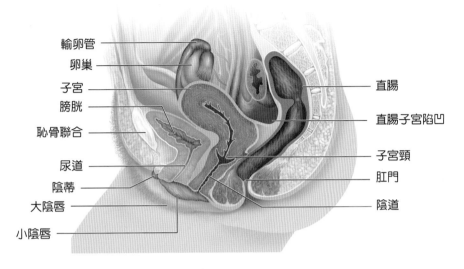

輸卵管
卵巢
子宮
膀胱
恥骨聯合
尿道
陰蒂
大陰唇
小陰唇

直腸
直腸子宮陷凹
子宮頸
肛門
陰道

(a) 骨盆腔矢狀切面

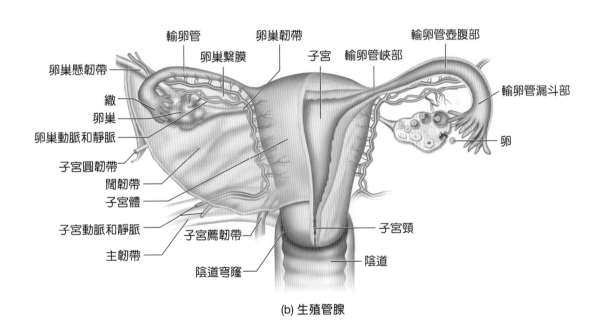

輸卵管
卵巢韌帶
卵巢繫膜
子宮
輸卵管峽部
輸卵管壺腹部
卵巢懸韌帶
繖
卵巢
卵巢動脈和靜脈
子宮圓韌帶
闊韌帶
子宮體
子宮動脈和靜脈
主韌帶
子宮薦韌帶
陰道穹窿
輸卵管漏斗部
卵
子宮頸
陰道

(b) 生殖管腺

圖 15-8　女性生殖器官。(a) 骨盆腔矢狀切面；(b) 生殖管腺

子宮主要之生理功能為：

1. 子宮外膜：具保護作用，由結締纖維構成。

2. 子宮肌層：主要為生產時產生協調性收縮以利分娩之完成。

3. 子宮內膜：主要分為功能層(stratum functionalis)及基底層(stratum basalis)。功能層可隨月經來潮而剝落，或隨女性激素的濃度增加而增厚。子宮內膜含有子宮動脈之分支之血液供應，一旦功能層剝離、動脈血管收縮，血流亦隨之產生。

（三）輸卵管

輸卵管為成對，構造上分為三部分：(1)漏斗(infundibulum)，含指狀突起稱為繖(fimbriae)；(2)壺腹(ampulla)：外側三分之二；(3)峽部(isthmus)：內側三分之一，較窄、管壁較厚。

輸卵管主要之生理功能：(1)含分泌性纖毛柱狀上皮，具協助卵子運動及提供營養之功能；(2)受精作用：促使精子與卵子在其壺腹部進行受精作用。

（四）其他器官

女性之外生殖器(female external genitalia)包括陰蒂(clitoris)、大陰唇(labia majora)、小陰唇(labia minora)、前庭腺(vestibular gland)；其他附屬器官包括乳房、會陰。

二、卵巢的功能

女性出生時卵巢內含卵子，直至青春期後隨月經週期的產生，每月會有一個卵子成熟後排出。卵子排出後可經由輸卵管到達子宮，若此時與精子結合，即為受精作用。女性從青春期至停經(menopause)，僅有450個濾泡可完全發育成熟而排出，其餘均退化成為閉鎖體(atresia)。

卵巢的主要生理功能為：

1. 卵子的生成，也就是產生配子—卵子。

2. 分泌女性類固醇類性激素，如動情素（estrogen，亦稱為雌性素）、黃體素（progesterone，亦稱為助孕酮），以及胜肽性激素—抑制素(inhibin)。

　　在排卵(ovulation)前，配子的產生及性類固醇激素的分泌都發生在濾泡(follicle)，一旦排卵後，濾泡便分化為黃體(corpus luteum)，此時黃體僅具內分泌的功能。以下將描述女性月經週期時卵巢的功能及控制機轉。

（一）卵子生成 (Oogenesis)

　　女性出生時卵巢大約含有200~400萬個卵子，出生後就不再有新的卵細胞出現；但僅有約400個卵子可被排出，故依此推算婦女可持續排卵至50歲。

　　卵巢內的濾泡，在胚胎時期即出現稱之為原始濾泡(primordial follicle)，至青春期後隨著發育過程變成為初級濾泡(primary follicle)。爾後，隨著週期性的變化，初級濾泡會受女性激素之刺激而發育成熟。成熟的濾泡被稱為葛氏濾泡(Graafian follicle)，當葛氏濾泡成熟後會在排卵期排出卵子。

　　卵子生成與精子生成的過程相似（圖 15-9）。原始之卵子稱為卵原細胞 (oogonium)，其經有絲分裂形成初級卵母細胞 (primary oocyte)。初級卵母細胞，在出生前即進行第一次減數分裂，而後一直停留在前期 I (prophase I)，在女性青春期排卵前，初級卵母細胞完成第一次減數分裂，形成次級卵母細胞 (secondary oocyte)，含 23 個染色體。次級卵母細胞若受精，則會完成第二次減數分裂。經由第二次減數分裂，結果產生一個卵子及三個極體 (polar body)，其中三個極體退化消失，而卵子即卵細胞。

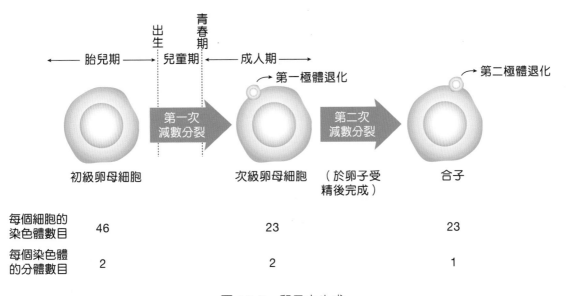

圖 15-9　卵子之生成

（二）濾泡的發育

濾泡內最初所含的濾泡稱為原始濾泡，其中含有一個卵(primary oocyte)，其周圍有一單層的細胞稱為顆粒細胞(granulosa cells)。當此細胞發育後，卵子變大且顆粒細胞增生為多層，內層顆粒細胞與卵子之間以透明層(zone pellucida)分開（圖15-10）。在排卵前，成熟濾泡之顆粒細胞可分泌動情素、少量黃體素及抑制素。

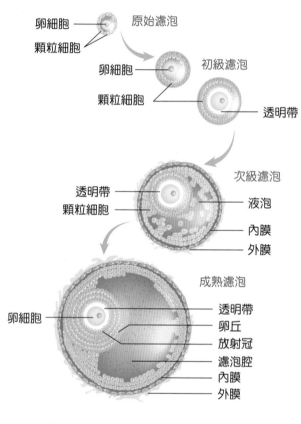

圖 15-10　人類卵子及濾泡的發育

（三）黃體的形成

成熟的濾泡排出卵子後，很快地在濾泡腔(antrum)周圍開始崩解，取而代之的是黃體(corpus luteum)的形成。黃體可分泌動情素及黃體素，排卵後若未受精，黃體大約維持10天左右，很快的衰退為白體(corpus albicans)。黃體失去功能並導致月經來潮，而開始另一個新的月經週期。

　　依卵巢的功能來劃分月經週期，大約可分為二個階段：(1)濾泡期(follicular phase)，即單一成熟濾泡及次級卵細胞的發育；(2)黃體期(luteal phase)，即排卵後一直持續至黃體的形成。

（四）分泌卵巢激素的細胞

　　動情素是濾泡期分泌的主要激素，由顆粒細胞分泌，排卵後由黃體開始分泌。黃體素為卵巢另一個重要的類固醇激素，在排卵前期由顆粒細胞及內膜細胞(theca cells)分泌少量，但在排卵後期則由黃體大量的分泌。抑制素為一胜肽性激素，由顆粒細胞及內膜細胞分泌。而這些激素的作用將在女性激素的調控機轉中再描述。

三、卵巢功能的調控

　　卵巢的功能受性腺刺激素釋放激素(GnRH)及腦下腺前葉釋放濾泡刺激素(FSH)及黃體刺激素(LH)的控制，如圖15-11所示。

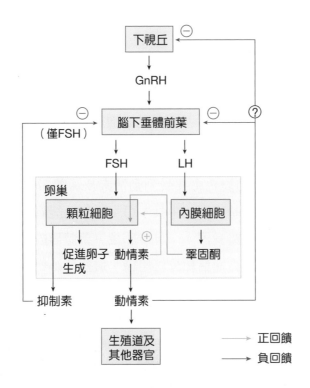

圖 15-11　激素調控月經週期

在濾泡期，FSH會先增加而後降低，LH則在接近月經週期中的排卵前約18小時有一**LH高峰**(LH surge)而造成排卵，但在進入黃體期後，體內LH濃度就不再增加。而動情素的變化較複雜，在月經週期之第一週濃度很低且穩定，但第二週開始卵巢之濾泡細胞開始發育並開始分泌動情素。成熟的濾泡大量分泌動情素致使LH高峰而造成排卵。進入黃體後，由黃體取代分泌動情素，後期則不再變化。黃體素則完全在黃體期由黃體分泌。在濾泡期的前、中階段，濾泡因受FSH及LH而發育。FSH可刺激顆粒細胞製造大量的動情素，而此可使濾泡腔變大，同時使濾泡細胞增生。但顆粒細胞本身僅可製造動情素，而缺乏製造動情素之前驅物質—睪固酮，故需要內膜細胞的協助。LH可作用在內膜細胞使之增生及製造睪固酮。睪固酮可透過滲透作用進入顆粒細胞並轉換為動情素。動情素為刺激女性生殖器官及構造所必需的激素。但若分泌過多時，則可透過負回饋機轉抑制下視丘分泌GnRH及腦下腺前分泌FSH及LH的方式來調控。

四、子宮在月經週期中的變化

依卵巢功能的變化，以排卵前後區分，則月經週期可分為濾泡期及黃體期。但若依子宮內膜的變化，則月經來潮的第一天起稱為**月經期**(menstrual phase)，一般週期若以28天為例，此週期約占3~5天。此時子宮內膜剝落，而造成月經血流。當血流停止後，子宮內膜開始再次增厚，稱為**增生期**(proliferative phase)，大約持續10天左右，排卵後則進入**分泌期**(secretory phase)。故卵巢的濾泡期包括了子宮內膜變化中的月經期及增生期，而後期黃體期則相當於子宮內膜變化的分泌期（圖15-12）。

月經週期中，子宮內膜的變化主要受到動情素及黃體素之影響。在增生期，血中動情素的濃度刺激子宮內膜基底層的生長，再生成為功能層。此外，動情素可誘導子宮內膜細胞中合成黃體素的接受器。一旦排卵後，黃體形成時，此階段已邁入分泌期，黃體素便可與其接受器結合而活化分泌組織。這些分泌組織之腺體富含肝醣，血管變得更充沛，且許多酵素積聚在腺體及結締組織附近。這些變化使得子宮內膜環境更容易使胚胎著床。黃體素也會抑制子宮平滑肌收縮，以此確保胚胎一進入子宮內膜後不會被排擠，故在懷孕期黃體素扮演重要角色，此激素亦可防止早產。此外，動情素及黃體素對於子宮頸黏液的分泌也很重要，當黃體衰退時或停經婦女皆有分泌減少的現象。

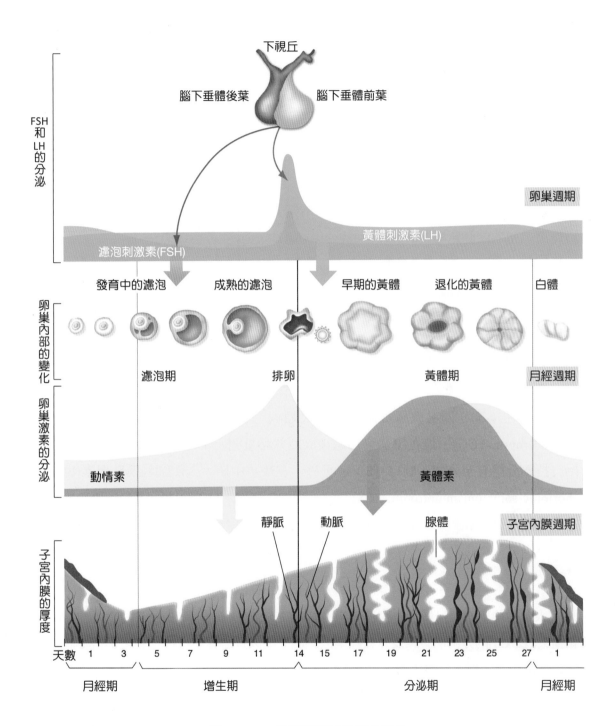

圖 15-12 月經週期時子宮的變化

五、懷 孕

當男性射精至陰道後，精子在48小時內可持續其活性；而對女性而言，排卵後卵子活性可持續10~15小時。故由此可知，若要受孕成功，必須於女性排卵前二天至排卵後15小時內的期間，才可成功地性交受孕。

當卵巢所排出之卵子與精子結合後即稱為受精作用。初期之胚胎稱為囊胚(blastocyst)，通常在受精後5~7天後才在子宮內膜著床。囊胚隨之細胞分裂形成滋養層細胞(trophoblast cell)，此細胞層與母體之子宮內膜細胞共同形成胎盤。

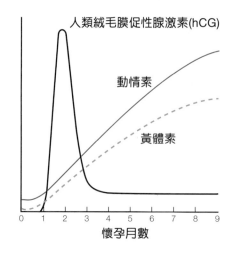

圖 15-13 懷孕期激素濃度的變化

受精初期，卵巢內之黃體素繼續分泌，而黃體亦繼續分泌動情素、黃體素及鬆弛素(relaxin)，直至懷孕第6週，胎盤開始可以製造動情素及黃體素後，黃體退化。

胎盤在早期，即滋養層細胞可分泌人類絨毛膜促性腺激素(human chorionic gonadotropin, hCG)，但在懷孕第10週後hCG分泌量開始下降，而動情素及黃體素則始終持續分泌直至分娩（圖15-13）。另外，在懷孕中期，人類絨毛膜乳促素(human chorionic somatomammotropin, hCS)的分泌也加入其間。hCS的功能與生長激素相似，造成母體內葡萄糖濃度上升，以供胎兒及胎盤的能量來源。

六、生 產

人類懷孕期，若自最後一次月經來潮算起至分娩(labor)，約占40週。在懷孕初期，鬆弛素(relaxin)的分泌使腹腔及骨盆腔變大，胎兒隨成長過程，占據母體之子宮，並開始使母體消化道、胃、肝臟上移並壓迫輸尿管與膀胱。母體在懷孕期間之變化如表15-1。

在37週以上，胎兒成熟後，子宮若接受生產啟動的訊息，即開始由腦下腺後葉不斷以正回饋作用，分泌催產素刺激子宮平滑肌收縮。此時，子宮平滑肌一直收縮至胎兒產出（圖15-14）。

表 15-1　母體在懷孕期間產生之反應

項　目	反　應
胎盤	分泌動情素、黃體素、人類絨毛膜促性腺激素 (hCG)、抑制素、胎盤泌乳素，及其他激素
腦下腺前葉	泌乳素及 ACTH 分泌增加；分泌少量的 FSH 及 LH
腎上腺髓質	醛固酮及皮質醇分泌增加
腦下腺後葉	血管加壓素增加
副甲狀腺	副甲狀腺素分泌增加
腎臟	腎素、紅血球生成素、$1,25-$二羥維生素 D_3 分泌增加；水分與鹽分滯留體內（原因：醛固酮、血管加壓素及動情素增加）
血量	增加（原因：紅血球生成素分泌致使紅血球體積增加，血漿體積增加是因為水分與鹽分滯留體內）
體重	平均增加 12.5 公斤，其中 60% 為水
呼吸	換氣增加 (hyperventilation)
器官代謝	代謝速率增加

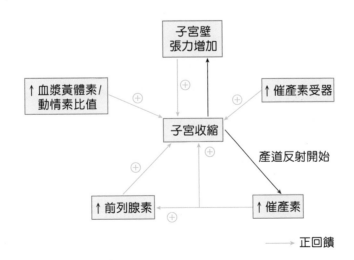

圖 15-14　生產時刺激子宮平滑肌收縮之因子

七、泌乳

母乳由乳腺分泌的現象稱為泌乳(lactation)。乳腺的腺泡細胞如樹枝般密佈，當乳腺平滑肌上皮細胞(myoepithelial cell)收縮，即造成泌乳。乳腺的分泌受到下視丘及腦下腺後葉分泌多巴胺(dopamine)而抑制，而受下視丘分泌PRF (prolactin releasing factor)刺激（圖15-15）。無論多巴胺或PRF都需經由下視丘－腦下腺門脈系統(hypothalamus-pituitary portal vessel)運送至腦下腺前葉。當動情素作用時，可刺激前葉分泌泌乳素，此在懷孕時最明顯。

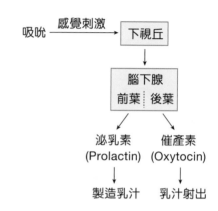

圖 15-15　餵乳期的泌乳素及催產素的主要功能。來自中樞的訊號傳導至下視丘，此訊號可抑制腦下腺後葉釋放多巴胺，進而影響泌乳素的釋放

八、停 經

女性約50歲左右月經開始變得不規則，當達到週期完全停止時稱為停經(menopause)。停經與不規則之月經週期乃因卵巢功能衰竭所致。卵巢因對性促素反應變差及因濾泡數目減少，部分所剩的濾泡細胞亦老化，故反應不佳。血液中動情素減少，但下視丘與腦下腺前葉之性促素並未因此減少。卵巢分泌的動情素減少，而血中之動情素來自腎上腺皮質之雄性素的轉化，此時身體在生理上亦出現較大的變化，包括乳房及生殖腺漸萎縮、全身皮膚泛紅、陰道上皮細胞變薄甚至致使性交時的疼痛感。另外，骨質及強韌性變差，即所謂骨質疏鬆(osteoporosis)。

相對於男性而言，男性在整個生命期中精子可不斷的生成，但自40歲或50歲起機能開始減退，睪固酮分泌減少，此時稱為更年期(climacteric)。男性更年期偶有熱暈、窒悶或心理症狀等情形出現，當睪固酮分泌減少將使腦下腺前葉FSH生成大量增加。

【 　】1. 偵測人類絨毛膜性腺激素是確定懷孕之重要指標。請問人類絨毛膜性腺激素何時開始分泌？　(A)受精卵完成第一次有絲分裂　(B)囊胚發育後進入子宮腔之時　(C)胚胎滋養層細胞著床於子宮時　(D)胚胎侵入子宮內膜胎盤形成之時

【 　】2. 下列何者具有雙套(diploid)染色體？　(A)精子　(B)精細胞　(C)初級精母細胞　(D)次級精母細胞

【 　】3. 下列何時期，血液中雌激素與黃體素濃度接近懷孕初期之濃度？　(A)月經期　(B)濾泡期　(C)排卵期　(D)黃體期

【 　】4. 葛氏濾泡為：　(A)原始濾泡　(B)次級濾泡　(C)成熟濾泡　(D)黃體

【 　】5. 次級卵母細胞於何時完成第二次減數分裂？　(A)出生　(B)青春期　(C)排卵　(D)受精

【 　】6. 下列何者是嬰兒吸吮引發母體乳汁射出之反射所需？　(A)鬆弛素　(B)催產素　(C)前列腺素　(D)泌乳素

【 　】7. 男性睪丸中，何種細胞主要負責分泌雄性激素(androgen)？　(A)精原母細胞(spermatogonia)　(B)支持細胞(sustentocyte, Sertoli cell)　(C)間質細胞(interstitial cell, Leydig cell)　(D)精細胞(spermatid)

【 　】8. 下列何者促進動情素分泌？　(A)濾泡刺激素　(B)黃體素　(C)鬆弛素　(D)前列腺素

【 　】9. 下列有關男女生殖系統之敘述，何者錯誤？　(A) FSH可促進卵巢濾泡的成熟　(B) LH可促進排卵　(C) Sertoli cells會形成血－睪丸障蔽(blood-testis barrier)　(D)曲細精管內可見到許多Leydig cells

【 　】10. 下列何者可抑制泌乳素之分泌？　(A)組織胺　(B)多巴胺　(C)雌激素　(D)黃體素

【 　】11. 一個初級精母細胞經幾次減數分裂才可生成精子？　(A) 1　(B) 2　(C) 3　(D) 4

【　】12. 女性週期(menstrual cycle)排卵前黃體促素的高峰(LH surge)，主要受到哪一種類固醇的影響？　(A)動情素(estrogen)　(B)黃體素(progesterone)　(C)雄性素(androgen)　(D)皮質醇(cortisol)

【　】13. 青春期前，卵子發生停留在哪一階段？　(A)第一次減數分裂前期　(B)第一次減數分裂中期　(C)第二次減數分裂前期　(D)第二次減數分裂中期

【　】14. 女性月經週期中，排卵後體溫會微幅上升，主要是因何種類固醇引起？　(A)黃體刺激素(LH)　(B)濾泡刺激素(FSH)　(C)動情素(estrogen)　(D)黃體素(progesterone)

【　】15. 於月經週期中，何時期黃體素之分泌達最高值？　(A)月經期　(B)增值期　(C)分泌期　(D)缺血期

【　】16. 由曲細精管產生的精子主要貯存於：(A)副睪及精囊　(B)精囊及前列腺　(C)前列腺及輸精管　(D)輸精管及副睪

【　】17. 人絨膜性腺促素(hCG)的分泌在何時達到高峰(peak)？　(A)懷孕第二個月至第三個月　(B)生產前一天　(C)生產的時候　(D)排卵時

【　】18. 下列何種狀況有助於治療男性勃起(erection)障礙？　(A)高濃度的cGMP　(B)高活性的G protein　(C)低濃度的NO　(D)低活性的G protein

【　】19. 下列何種激素濃度下降，為更年期婦女必有之現象？　(A)雌激素　(B)濾泡刺激素　(C)促性腺素釋放激素　(D)黃體刺激素

【　】20. 有關性器官分化之敘述，下列何者正確？　(A)伍氏管(Wolffian duct)發育成為男性生殖器官　(B)穆勒氏管(Mullerian duct)發育成為男性生殖器官　(C) SRY基因存在於女性XX染色體內　(D)穆勒氏抑制物(Mullerian-inhibiting substance)由卵巢分泌

【　】21. 18歲女性外表，沒有月經，性染色體為XY，其細胞對雄性素不敏感，在此病人所表現的病徵中，下列何者是因為缺乏雄性素接受器所造成？　(A)基因型(genotype)為46 XY　(B)沒有子宮頸和子宮　(C)睪固酮(testosterone)濃度上升　(D)沒有月經週期

【　】22. 男性心血管疾病發生率高於非更年期女性，主要是下列何種因素導致此現
象？　(A)雄性素增加血漿LDL，降低HDL　(B)雌性素增加血漿LDL，降低
HDL　(C)雄性素增加男性紅血球數目　(D)雌性素增加女性對鈣離子的吸收

········ ★★ 解答 ★★ ···

1.C	2.C	3.D	4.C	5.D	6.B	7.C	8.A	9.D	10.B
11.B	12.A	13.A	14.D	15.C	16.D	17.A	18.A	19.A	20.A
21.C	22.A								

 M E M O

參考文獻

REFERENCES

王春美等(2004)・*新編生理學*・華格那。

左明雪(2003)・*細胞和分子神經生物學*・藝軒。

吳俐慧、陳晴彤、駱明潔、郭純琦、阮勝威、張林松(2012)・*人體生理學*・華格那。

辛合宗(2020)・*基礎生理學*（三版）・華格那。

洪敏元、楊堉麟、劉良慧、林育娟、何明聰、賴明華(2005)・*當代生理學*（四版）・華杏。

范少光、湯浩、潘偉豐(2004)・*人體生理學*・九州。

徐國成、韓秋生、舒強、于洪昭(2004)・*局部解剖學彩色圖譜*・新文京。

徐國成、韓秋生、霍琨(2004)・*系統解剖學彩色圖譜*・新文京。

高毓儒、麥麗敏、王如玉、陳淑瑩、薛宇哲、阮勝威、盧惠萍、林淑玟、黃嘉惠、陳瑩玲、沈貴堯、李竹菀、郭純琦(2021)・*新編生理學*（五版）・永大。

莊順發(2002)・*生理學精華*・華杏。

許世昌(2019)・*新編解剖學*（四版）・永大。

麥麗敏(2015)・*解剖生理學*（二版）・華杏。

曾國藩(2001)・*最新解剖生理學*（二版）・華騰文化。

游祥明、宋晏仁、古宏海、傅毓秀、林光華(2021)・*解剖學*（五版）・華杏。

馮琮涵、黃雍協、柯翠玲、廖智凱、胡明一、林自勇、鍾敦輝、周綉珠、陳瀅(2021)・*人體解剖學*・新文京。

馮琮涵、鄧志娟、劉棋銘、吳惠敏、唐善美、許淑芬、江若華、黃嘉惠、汪蕙蘭、李建興、王子綾、李維真、莊禮聰(2020)・*解剖生理學*（二版）・新文京。

壽天德(2003)・*神經生物學*・九州圖書。

樓迎統、陳君侃、黃榮棋、王錫五(2004)・*實用生理學*（三版）・偉華。

戴瑄(2004)・*生理學概論*（二版）・華騰文化。

韓秋生、徐國成、鄒衛東、翟秀岩(2004)・*組織學與胚胎學彩色圖譜*・新文京。

中野昭一、吉岡利忠、田中越郎(2003)‧*圖解生理學*（趙德彰譯；二版）‧長年出版社。（原著出版於2000）

Fox, S. I. (2006)‧*人體生理學*（王錫崗、于家城、林嘉志、施科念、高美媚、張林松、陳瑩玲、陳聰文、黃慧貞、溫小娟、廖美華、蔡宜容譯；四版）‧新文京。（原著出版於2006）

Martini, F. H., & Bartholomew, E. F. (2003)‧*解剖生理學*（林自勇、鄧志娟、陳瑩玲、鄭麗菁、蔡佳蘭、黃桂祥、連文彬譯）‧全威圖書。

Reichert, H. (2004)‧*神經生物學*（詹佩璇譯）‧合記。（原著出版於2000）

Costanzo, L. S. (2002). *Physiology* (2nd ed.). Saunders Elsevier.

Ganong, W. F. (2005). *Review of medical physiology* (22th ed.). McGraw-Hill.

Seeley, R. R., Stephens, T. D., & Tate, P. (2006). *Anatomy and physiology* (7ed.). McGraw-Hill.

Snell, R. S. (2005). *Clinical neuroanatomy* (6th ed.). Lippincott Williams & Wilkins.

Tortora, G. J., & Grabowski, S. R. (2003). *Principles of anatomy and physiology* (10th ed.). Wiley.

Widmaier, E. P., Raff, H., & Strang, K. T. (2006). *Vander's human physiology* (10th ed.). McGraw-Hill.

MEMO

國家圖書館出版品預行編目資料

生理學／許家豪、張媛綺、唐善美、
巴奈‧比比、蕭如玲、陳昀佑編著.
－四版.－新北市：新文京開發出版
股份有限公司，2021.11
　　面；　公分
ISBN 978-986-430-789-0（平裝）
1. 人體生理學

397　　　　　　　　　　　110019350

生理學（第四版） （書號：B388e4）

編 著 者	許家豪　　張媛綺　　唐善美　　巴奈‧比比　　蕭如玲 陳昀佑
出 版 者	新文京開發出版股份有限公司
地　　址	新北市中和區中山路二段 362 號 9 樓
電　　話	(02) 2244-8188（代表號）
Ｆ Ａ Ｘ	(02) 2244-8189
郵　　撥	1958730-2
初　　版	2014 年 08 月 05 日
二　　版	2017 年 11 月 15 日
三　　版	2020 年 01 月 03 日
四　　版	2021 年 12 月 20 日
四版二刷	2023 年 09 月 01 日

New Wun Ching Developmental Publishing Co., Ltd.

New Age · New Choice · The Best Selected Educational Publications — NEW WCDP